高等职业教育（本科）
电子信息课程群系列教材

软件定义网络技术与实践

主　编 ○ 但唐仁
副主编 ○ 尹　璐

中国水利水电出版社
www.waterpub.com.cn
· 北京 ·

内 容 提 要

本书为面向职业教育本科和专科的“软件定义网络”课程立体化活页式教材。全书共分为 8 个项目，项目 1 主要介绍了网络技术发展的历程，SDN 产生的背景以及 SDN 的概念、架构与应用场景；项目 2 介绍了搭建 SDN 网络环境使用的 Mininet 网络仿真平台及其使用方法；项目 3～项目 6 以开源技术为主线，依据 SDN 经典的体系架构中自南向北的顺序介绍相关知识点，其中项目 3 介绍了 SDN 数据平面的工作原理和 Open vSwitch 软件交换机的配置方法，项目 4 介绍了 SDN 南向接口协议的作用和种类，重点分析了 OpenFlow 协议中的数据交互流程和典型消息，项目 5 介绍了 SDN 控制器的基本原理以及常见的开源控制器的安装、操作方法，项目 6 介绍了 SDN 北向接口的作用及分类、调用北向接口的方法；项目 7 以 SDN 数据中心、负载均衡、防火墙等主流应用为例，介绍了 SDN 技术的综合应用实践；项目 8 以华为 SDN 数据中心解决方案为主线，介绍了其核心组件 iMaster NCE-Fabric 的配置管理方法和网络虚拟化的基本概念。

本书顺应网络技术变革趋势，兼顾开源技术和商业化技术，贯彻“以学生为中心、以能力为本位”的教学理念，提供配套的数字化资源，方便学生课下自主学习。

本书既可作为网络技术等计算机类专业“软件定义网络”课程的教材，也可作为 SDN 从业人员的参考书。

图书在版编目（CIP）数据

软件定义网络技术与实践 / 但唐仁主编. -- 北京 : 中国水利水电出版社，2022.10（2024.11 重印）
高等职业教育（本科）电子信息课程群系列教材
ISBN 978-7-5226-0989-8

Ⅰ. ①软… Ⅱ. ①但… Ⅲ. ①计算机网络－高等职业教育－教材 Ⅳ. ①TP393

中国版本图书馆CIP数据核字(2022)第165107号

策划编辑：石永峰　责任编辑：张玉玲　加工编辑：吕　慧　封面设计：梁　燕

书　　名	高等职业教育（本科）电子信息课程群系列教材 软件定义网络技术与实践 RUANJIAN DINGYI WANGLUO JISHU YU SHIJIAN
作　　者	主　编　但唐仁 副主编　尹　璐
出版发行	中国水利水电出版社 （北京市海淀区玉渊潭南路 1 号 D 座 100038） 网址：www.waterpub.com.cn E-mail：mchannel@263.net（答疑） sales@mwr.gov.cn 电话：（010）68545888（营销中心）、82562819（组稿）
经　　售	北京科水图书销售有限公司 电话：（010）68545874、63202643 全国各地新华书店和相关出版物销售网点
排　　版	北京万水电子信息有限公司
印　　刷	三河市德贤弘印务有限公司
规　　格	184mm×260mm　16 开本　15.5 印张　349 千字
版　　次	2022 年 10 月第 1 版　2024 年 11 月第 2 次印刷
印　　数	2001—4000 册
定　　价	58.00 元

前　言

传统互联网已经无法适应全球网络急剧扩张的形势，建设可扩展、可管可控与服务质量高、绿色节能的新一代网络刻不容缓。软件定义网络（SDN）打破了传统网络架构的设计理念，一方面实现了网络控制平面和数据平面相分离，另一方面开放了网络可编程，实现了流量可视化控制。SDN 极大地提升了现有网络的可控性、可管性和灵活性，有效降低了网络服务的投资成本和运营成本。SDN 的出现和发展深刻影响着电信运营商的网络演进以及运营模式的变革，同时也影响着设备制造商乃至整个产业链上各个环节参与者的生存状态和模式，其对未来互联网市场将具有颠覆性的意义。

本书根据SDN的组成结构自下而上分层讲解，首先从网络的发展引出SDN的定义，接着依次介绍 SDN 的数据平面、南向接口、控制平面和北向接口，最后介绍 SDN 的基本应用实践和网络虚拟化技术 SDN 实现。学生使用本书不仅能快速入门，还能学习 SDN 的案例开发，全面掌握 SDN 实践技能。

本书主要特点如下：

（1）产教融合，双元开放。本书得到了业内企业的大力支持，对接 SDN 科技发展趋势和市场需求，将行业内 SDN 领域成熟的新技术、新规范引入教材。

（2）突出重点，将基础理论与技术操作融为一体。本书以网络应用为中心，重点讲解 SDN 技术的核心原理、配置方法、使用场景，将实际项目开发和理论教学紧密结合，做到基础理论与操作案例层层递进，让学生对 SDN 技术从理论到实践操作都得以充分理解和掌握。

（3）分层递进，配备丰富的数字化教学资源。本书主要面向职业教育的本科和专科学生，实现分层教学，其中本科的内容标注了 * 号，满足项目学习、模块化学习等不同学习方式要求，本书配套完成了 SDN 网络课程建设，实现 SDN 教材与线上线下教学紧密结合。

（4）配合三教改革，采用活页工单式方法编写。目前，市场上大部分 SDN 书籍都是为技术人员所编写的开发指引，并不适合初学者，本书以职教专科和本科相关专业师生为对象，配合专业三教改革，采用活页工单方式编写，实现技术讲解与训练合二为一，以便于“教、学、做”一体化教学方法的实施。

本书由但唐仁任主编，尹璐任副主编，中国水利水电出版社的有关负责同志对本书的出版给予了大力支持。在本书编写过程中编者参考了大量国内外计算机网络技术及 SDN 文献资料，在此谨向这些著作者以及为本书出版付出辛勤劳动的同志深表感谢！

由于编者水平有限，书中不妥与疏漏之处在所难免，请广大读者批评指正。编者的电子邮箱：dantr@sziit.edu.cn。

编　者

2022 年 6 月

目　录

项目 1

SDN 技术引导

知识目标

★ 了解计算机网络发展面临的局限；

★ 了解 SDN 是解决计算机网络面临局限的关键；

★ 理解交换机、路由器等网络设备中的数据平面和控制平面的概念；

★ 理解数据链路层、网络层数据包结构及 ARP 协议、ICMP 协议的作用。

能力目标

★ 掌握几种典型的局域网拓扑结构和使用 Visio 软件绘制网络拓扑图的方法；

★ 掌握画出 SDN 基本结构图的方法；

★ 能够读懂计算机网络协议，看懂 ARP、ICMP、TCP/IP 网络数据包结构图。

素质目标

★ 培养文本编辑、PPT 制作、口头表达能力；

★ 培养团队协作能力和意识、沟通协调、与人建议、合理评价的能力；

★ 培养专业的认同感，让学生对专业和未来充满信心。

思政目标

★ 树立正确的人生观、价值观和世界观；

★ 培养学生的家国情怀。

思维导图

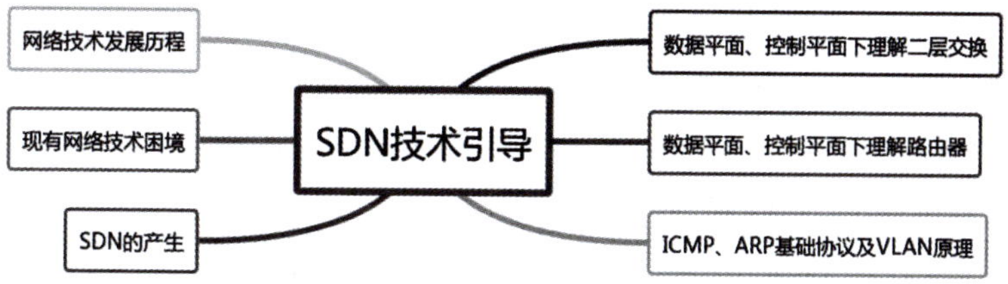

项目分析

网络技术发展遭遇瓶颈，必然要求网络技术进行创新。通过学习网络技术产生的历程，理解 SDN 这一网络技术创新的产物。再深入学习与 SDN 基础密切相关的网络设备及对应的协议，掌握引导 SDN 技术创新的一些网络设备和协议。

1.1 认知 SDN

1.1.1 实施任务单

任务编号	1-1	任务名称	认知 SDN
任务简介	通过制作计算机网络发展历程和小型创业公司网络拓扑的 PPT，了解计算机网络技术发展历程，了解计算机网络发展面临的局限，理解软件定义网络产生的必然性		
任务目标	1．了解计算机网络技术发展历程； 2．理解计算机网络发展面临的局限； 3．理解 SDN 是解决计算机网络面临局限的关键		
设备环境	装有 Office 或 WPS 办公软件的台式机或笔记本电脑		
实施专业		实施班级	
实施地点		小组成员	
指导教师		联系方式	
任务难度	初级	实施日期	年　月　日
实施内容	1．根据计算机网络技术发展历程，制作演示文档，反映计算机网络技术的关键技术点，小组内选出最佳演示文档进行展示演讲； 2．设计出小型创业公司网络拓扑结构，制作演示文档反映设计过程； 3．制作演示文档，揭示网络发展面临的困境及展示 SDN 的含义		

1.1.2 实施评价单

<table>
<tr><td colspan="2">任务编号</td><td>1-1</td><td>任务名称</td><td colspan="3">认知 SDN</td></tr>
<tr><td colspan="4">评价项目</td><td>自评</td><td>小组评</td><td>教师评</td></tr>
<tr><td rowspan="2">课堂表现</td><td colspan="3">学习态度（20 分）</td><td></td><td></td><td></td></tr>
<tr><td colspan="3">沟通合作（10 分）</td><td></td><td></td><td></td></tr>
<tr><td rowspan="3">技能操作</td><td colspan="3">制作演示文档，反映网络技术的关键技术点（20 分）</td><td></td><td></td><td></td></tr>
<tr><td colspan="3">设计出小型创业公司网络拓扑结构（30 分）</td><td></td><td></td><td></td></tr>
<tr><td colspan="3">制作演示文档，揭示网络发展面临的困境（20 分）</td><td></td><td></td><td></td></tr>
<tr><td>学生签字</td><td></td><td>年 月 日</td><td>教师签字</td><td></td><td colspan="2">年 月 日</td></tr>
</table>

<table>
<tr><td colspan="7">评价标准</td></tr>
<tr><td colspan="2">项目</td><td>A（95%）</td><td>B（85%）</td><td>C（75%）</td><td>D（65%）</td><td>E（<60%）</td></tr>
<tr><td rowspan="2">课堂表现</td><td>学习态度</td><td>与老师辩论</td><td>向老师提出质疑</td><td>与老师互动交流</td><td>被动回答问题</td><td>沉默</td></tr>
<tr><td>沟通合作</td><td>小组学习中具有很强的团队沟通合作能力</td><td>小组学习中具有良好的团队沟通合作能力</td><td>小组学习中具有较好的团队沟通合作能力</td><td>小组学习中能够参与团队沟通合作</td><td>小组学习中不能够参与团队合作</td></tr>
<tr><td rowspan="3">任务完成</td><td>网络技术发展历程 PPT 文档制作</td><td>全面展示网络技术发展历程，文档精美</td><td>全面展示网络技术发展历程，文档较好</td><td>基本展示网络技术发展历程，文档较好</td><td>基本展示网络技术发展历程，文档一般</td><td>没能展示网络技术发展历程，文档较差</td></tr>
<tr><td>网络拓扑 PPT 文档制作</td><td>全面展示网络拓扑，文档精美</td><td>全面展示网络拓扑，文档较好</td><td>基本展示网络拓扑，文档较好</td><td>基本展示网络拓扑，文档一般</td><td>没能展示网络拓扑，文档较差</td></tr>
<tr><td>网络困境及 SDN 含义展示</td><td>全面展示网络困境及 SDN 含义，文档精美</td><td>全面展示网络困境及 SDN 含义，文档较好</td><td>基本展示网络困境及 SDN 含义，文档较好</td><td>基本展示网络困境及 SDN 含义，文档一般</td><td>没能展示网络困境及 SDN 含义，文档较差</td></tr>
</table>

1.1.3 相关知识点

1.1.3.1 计算机网络技术

1. 主机网线直接相连的简单网络

在网络诞生之前，计算机之间都是单机运行的，没有网卡、没有网线、没有协议栈，数据传输主要通过软盘、光盘等介质。在网络诞生初期，计算机网络最简单的连接是两个主机之间直接相连，如图 1-1-1 所示。

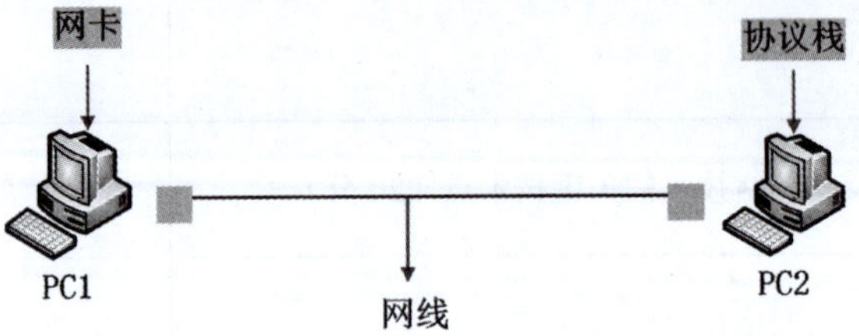

图 1-1-1 两个主机网线直接相连的简单网络

（1）“网线 + 网卡 + 协议栈”三要素是组成“最小单元网络”的基础，缺一不可。

（2）网线提供物理介质，承载比特流 / 电信号（类似电话线承载语音流 / 模拟信号）。

（3）网卡进行数据处理，将计算机中的数据转换为网线上的电流，将比特流转换为数据。

（4）协议栈作为沟通语言，实现通信过程中的数据解析、地址寻址、流控制等功能。

2. 中继器——网线延长线

中继器（Repeater）是一种物理层产品，能够对信息进行中继和放大，实现设备远距离传输，如图 1-1-2 所示。

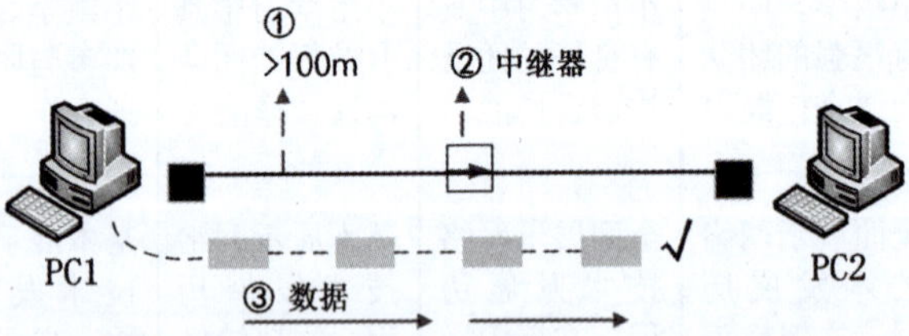

图 1-1-2 两个主机经中继器传输距离延长

3. 多端口中继器口——集线器

集线器（Hub）是一种“多口中继器”，也属于物理层产品，能够对信息进行中继和放大，从任意接口收到的数据，会向其他所有接口泛洪。集线器不能识别数据包中的寻址信息和上层内容，无法对终端主机进行隔离。当多个主机处于同一个冲突域时，采用集线器的网络带宽利用率较低，如图 1-1-3 所示。

4. 隔离、分组的雏形设备——网桥

网桥以接收、存储、地址过滤与转发的方式实现互连网络之间的通信，可以隔离

冲突域，有利于改善互连网络的性能与安全性，但需要互连的网络在数据链路层以上采用相同的协议，网桥连接两个网络如图 1-1-4 所示。

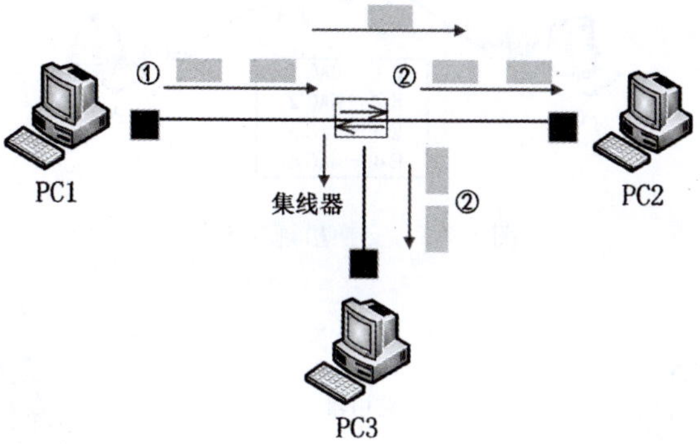

图 1-1-3　集线器连接多台主机

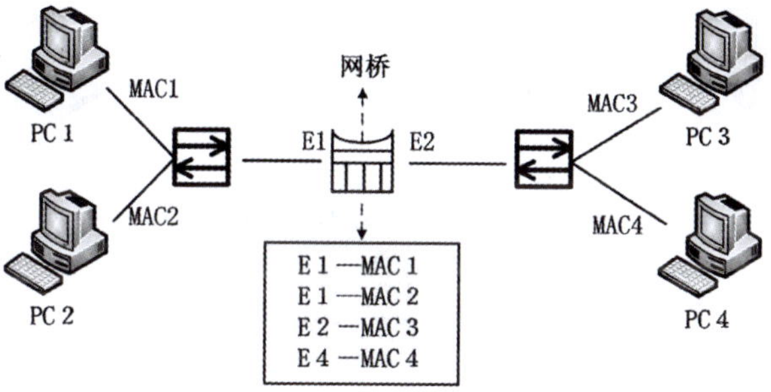

图 1-1-4　网桥连接两个网络

5. 实现互联网的第一设备——交换机

（1）交换机（Switch）是一种链路层产品，能够记录终端主机的 MAC 地址并生成 MAC 表，MAC 表相当于“地图”，交换机根据 MAC 表转发主机之间的数据流。

（2）交换机是在网桥的基础上进行延伸和升级的。相比网桥，其主要有以下几个优势：

- 接口数量更加密集（每个主机在独立的冲突域，带宽利用率大大提高）。
- 采用专用的 ASIC 硬件芯片进行高速转发。
- 能够进行 VLAN 隔离（不仅仅可以隔离冲突域，还可以通过 VLAN 隔离广播域）。

（3）交换机是一种局域网产品（历史上有很多局域网技术，目前多采用以太网技术），一般用于本地网络，无法实现远程广域网通信，交换机连接网络如图 1-1-5 所示。

6. 跨区域跨介质链接设备——路由器

路由器（Router）是一种网络层产品，基于 IP 寻址，采用路由表实现数据转发。路由器主要用于连接不同的局域网（可以是不同介质，如令牌网和以太网可以互通），如图 1-1-6 所示，可实现广播域隔离，也可以用于远程通信（广域网连接），如图 1-1-7 所示。路由器的诞生是互联网大爆发的主要原因，它使得跨介质跨地理的网络大融合成为现实。

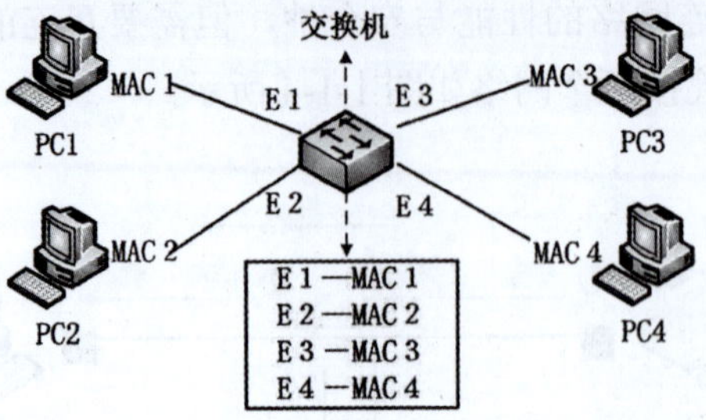

图 1-1-5　交换机连接网络

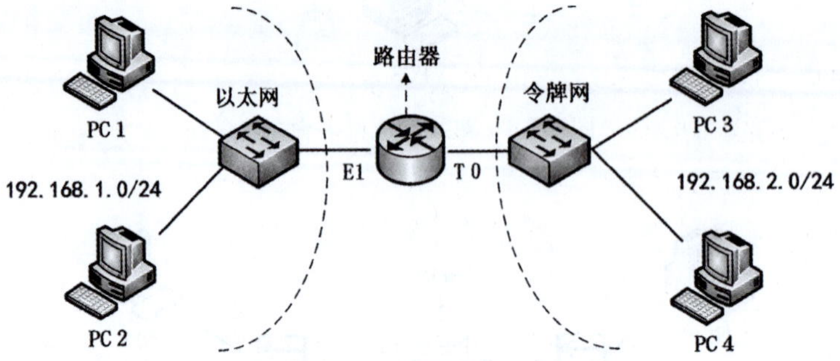

图 1-1-6　路由器连接不同局域网

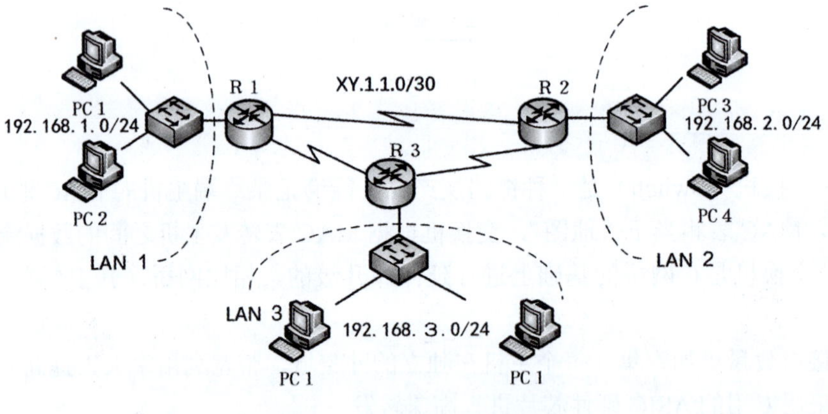

图 1-1-7　路由器用于远程通信

IP 协议等逻辑寻址机制是实现不同类型局域网连通的关键，不同局域网的主机只要有配置逻辑地址（IP 地址），有合理的逻辑地址规划（网段规划），则可以通信；路由器在实现局域网之间的通信时，会进行“介质翻转”和“路由转发”。全球第一台路由器是由斯坦福大学的莱昂纳德 • 波萨克（Leonard Bosack）和桑蒂 • 勒纳（Sandy Lerner）这对教师夫妇创造的，用于斯坦福大学校园网络，而全球网络行业的领头羊——思科公司也是由这对夫妇创立的（1984 年）。

7．网络的基本防护——防火墙

防火墙（Firewall）是一种网络安全产品，用于对网络进行安全访问限制，一般用在互联网边缘，防止外部黑客攻击，如图 1-1-8 所示。根据防火墙的技术特征，其可以分为包过滤、应用代理、状态检测防火墙；根据产品形态，其可以分为软件和硬件防火墙。

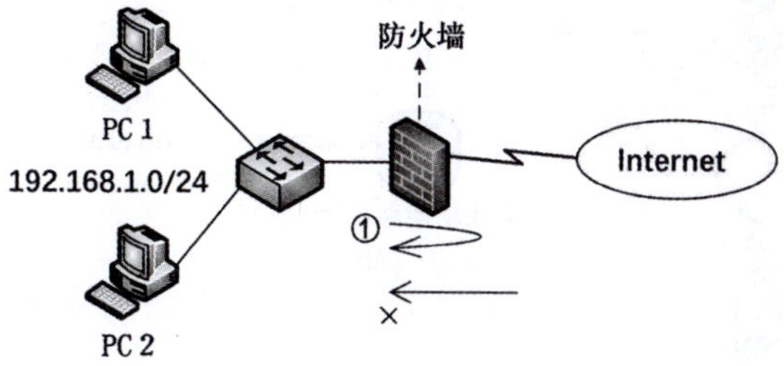

图 1-1-8　防火墙示意图

防火墙可以看成带有安全功能的路由器，早期的防火墙就是在路由器的基础上加入访问控制功能制成的，所以防火墙的很多功能可以在路由器上看到，例如路由协议、访问控制列表、地址翻转技术等。然而，是否有了防火墙就可以不用路由器了呢？防火墙的本质是安全设备，其虽然集成了很多路由功能，但缺少路由器的一些高级功能。同理，虽然路由器也集成了部分防火墙的基础安全功能，但其重点还是在路由。一般中小型单位互联网出口推荐使用防火墙，简单实用；大型网络会同时使用防火墙和路由器。在防火墙的基础上，后面又研发出了 Web 防火墙、安全网关、入侵检测 / 入侵防御等安全产品。

8．提高网络流通质量——流控设备

网络中的流控（流量控制）产品主要分为上网行为管理、负载均衡器 / 应用交付、链路优化等。行为管理产品主要针对流量进行精细化区分控制；负载均衡 / 应用交付侧重流量的负载均衡（根据流量的特征、应用、地址等进行区分，然后分发到不同的链路和服务器上），如图 1-1-9 所示；链路优化主要应用在广域网等低速链路边界，以最大化利用链路。流控产品是一种七层产品，更多关注流量和应用特征。

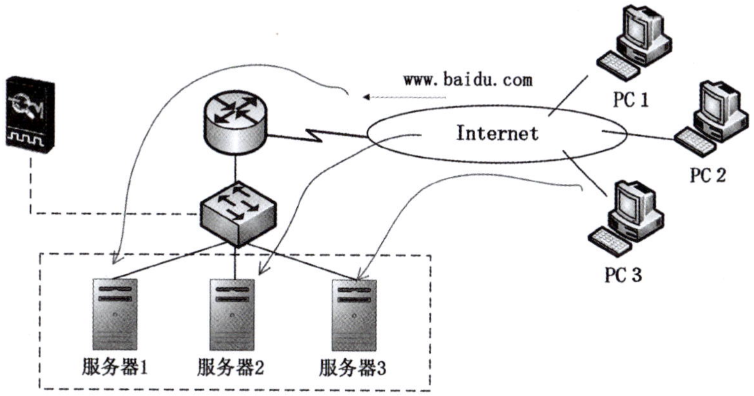

图 1-1-9　流量计用于负载均衡

1.1.3.2　一个网络的设备生态

1．家庭网络拓扑

典型的家庭网络通过无线路由器提供的 Wi-Fi 热点接入，并通过路由器连接外网，使用的技术有 Wi-Fi、NAT、PPPOE、DHCP，如图 1-1-10 所示。

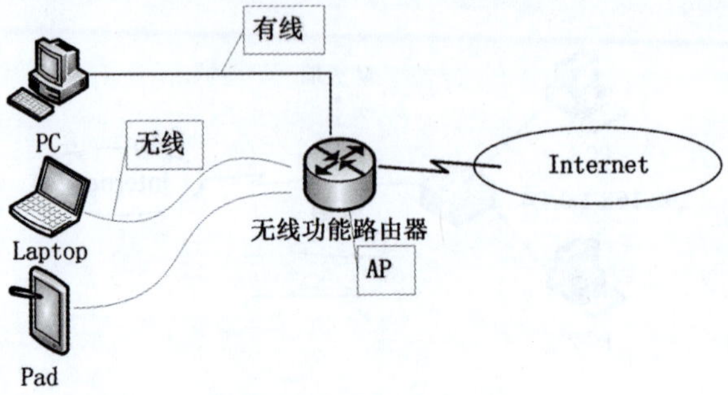

图 1-1-10　家庭网络拓扑

2．小型创业公司的网络拓扑

小型创业公司的网络采用两层架构，单核心拓扑。设备包含路由器、交换机、服务器，采用的技术有 VLAN、TRUNK、DHCP、WLAN、静态路由、OSPF、PPPOE、NAT、ACL 等，如图 1-1-11 所示。

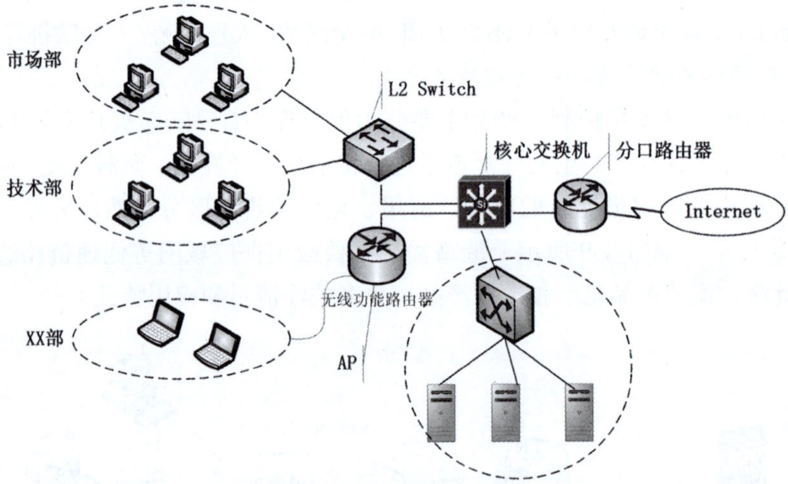

图 1-1-11　小型创业公司的网络拓扑

3．如何对网络设备进行操作?

不同厂商生产的网络设备，需要通过不同的方式进行调试和配置，一般通过命令行和 Web 界面管理。由于各个公司都有自己独立的网络操作系统，所以命令行和 Web 界面都是不同的，如图 1-1-12 所示。

虽然命令行的调试界面不同，但是底层遵循的网络协议是相同的，所以设备之间进行互操作是没有问题的。正是因为这一点，客户在进行网络设备采购时，可以根据自身情况、产品价格、产品性能和业务需求等来选择合适的技术方案。然而，常见的网络设备中，很可能有非常多的厂商设备混合，因此网络的部署和管理对于一般企业来说是一个非常大的挑战。

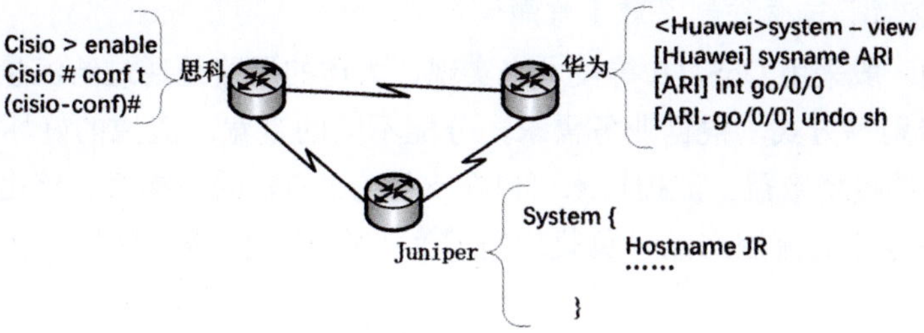

图 1-1-12　不同网络公司路由配置命令图

1.1.3.3　传统网络设备的管理弊端

1．路径通告信息冗余

传统网络因其协同工作机理复杂导致其管理非常麻烦，网络设备之间的沟通主要通过网络协议（交换、路由、标签、安全等协议）来实现，例如 OSPF/BGP/MPLS/MSTP 等，大体的工作流程都是依据“邻居建立—信息共享—路径选择”三个步骤来实现，这是很多协议设计的逻辑基础。大部分的网络采用典型的分布式架构，设备和设备之间以“接力棒”的方式交互本地的信息，然后建立数据库信息，再根据选路算法进行最优路径选择，最具代表性的算法便是 SPF 算法。每个设备会进行独立的计算，有独立的“大脑”和独立的转发硬件，如图 1-1-13 所示。

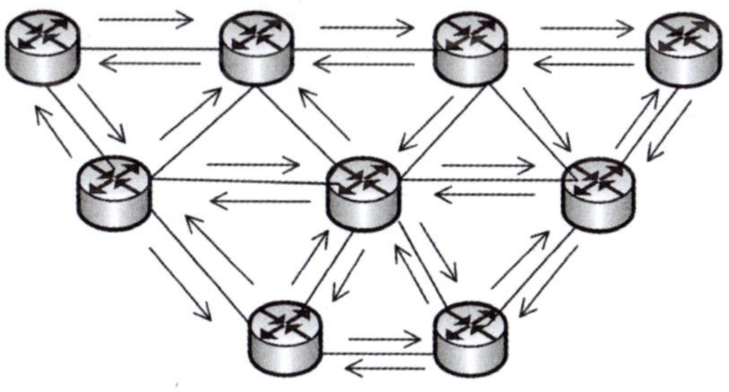

图 1-1-13　网络设备互联示意图

当网络发生变动时，网络设备会将故障信息以“接力棒”的方式不断告知下一跳邻居设备，然后将故障路径信息删除，如图 1-1-14 所示。网络收敛过程中，有可能出现冗余的路径通告信息。

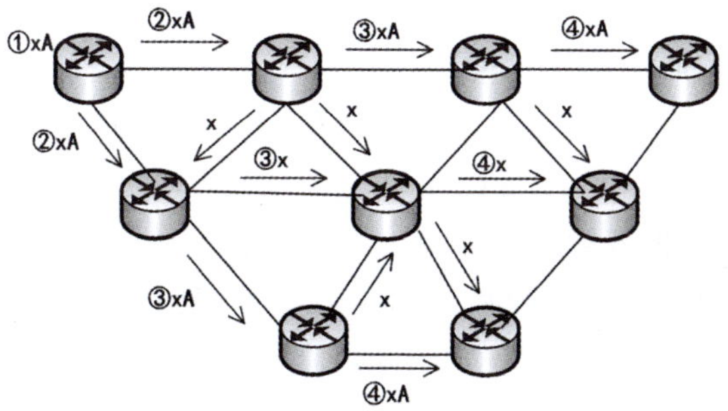

图 1-1-14　网络设备故障传递示意图

2. 网络带宽、流量控制是棘手难题

流量控制一般采用 QoS/TE 等技术来实现，大体的思路是通过给流量分类、定义标记不同优先级别等方式，根据业务需求，分配不同的带宽。流控的好坏直接影响带宽利用率和客户的投资效益。流控技术可以在支持 QoS/TE 的交换机、路由器等产品上执行，也可以在专业的流控产品（负载均衡器）上实现。但是，这里存在两个问题，具体如下。

（1）不管是软件还是硬件实现流控，传统的流控产品大体是一种静态带宽处理，即根据业务需求，制定特定规则，走特定的链路等，策略一般是前期固定好的，无法根据网络情况智能地实现带宽分配，流控产品带宽分配固定化示意图如图 1-1-15 所示。

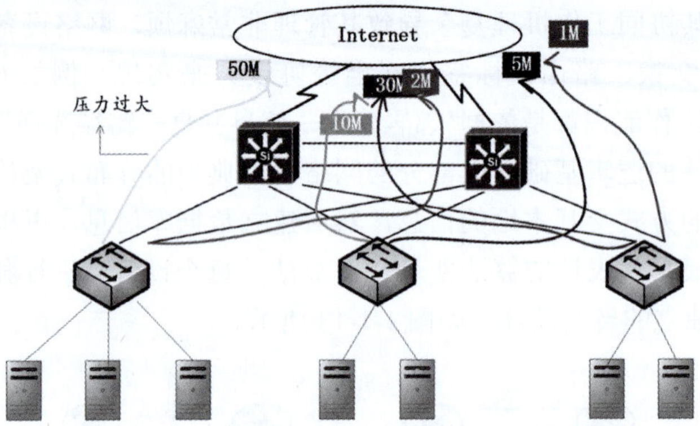

图 1-1-15　流控产品带宽分配固定化示意图

（2）常规流控产品只能实现部分链路带宽分配可视化。常规网管系统只能实现链路状态故障检测等，无法实现全网全局链路带宽可视化。实现流量可视化很难，而全网流量可视化是带宽智能调配的基础。

出现以上问题的根本原因如下。

（1）传统的网络设备的工作方式一般都是固定好的，例如交换机根据 MAC 地址表转发（基于源 MAC 学习，基于目的 MAC 转发），路由器根据路由表转发（修改源目 MAC，源目 IP 不修改，基于目的 IP 查表）。

（2）按照业务需求进行网络设备的策略自定义实际上便是一个可编程的需求，而传统网络设备是一个黑盒子，内部源码、产品功能对用户封闭，话语权在网络厂商这边，不能自定义设备的转发策略。

1.1.3.4　解决问题的办法——SDN 的产生

2007 年，斯坦福大学博士生马丁 • 卡萨多（Martin Casado）领导了一个关于网络安全与管理的项目 Ethane。该项目试图通过一个集中式的控制器，让网络管理员可以方便地定义基于网络流的安全控制策略，并将这些安全策略应用到各种网络设备中，从而实现对整个网络通信的安全控制。2008 年，基于 Ethane 及其前续项目 Sane 的启发，尼克 • 麦克考恩（Nick McKeown）教授等人提出了 OpenFlow 的概念，并于当年发表了题为“OpenFlow：Enabling Innovation in Campus Networks”的论文，首次详细地介绍了 OpenFlow 的概念。

OpenFlow 交换机没有独立的“大脑”，仅具备转发功能，所有的路径计算、安全策略等全部在控制器（Controller）上执行，然后通过 OpenFlow 协议下发给交换机，交换机根据流表（Flow Table）进行转发。Ethane 这种网络架构跟传统的网络架构相比，最大的特点便是控制和转发完全分离。控制层实现集中式控制、软件可编程、可视化、自动化等，转发层通过硬件实现高速转发。

SDN 到底是什么？ SDN（Software Defined Network）即软件定义网络，是一种网络设计理念，或者说是一种推倒重来的设计思想。只要网络硬件可以采用集中式软件管理，可编程化，控制与转发层面分开，则可以认为这个网络是一个 SDN 网络。所以说，SDN 并不是一个具体的技术、一个具体的协议，而是一个思想、一个框架。狭义的 SDN 指的是“软件定义网络”，广义的 SDN 还延伸出了软件定义安全、软件定义存储等。可以说，SDN 是一个浪潮，席卷了整个 IT 产业。

1.1.3.5 学习 SDN 的方法

步骤 1：既然 SDN 是网络技术的前沿，学习 SDN 必须要懂得传统的网络知识，主要包括如下内容。

（1）协议栈：网络层和传输层协议（如 ARP、IP、ICMP、UDP、TCP）以及应用层协议（如 DHCP、DNS）。

（2）路由技术：OSPF、BGP、IPv6、Multicast 等。

（3）交换与覆盖网络技术：VLAN、Trunk、VxLAN 等。

（4）标签技术：MPLS、MPLS L2VPN、MPLS L3VPN 等。

（5）流控技术：QoS（分类标记、队列机制、拥塞避免、监管整形、带宽管理）。

（6）安全技术：VPN 技术（IPsec VPN、SSL VPN）、防火墙技术（Firewall）、入侵检测和防御系统（IDS/IPS）。

步骤 2：学习 SDN 需要懂一门编程语言，如经典的 C 或者 C++，还有 Java 或 Python。

目前大部分的控制器都是用 Java 和 Python 编写的；如果是编程新手，建议直接从 Python 入手，如果是职业编程师，对于各种编程语言都比较熟悉，可直接忽略本步骤，回到步骤 1。

步骤 3：开始阅读各种 OpenFlow 白皮书、OpenFlow 行业大会的 PPT 和资料（靠谱的技术方案、靠谱的商用案例）。

OpenFlow 的白皮书可以直接到官网下载，根据版本迭代从 1.0 到目前的 1.5 版本均可下载，最好通读一遍英文版，然后再搜集国内的一些中文翻译版。技术大会是整个行业的风向标，有利于判断现阶段 SDN 的发展、借鉴比较好的商用案例和了解产品的更新等。

步骤 4：搭建 SDN 学习环境，开始进行实际操作。

常用的 SDN 虚拟系统 / 控制器有 Mininet、Open DayLight、RYU 等。通过这些工具搭建出 SDN 网络，然后通过 Wireshark 工具来进行 OpenFlow 协议分析，通过编程语言如 Python 编写基础的应用，并进行测试。

与 SDN 密切相关的
网络基础设备及协议

1.2　与 SDN 密切相关的网络基础设备及协议

1.2.1　实施任务单

任务编号	1-2	任务名称	与 SDN 密切相关的网络基础设备及协议
任务简介	交换机、路由器是网络中最重要的基础设备，也是 SDN 技术创新的基础。本任务要求透彻理解交换机、路由器等网络设备中的数据平面和控制平面的概念，网络的 TCP/IP 协议的第二层、第三层的数据结构以及 ARP 协议和 ICMP 协议的数据结构		
任务目标	1. 理解交换机、路由器等网络设备中的数据平面和控制平面的概念； 2. 理解数据链路层、网络层数据包结构； 3. 理解 ARP 协议和 ICMP 协议的数据结构和作用		
设备环境	装有 Office 或 WPS 办公软件的台式机或笔记本电脑		
实施专业		实施班级	
实施地点		小组成员	
指导教师		联系方式	
任务难度	初级	实施日期	年　月　日
实施内容	1. 制作演示文档，从数据平面和控制平面的角度展示交换机、路由器等网络设备的工作过程； 2. 制作演示文档，展示数据链路层、网络层的数据结构； 3. 制作演示文档，揭示 ARP 协议、ICMP 协议和 VLAN 的工作原理。		

1.2.2 实施评价单

任务编号	1-2	任务名称	与 SDN 密切相关的网络基础设备及协议	
评价项目		自评	小组评	综合
课堂表现	学习态度（20 分）			
	沟通合作（10 分）			
任务完成	以数据平面和控制平面的角度展示交换机、路由器（30 分）			
	数据链路层、网络层的数据结构展示（20 分）			
	ARP 协议、ICMP 协议和 VLAN 工作原理展示（20 分）			

学生签字		年　月　日	教师签字		年　月　日

评价标准

项目		A（95%）	B（85%）	C（75%）	D（65%）	E（<60%）
课堂表现	学习态度	与老师辩论	向老师提出质疑	与老师互动交流	被动回答问题	沉默
	沟通合作	小组学习中具有很强的团队沟通合作能力	小组学习中具有良好的团队沟通合作能力	小组学习中具有较好的团队沟通合作能力	小组学习中能够参与团队沟通合作	小组学习中不能够参与团队合作
任务完成	交换机、路由器原理 PPT 文档展示	全面展示交换机、路由器的原理，文档精美	全面展示交换机、路由器的原理，文档较好	基本展示交换机、路由器的原理，文档较好	基本展示交换机、路由器的原理，文档一般	没能展示交换机、路由器的原理，文档较差
	数据链路层、网络层的数据结构展示	全面展示数据链路层、网络层的数据结构，文档精美	全面展示数据链路层、网络层的数据结构，文档较好	基本展示数据链路层、网络层的数据结构，文档较好	基本展示数据链路层、网络层的数据结构，文档一般	没能展示数据链路层、网络层的数据结构，文档较差
	ARP 协议、ICMP 协议和 VLAN 的原理展示	全面展示 ARP 协议、ICMP 协议和 VLAN 的原理，文档精美	全面展示 ARP 协议、ICMP 协议和 VLAN 的原理，文档较好	基本展示 ARP 协议、ICMP 协议和 VLAN 的原理，文档较好	基本展示 ARP 协议、ICMP 协议和 VLAN 的原理，文档一般	没能展示 ARP 协议、ICMP 协议和 VLAN 的原理，文档较差

1.2.3 相关知识点

1.2.3.1 二层交换机与数据链路层

1. 二层交换机

二层交换机的前身就是网桥，也称为多端口网桥（网桥只有两个端口），其工作在数据链路层，起着隔离冲突域和数据转发作用。随着技术的发展，网桥作为独立设备早已被弃用，但在虚拟交换机中仍使用这一概念，本书在讨论时就不再区分。在数据链路层中，每个网络终端设备（或者说设备的网卡）都拥有唯一标识该设备的6个字节的参数，称为MAC地址，用于标明二层交换机要转发的对象。

从数据转发的角度，二层交换机可分为数据平面和控制平面。数据平面指二层交换机上的一张“MAC地址 - 端口”映射表，即连接在交换机某一端口的终端设备MAC地址和该端口号一一对应的表，如图1-2-1所示。根据该表，数据可以进行高效转发。例如，设备（也称为节点）A要向设备C发送数据帧，该帧的目的地址为设备C的MAC地址。通过该交换机时，交换机的交换控制中心根据“MAC地址 - 端口”映射表的对应关系找出对应帧目的地址的输出端口号（端口5），就可以为设备A到设备C建立端口1到端口5的连接。这种端口之间的连接可以根据需要同时建立多条，也就是可以在多个端口之间建立多个并发连接。

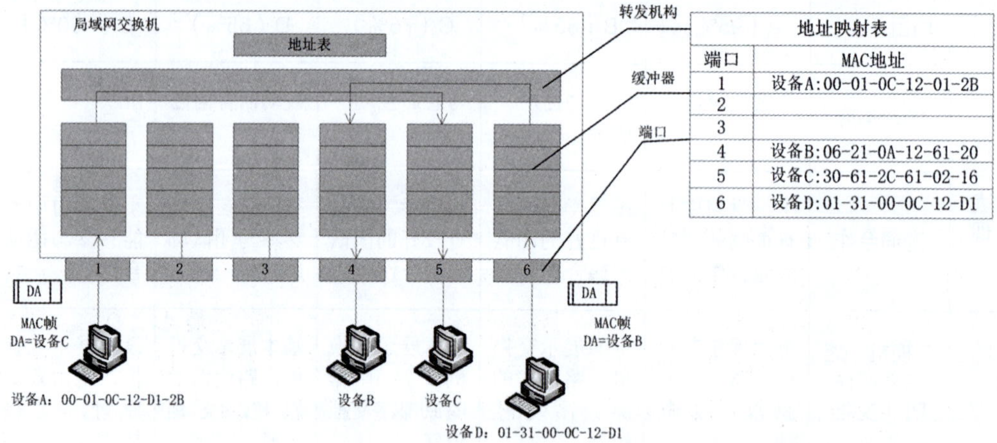

图1-2-1 “MAC地址 - 端口”映射表

控制平面指构建“MAC地址 - 端口”映射表的过程，其过程如下。

（1）当交换机从某个端口收到一个数据帧时，它先读取帧头中的源MAC地址，查找MAC地址表，了解有没有源地址和端口的对应关系，若没有，则将源地址和端口的对应关系记录到MAC地址表中；若有，则更新该表项。

（2）读取帧头中的目的MAC地址，并在地址表中查找相应的端口。若表中有与该目的MAC地址对应的端口，则把数据帧直接复制到该端口上；若没有，则把数据帧广播到除接收端口外的所有端口上。

（3）当目的设备回应消息给发送设备时，交换机可以记录目的MAC地址与该端口的对应关系。这种动态的 MAC 地址拥有老化时间，各个品牌的设备基本都是 300s 时间，即每次收到数据都会刷新这个 300s 的倒计时。

2．数据链路层

数据链路层在 OSI 参考模型中有定义，作用是通过 MAC 地址确认数据发往何处，其数据形式称为帧。TCP/IP 协议中没有定义数据链路层，而是直接将数据链路层和物理层合并称为网络接口层，但在实际 TCP/IP 协议应用中仍采用数据链路层的说法，也称为网络第二层。该层的内容非常广泛，在此只讨论以太网帧的组成情况。

以太网上使用的两种标准帧格式如图 1-2-2 所示。第一种是 20 世纪 80 年代初提出的 DIX v2 格式，即 Ethernet II 以太网帧体格式，Ethernet II 后来被 IEEE 802 标准接纳，并写进了 IEEE 802.3x-1997 中；第二种是于 1983 年提出的 IEEE 802.3 以太网帧体格式。这两种格式使用不同的协议类型（Type）字段值来区别，当协议类型字段值小于等于 1500（或者十六进制的 0x05DC）时，帧使用的是 IEEE 802.3 以太网帧体格式；当协议类型字段值大于等于 1536（或者十六进制的 0x0600）时，帧使用的是 Ethernet II 以太网帧体格式。由于以太网中大多数的数据帧使用的是 Ethernet II 以太网帧体格式，因此本书主要对此格式进行介绍。

Ethernet II以太网帧体格式

目标MAC地址（6字节）	源MAC地址（6字节）	上层协议类型（2字节）	数据（46～1500字节）	FCS（4字节）

IEEE802.3以太网帧体格式

目标MAC地址（6字节）	源MAC地址（6字节）	帧长度（2字节）	LLC（3字节）	SNAP（5字节）	数据（38～1492字节）	FCS（4字节）

图 1-2-2　以太网两种标准帧格式

对于 Ethernet II 以太网帧体格式，以太网帧本体的前段是数据链路层首部，共 14 个字节，依次为 6 字节的目标 MAC 地址、6 字节的源 MAC 地址和 2 字节的上层协议类型。紧跟首部后面的是数据，最大的数据范围是 46 ～ 1500 字节，结尾是 4 字节的帧检验序列（FCS）。上层协议类型即为标识协议类型的编号，通常与数据一起传输，在其后是该类型所标识的协议首部和数据。常用的主要协议类型见表 1-2-1。

表 1-2-1　常用的主要协议类型

类型编号（16 进制）	协议
000-05DC	IEE802.3 Length Field（01500）
0101-01FF	实验用
0800	Internet IP（IPv4）
0806	Address Resolution Protocol（ARP）
8035	Reverse Address Resolution Protocol（RARP）
8100	IEEE802.1Q Customer VLAN
814C	SNMP over Ethernet

续表

类型编号（16 进制）	协议
86DD	IP version 6（IPv6）
8847-8848	Multi-Protocol Label Swiching（MPLS）
9000	Loopback（Configuration Test Protocol）

1.2.3.2 路由器、三层交换机及网络层

1．路由器

路由器工作在 OSI 体系结构中的网络层，有很多功能，如划分子网、连接网络、隔离广播。划分子网从逻辑上把网络划分成多个子网段，对数据转发实施控制，规定外网的数据不能转发到子网内，从而避免网上黑客对内部子网的攻击；连接网络可以将不同类型的网络连接起来，又可以将局域网连接到 Internet；隔离广播中，路由器可以自动过滤网络广播，避免“广播风暴”；等等。其最主要的功能是提供了转发与路由两种重要机制。

从数据平面上看，路由器同样有一张地址与端口的对应表，称为路由表。与网桥和交换机不同的是，路由器中的地址为网络层的 IP 地址。路由器收到数据包时，会检查其目的 IP 地址，在路由表中查找通往目的网络的最佳路径，根据查找结果进行不同处理：如果找到目的网络，就从指示的下一跳 IP 地址或输出接口将数据包转发出去；如果没有目的网络但有默认路由，就从默认路由指示的下一跳 IP 地址或输出接口将数据包转发出去；否则，路由器将数据包丢弃。下一跳的路由器也按照这种方法处理数据（此时的数据也称为分组），直到该数据到达终点为止。

路由表是路由器进行数据转发的依据，它保存各种传输路径数据，包含的关键信息如下。

（1）目的网络 / 掩码：目标网络用来标识 IP 包的目的地址或者目的网络 / 子网掩码。

（2）出接口：说明 IP 包将从该路由器的哪个接口转发。

（3）下一跳：说明 IP 包所经过的下一个路由器。

从控制平面上看，路由器能够根据路由选择算法，结合数据包中的目的 IP 地址，确定传输数据的最佳路径。也就是说，路由器为经过它的每个分组都进行路由选择，寻找一条最佳的传输路径将其传递到目的地址。路由选择算法协议有边界网关（BGP）、开放最短路径优先（OSPF）等，一旦经过计算学习得到新的路由，就会更新路由表。

2．三层交换机

三层交换技术也称为 IP 交换技术或高速路由技术。简单地说，三层交换技术是在二层交换技术的基础上增加了三层转发技术。实质上，三层交换机就是将二层交换机与路由器结合起来的网络设备，但它是二者的有机结合，并不是简单地把路由器设备的硬件及软件叠加在二层交换机上。其工作过程如图 1-2-3 所示。

（1）当某个信息源的第一个数据包进入三层交换机时，三层交换机需要分析、判断该数据包中目的 IP 地址与源 IP 地址是否在同一网段内。

（2）如果目的 IP 地址与源 IP 地址在同一网段，三层交换机会通过二层交换模式直接对数据包进行转发。

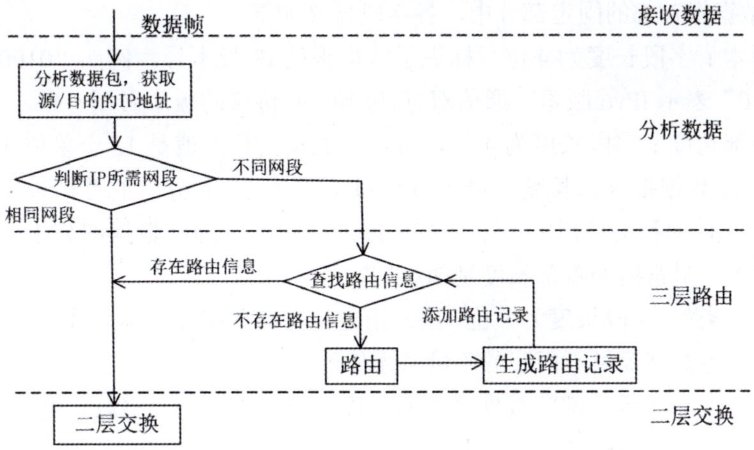

图 1-2-3　三层交换机的工作过程

（3）如果目的 IP 地址与源 IP 地址分属不同网段，三层交换机会将数据包交给三层路由模块进行路由。

（4）三层路由模块在收到数据包后，首先要在内部路由表中查看该数据包的目的 MAC 地址与目的 IP 地址间是否存在对应关系，如果有，则将其转回二层交换模块进行转发。

（5）如果没有对应关系，三层路由模块会在对数据包进行路由处理后，将该数据包的 MAC 地址与 IP 地址映射记录添加至内部路由表中，然后将数据包转回二层交换模块进行转发。

虽然三层交换机也具有“路由”功能，与传统路由器的路由功能总体一致，但三层交换机并不等于路由器，同时也不可能取代路由器。在实际应用中的典型做法是，同一个局域网中各个子网的互联以及 VLAN 间的路由使用三层交换机；而局域网与公网之间的互联则使用路由器。

3．网络层

网络层是定义两个终端节点之间（地理上可以很远）的连接和传输路径的选择（路由），其数据形式是分组、数据报等，通常所说的 IP（IPv4、IPv6）就相当于网络层。IP 大致分为三大作用模块：IP 寻址、路由、IP 分包与组包，在此重点讨论 IP 数据报的组成，其包含了许多重要概念。

IP 数据报由报文首部和数据两部分组成，如图 1-2-4 所示。

<table>
<tr><td colspan="5">32位</td></tr>
<tr><td colspan="2">8</td><td>8</td><td>8</td><td>8</td></tr>
<tr><td>版本</td><td>首部长度</td><td>服务类型</td><td colspan="2">总长度</td></tr>
<tr><td colspan="3">标识符</td><td>标记</td><td>分片偏移</td></tr>
<tr><td colspan="2">生存时间</td><td>协议</td><td colspan="2">首部校检和</td></tr>
<tr><td colspan="5">源地址</td></tr>
<tr><td colspan="5">目的地址</td></tr>
<tr><td colspan="4">可选项</td><td>填充项</td></tr>
<tr><td colspan="5">数据</td></tr>
</table>

图 1-2-4　IP 数据报组成

在IP数据报首部的固定部分中，各字段含义如下：

（1）版本：字段长度为4位，标识了数据报的IP版本号。例如“0100”表示IPv4版本，“0110”表示IPv6版本，通信双方使用的IP协议的版本必须一致。

（2）首部长度：字段长度为4位，可表示的最大数据值是15个单位（一个单位为4字节），因此数据报首部长度的最大值是60字节。当IP分组的首部长度不是4字节的整数倍时，必须利用最后的一个填充字段加以填充，因此数据部分永远在4字节的整数倍处开始。最常用的首部长度是20字节。

（3）服务类型：字段长度为8位，用来指定特殊的数据报处理方式。一般很少使用，只有为各种业务类型提供不同服务质量时才使用这个字段。

（4）总长度：表示首部和数据之和的长度，单位为字节。字段长度为16位，所以数据报的最大长度为65535字节。用数据报总长度减去首部长度，就可以确定数据报数据有效载荷的大小。

（5）标识符：字段长度为16位，通常与标记字段和分段偏移字段一起用于数据报的分段处理。当数据报原始长度超过网络所允许的最大传输单元（Maximum Transmission Unit，MTU）时，就必须将过长的数据报进行分片后才能传送。当数据报分片后，路由器在每片数据报的标识字段上打上相同的标记，以便接收设备可以识别出其属于哪一个数据报的分段。

（6）标记：字段长度为3位，其中第1位没有使用，第2位是不分段（DF）位。当DF位被设置为1时，表示路由器不能对数据报进行分段处理。如果数据报由于不能分段而未能被转发，那么路由器将丢弃该数据报并向源点发送错误消息。

（7）分片偏移：字段长度为13位，用于指明分段起始点相对于报头起始点的偏移量。

（8）生存时间：字段长度为8位，记为TTL（Time to Live），最初是以秒为单位记录数据报在网络中的生存时间，实际中指可以中转多少路由器，每经过一个路由器，TTL减1，直到为0则丢弃该包。

（9）协议：字段长度为8位，指出数据报携带的数据使用的封装协议类型，如“1”代表ICMP、“6”代表TCP、“17”代表UDP等。

（10）首部校验和：字段长度为16位，只检验数据报的首部，不包含数据部分。

（11）源地址：字段长度为32位，表示发送数据报的主机IP地址。

（12）目的地址：字段长度为32位，表示接收数据报的主机IP地址。

（13）可选项：是一个长度可变的字段，主要用来支持源路由、测量及安全等措施。

（14）填充项：该字段通过在可选项字段后面添加0来补足32位，保证报头长度是32位的倍数。

数据报中封装的数据是来自传输层协议的报文，也就是TCP或UDP格式的报文。

1.2.3.3 ARP协议

ARP（Address Resolution Protocol）即地址解析协议，是将IP地址解析为以太网MAC地址（或称物理地址）的协议。在网络中，当主机或其他网络设备有数据要发送给另一个主机或设备时，它必须知道对方的网络层地址（即IP地址），由于IP数据报必须封装成帧才能通过物理网络发送，因此还需要知道对方的物理地址，所以设备上需要存在一个从 IP 地址到物理地址的映射关系，ARP 就是实现这个功能的协议。

1．ARP 帧格式

ARP 报文分为 ARP 请求和 ARP 应答报文，如图 1-2-5 所示。

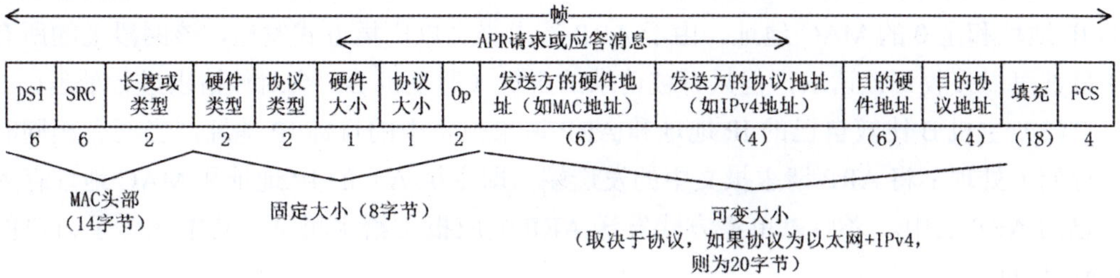

图 1-2-5　ARP 报文

前 14 个字节（MAC 头部）是一个标准的以太网帧头部，DST 表示目的 MAC 地址，SRC 表示源 MAC 地址，长度或类型用于确定头部后面的数据类型，常见的值包括 0x0800（IPv4）、0x86DD（IPv6）、0x0806（ARP）

前 14 个字节之后由 ARP 协议来定义，ARP 帧的前 8 个字节是通用的。

硬件类型字段指出硬件地址类型，对于以太网，该值为 1。

协议类型字段指出映射的协议地址类型，对于 IPv4 地址，该值为 0x0800；（当以太网帧包含“IPv4 数据报”时，长度或类型字段与协议字段可能一样，即都是 0x0800）。

硬件大小和协议大小分别指出硬件地址和协议地址的字节数，对于以太网中使用 IPv4 地址的 ARP 应答，其值为 6 和 4。

Op 字段指出该操作的类型，具体包括 ARP 请求（值为 1）、ARP 应答（2）、RARP 请求（3）、RARP 应答（4）。

2．ARP 地址解析过程

假设主机 A 和 B 在同一个网段，主机 A 要向主机 B 发送信息，具体的地址解析过程如图 1-2-6 所示，具体如下。

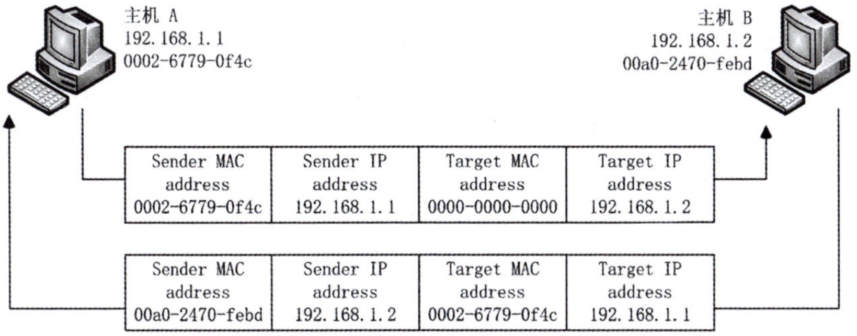

图 1-2-6　ARP 地址解析过程

（1）主机 A 首先查看自己的 ARP 表，确定其中是否包含有主机 B 对应的 ARP 表项。如果找到了对应的 MAC 地址，则主机 A 直接利用 ARP 表中的 MAC 地址，对 IP 数据报进行帧封装，并将 IP 数据报发送给主机 B。

（2）如果主机 A 在 ARP 表中找不到对应的 MAC 地址，则将缓存该 IP 数据报，然后以广播方式发送一个 ARP 请求报文。ARP 请求报文中的发送端 IP 地址和发送端 MAC 地址为主机 A 的 IP 地址和 MAC 地址，目标 IP 地址和目标 MAC 地址为主机 B 的 IP 地址和全 0 的 MAC 地址。由于 ARP 请求报文以广播方式发送，该网段上的所有主机都可以接收到该请求，但只有被请求的主机（即主机 B）会对该请求进行处理。

（3）主机 B 比较自己的 IP 地址和 ARP 请求报文中的目标 IP 地址，当两者相同时进行如下处理：将 ARP 请求报文中的发送端（即主机 A）的 IP 地址和 MAC 地址存入自己的 ARP 表中。之后以单播方式发送 ARP 响应报文给主机 A，其中包含了自己的 MAC 地址。

（4）主机 A 收到 ARP 响应报文后，将主机 B 的 MAC 地址加入到自己的 ARP 表中以用于后续报文的转发，同时将 IP 数据报进行封装后发送出去。

当主机 A 和主机 B 不在同一网段时，主机 A 就会先向网关发出 ARP 请求，ARP 请求报文中的目标 IP 地址为网关的 IP 地址。当主机 A 从收到的响应报文中获得网关的 MAC 地址后，将报文封装并发给网关。如果网关没有主机 B 的 ARP 表项，网关会广播 ARP 请求，目标 IP 地址为主机 B 的 IP 地址，当网关从收到的响应报文中获得主机 B 的 MAC 地址后，就可以将报文发给主机 B；如果网关已经有主机 B 的 ARP 表项，网关可直接把报文发给主机 B。

3．免费 ARP 报文

免费 ARP 报文是一种特殊的 ARP 报文。该报文中携带的发送端 IP 地址和目标 IP 地址都是本机的 IP 地址。设备通过对外发送免费 ARP 报文来确定其他设备的 IP 地址是否与本机的 IP 地址冲突，并实现在设备硬件地址改变时通知其他设备更新 ARP 表项。

（1）IP 地址冲突检测。设备接口获取到 IP 地址时可以在接口所在局域网内广播发送免费 ARP 报文。如果设备收到 ARP 应答报文，表示局域网中存在与该设备 IP 地址相同的设备，则设备不会使用此 IP 地址，并打印日志提示管理员修改该 IP 地址；如果设备未收到 ARP 应答报文，表示局域网中不存在与该设备 IP 地址相同的设备，则设备可以正常使用 IP 地址。

（2）免费 ARP 报文学习。开启了免费 ARP 报文学习功能后，设备会根据收到的免费 ARP 报文中携带的信息（发送端 IP 地址、发送端 MAC 地址）对自身维护的 ARP 表进行修改。设备先判断 ARP 表中是否存在与此免费 ARP 报文中的发送端 IP 地址对应的 ARP 表项，如果没有对应的 ARP 表项，设备会根据该免费 ARP 报文中携带的信息新建 ARP 表项；如果存在对应的 ARP 表项，设备会根据该免费 ARP 报文中携带的信息更新对应的 ARP 表项。

关闭免费 ARP 报文学习功能后，设备不会根据收到的免费 ARP 报文来新建 ARP 表项，但是会更新已存在的对应 ARP 表项。如果用户不希望通过免费 ARP 报文来新建 ARP 表项，可以关闭免费 ARP 报文学习功能，以节省 ARP 表项资源。

（3）定时发送免费 ARP。定时发送免费 ARP 功能可以及时通知下行设备更新 ARP 表项或者 MAC 地址表项，主要应用场景如下。

1）防止仿冒网关的 ARP 攻击。如果攻击者仿冒网关发送免费 ARP 报文，就可以欺骗同网段内的其他主机，使得被欺骗的主机访问网关的流量被重定向到一个错误的 MAC 地址，导致其他主机用户无法正常访问网络。

为了降低这种仿冒网关的 ARP 攻击所带来的影响，可以在网关的接口上开启定时发送免费 ARP 功能。开启该功能后，网关接口上将按照配置的时间间隔周期性地发送接口主 IP 地址和手工配置的从 IP 地址的免费 ARP 报文。这样，每台主机都可以学习到正确的网关，从而正常访问网络。

2）防止主机 ARP 表项老化。在实际环境中，当网络负载较大或接收端主机的 CPU 占用率较高时，可能存在 ARP 报文被丢弃或主机无法及时处理接收到的 ARP 报文等现象。这种情况下，接收端主机的动态 ARP 表项会因超时而老化，在其重新学习到发送设备的 ARP 表项之前，二者之间的流量会发生中断。

为了解决上述问题，可以在网关的接口上开启定时发送免费 ARP 功能。启用该功能后，网关接口上将按照配置的时间间隔周期性地发送接口主 IP 地址和手工配置的从 IP 地址的免费 ARP 报文。这样，接收端主机可以及时更新 ARP 映射表，从而防止了上述流量中断现象。

1.2.3.4 ICMP 协议

一个新搭建好的网络往往需要先进行一个简单的测试来验证网络是否畅通，但是 IP 协议并不提供可靠传输，如果丢包了，IP 协议并不能通知传输层是否丢包以及丢包的原因。所以就需要一种协议来完成这样的功能——ICMP 协议。

1. ICMP 协议的功能

ICMP 协议的功能主要如图 1-2-7 所示。

（1）确认 IP 包是否成功到达目标地址。

（2）通知在发送过程中 IP 包被丢弃的原因。

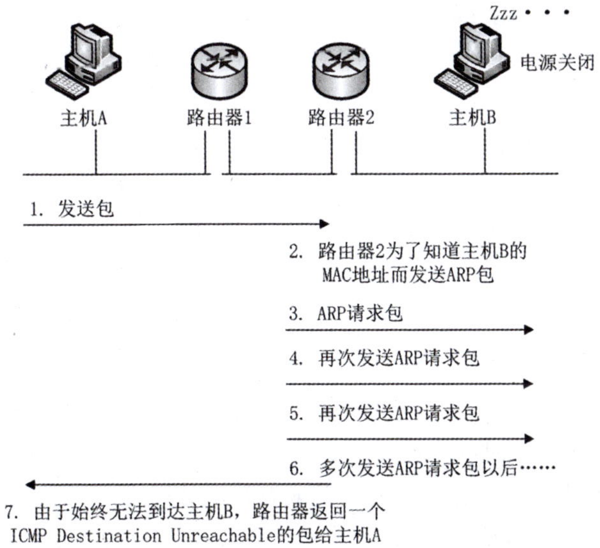

图 1-2-7 ICMP 协议功能

需要注意以下几点：

（1）ICMP 是基于 IP 协议工作的，但是它并不是传输层的功能，因此仍然把它归结为网络层协议。

（2）ICMP 只能搭配 IPv4 使用，如果是 IPv6 则需要使用 ICMPv6。

2. ICMP 报文格式

ICMP 报文格式如图 1-2-8 所示。

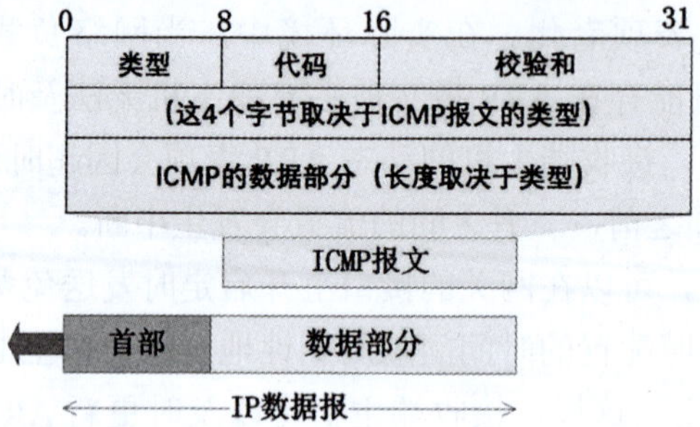

图 1-2-8　ICMP 报文格式

ICMP 报文包含在 IP 数据报中，属于 IP 的一个用户。IP 头部就在 ICMP 报文的前面，所以一个 ICMP 报文包括 IP 头部、ICMP 头部和 ICMP 报文。IP 头部的 Protocol 值为 1 就说明这是一个 ICMP 报文，ICMP 头部中的类型（Type）域用于说明 ICMP 报文的作用及格式，此外还有一个代码（Code）域用于详细说明某种 ICMP 报文的类型，所有数据都在 ICMP 头部后面。

3. 常见的 ICMP 报文类型

（1）响应请求。日常使用最多的 ping 就是响应请求（Type=8）和应答（Type=0），一台主机向一个节点发送一个 Type=8 的 ICMP 报文，如果途中没有异常（例如被路由器丢弃、目标不回应 ICMP 或传输失败），则目标返回 Type=0 的 ICMP 报文，说明这台主机存在，更详细的 tracert（跟踪路由）通过计算 ICMP 报文通过的节点来确定主机与目标之间的网络距离。

（2）目标不可到达、源抑制和超时报文。这三种报文的格式是一样的，目标不可到达报文（Type=3）在路由器或主机不能传递数据报时使用，例如要连接对方一个不存在的系统端口（端口号小于 1024）时，将返回 Type=3、Code=3 的 ICMP 报文，它要告诉我们：“嘿，别连接了，我不在家的！”常见的不可到达类型还有网络不可到达（Code=0）、主机不可到达（Code=1）和协议不可到达（Code=2）等。源抑制则充当一个控制流量的角色，它通知主机减少数据报流量，由于 ICMP 没有恢复传输的报文，所以只要停止该报文，主机就会逐渐恢复传输速率。最后，无连接方式网络的问题就是数据报会丢失，或者长时间在网络游荡而找不到目标，或者拥塞导致主机在规定时间内无法重组数据报分段，这时就要触发 ICMP 超时报文的产生。超时报文的代码域有两种取值：Code=0 表示传输超时，Code=1 表示重组分段超时。

（3）时间戳。时间戳请求报文（Type=13）和时间戳应答报文（Type=14）用于测试两台主机之间数据报来回一次的传输时间。传输时，主机填充原始时间戳，接收方收到请求后填充接收时间戳后以 Type=14 的报文格式返回，发送方计算这个时间差，一些系统不响应这种报文。

1.3 课后提升

一、单选题

1. SDN 的架构不包括（　　）。
   A．基础设施层　B．链路层　C．控制层　D．应用层
2. 以下不属于 SDN 技术优点的是（　　）。
   A．在软件开发生命周期下更快地部署网络应用和功能
   B．更容易实现服务质量 QoS
   C．支持动态移动、复制和虚拟资源分配
   D．使应用在网络上能够符合静态需求服务
3. 传统网络存在的困境有（　　）。
   A．业务部署慢　B．集成与协调烦琐
   C．网络设备部署烦琐　D．以上都是

二、判断题

1. SDN 是对网络控制和转发功能进行耦合的一种方法。
2. SDN 的集中控制方式和它的开放性使得控制器的安全性具有潜在风险。
3. SDN 控制器的接口标准统一。
4. 利用 SDN 可优化广域网的链路利用率。
5. SDN 的应用场景包括园区网、数据中心、广域网等。

三、填空题

1. SDN 交换机仅具备 __________ 功能。

2. NFV 即 __________，其核心思想是将网络硬件设备通过虚拟化技术，集成到通用的服务器或其他硬件平台上。

3. 广义的 SDN 延伸出了 __________、__________ 等概念。

4. 计算机网络的主要功能有 __________、数据传输和分布处理。

拓展阅读

阿里巴巴致力于引领 SDN 部署的浪潮，率先跨出 SDN 的第一步[①]

阿里巴巴作为国内三大互联网巨头之首，一直致力于走在技术发展的前沿，软件

① AlibabaInfrastructure，阿里巴巴曹捷：我们愿意率先跨出 SDN 的第一步，并引领这股技术浪潮，https://developer.aliyun.com/article/711636。

定义网络（SDN）领域也不例外。早在2015年，曹捷就表示阿里巴巴愿意率先跨出SDN的第一步，并推动这个技术在国内数据中心产业更为广泛的应用。曹捷说："早在两年多以前，阿里巴巴的技术团队就开始对SDN展开研究。SDN刚刚兴起的时候，我们就开始与芯片制造商、交换机制造商讨论这个新兴技术。大约半年之前，我们具备了部署SDN的软、硬件条件。目前，阿里巴巴技术团队已经对SDN进行了大量的测试，并不断优化对供应商的要求，开发出新的功能，这包括对SDN Controller的研发。"

阿里巴巴致力于引领SDN部署的浪潮。在曹捷看来，这主要是一个"敢不敢"的问题。曹捷说："目前，还没有人可以告诉我们，做SDN一定是从传统网络向新的网络架构转变的唯一正确的方式，但如果没有人跨出第一步，SDN就是'纸上谈兵'。此外，确保部署SDN后的系统的可靠和稳定以及确保网络规模可以做大，都是需要解决的重要问题。我们愿意通过我们的实践和努力，与业界专家共同将SDN的愿景做得更具体。"

项目 2
SDN 基础环境搭建

知识目标

★ 掌握 SDN 的定义、体系架构和设计思想；
★ 掌握狭义 SDN 和广义 SDN 的区别；
★ 掌握 Mininet 的基本概念与作用；
★ 掌握调用 Mininet Python API 的方法。

能力目标

★ 能够使用 Mininet 图像化工具构建网络拓扑；
★ 能够使用 Mininet 命令行创建拓扑；
★ 能够使用交互式界面自定义拓扑；
★ 能够使用 Python 脚本定义拓扑；
★ 了解 Mininet 搭建的网络性能测试方法。

素质目标

★ 培养抽象的思维能力；
★ 培养分析问题、解决问题的能力；
★ 培养合作探究的学习能力和科学精神。

思政目标

★ 培养严谨细致、认真踏实的工作和学习态度；
★ 培养基本的专业思维和职业规范的意识。

思维导图

项目分析

SDN 在实践中得到了广泛应用，但如何非常方便地验证 SDN 的基本工作原理及实现方案成为了一个重要的问题。实际中往往使用 Mininet 软件平台来搭建 SDN 基础仿真环境。通过对 Mininet 软件平台的几种方法实践应用，可深刻掌握 SDN 的工作原理和典型测试方法。

SDN 工作原理

2.1 认知 SDN 基本原理

2.1.1 实施任务单

任务编号	2-1	任务名称	认知 SDN 基本原理
任务简介	软件定义网络作为新型网络架构，不仅是对传统网络的颠覆式创新，也是自动化、智能化网络的基础。本任务要求以多图表、少文字的方式制作 SDN 的基本原理演示文档（PPT），掌握 SDN 的定义、体系架构和设计思想		
任务目标	1．掌握 SDN 的基本原理（SDN 的定义、体系架构、设计思想）； 2．掌握 SDN 的 Overlay 网络架构		
设备环境	装有 Office 或 WPS 办公软件的台式机或笔记本电脑		
实施专业		实施班级	
实施地点		小组成员	
指导教师		联系方式	
任务难度	初级	实施日期	年　月　日
实施内容	1．理解 SDN 的基本原理，画出狭义与广义 SDN 的主要区别表； 2．掌握三种 SDN 架构，画出 SDN 网络架构图		

2.1.2 实施评价单

任务编号	2-1	任务名称	认知 SDN 基本原理		
评价项目			自评	小组评	综合
课堂表现	学习态度（20 分）				
	沟通合作（10 分）				
技能操作	制作文档，综述传统网络、狭义 SDN 及广义 SDN 的关系（40 分）				
	画出三种 SDN 网络架构图（30 分）				
学生签字		年 月 日	教师签字		年 月 日

评价标准

项目		A（95%）	B（85%）	C（75%）	D（65%）	E（<60%）
课堂表现	学习态度	与老师辩论	向老师提出质疑	与老师互动交流	被动回答问题	沉默
	沟通合作	小组学习中具有很强的团队沟通合作能力	小组学习中具有良好的团队沟通合作能力	小组学习中具有较好的团队沟通合作能力	小组学习中能够参与团队沟通合作	小组学习中不能够参与团队合作
技能操作	传统网络、狭义、广义 SDN 的关系 PPT 文档制作	全面展示三者关系，文档精美	全面展示三者关系，文档较好	基本展示三者关系，文档较好	基本展示三者关系，文档一般	没能展示三者关系，文档较差
	三种 SDN 网络架构图	全面展示三种架构图，文档精美	全面展示三种架构图，文档较好	基本展示三种架构图，文档较好	基本展示三种架构图，文档一般	没能展示三种架构图，文档较差

2.1.3 相关知识点

1. SDN 的定义

传统网络依赖于大量交换机、路由器、防火墙等网络设备，并在设备中嵌入复杂网络协议，网络工程师负责给这些设备配置各种策略，手工地将高层策略转换为低层的配置命令，以应对各种各样的网络事件和应用场景，软件定义网络 SDN 的目标是简化网络控制和管理，通过网络的可编程引导创新。传统网络与 SDN 网络对比图如图 2-1-1 所示。

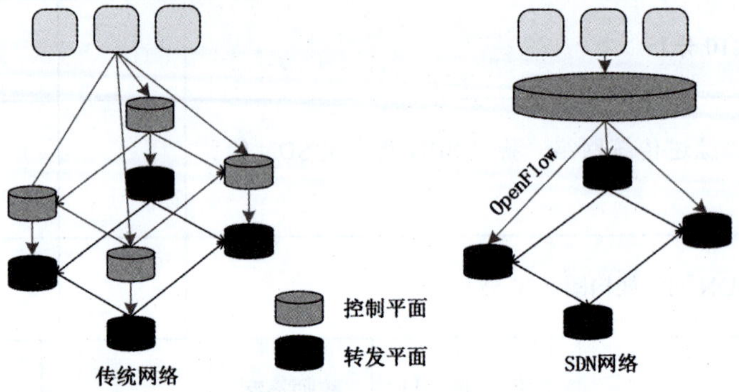

图 2-1-1 传统网络与 SDN 网络对比图

SDN 是一种新型的网络创新架构，它的设计理念是将网络的控制平面与数据转发平面进行分离，从而实现对网络资源的按需调配。在 SDN 网络中，采用了集中式的控制平面和分布式的转发平面，两个平面相互分离，控制平面利用控制器对转发平面上的网络设备进行集中式控制，并提供灵活的可编程能力；转发平面上的网络设备只负责单纯的数据转发。其实，SDN 的本质是让用户 / 应用可以通过软件编程来控制网络的行为，让网络软件化，进而敏捷化，从而使 IT 服务的响应速度、服务质量进一步提升。

关于 SDN 的定义实际上并没有统一的标准答案。在 SDN 技术的发展过程中，曾从不同角度对 SDN 给出了不同描述，归纳起来可分为狭义 SDN 和广义 SDN。

狭义 SDN 的定义是由开放网络基金会（ONF）提出的。ONF 在 2012 年发布的 SDN 白皮书中指出，SDN 是一种控制与转发分离且直接可编程的新兴网络框架。它是网络虚拟化的一种实现方式，通过核心技术 OpenFlow 协议，将设备的控制平面和数据平面分离，以实现更加灵活的网络流量控制，使网络变得更加智能。该定义说明了 SDN 网络架构的新特点，颠覆了传统网络的架构，但将 SDN 技术局限于特定的 OpenFlow 协议，存在着明显的狭隘性，不能为 SDN 的技术发展和实现提供更大的空间。

随着 SDN 的发展，人们在接受 SDN 核心设计思想的基础上，逐渐形成了广义 SDN 的概念。与狭义 SDN 相比，广义 SDN 在网络架构、南向接口协议和应用场景等方面都有更大的扩展，狭义 SDN 和广义 SDN 主要区别见表 2-1-1。在网络架构方面，广义 SDN 不再局限于 ONF 基于 OpenFlow 的三层架构，还出现了 IETF 提出的 I2RS 的 SDN 架构以及业界日益广泛应用的 Overlay 架构，从而实现不同应用场景对框架选择的多样性。在南向接口协议方面，除了 OpenFlow 之外，广义 SDN 与不同的 SDN 架构相适应，新增了 NETCONF、I2RS 等多种选择。广义 SDN 的网络架构实现了协议的多样性扩展，促进了 SDN 应用场景的日益广大，从早期的软件定义数据中心到后来的软件定义广域网、软件定义安全、软件定义接入、软件定义存储，软件定义一切的时代正在到来。伴随软件定义一切的发展，SDN 的架构、协议与内涵还将进一步拓展与丰富。

表 2-1-1　狭义 SDN 和广义 SDN 主要区别

主要区别	狭义 SDN	广义 SDN
网络架构	基于 OpenFlow 的三层架构	基于 OpenFlow 的三层架构、基于 I2RS 的 SDN 架构、Overlay 架构
南向接口	OpenFlow	OpenFlow、NETCONF、I2RS 等
应用场景	软件定义数据中心	软件定义广域网、软件定义安全、软件定义接入、软件定义存储及软件定义一切

2．SDN 的体系结构

（1）ONF 定义的 SDN 架构。目前，各大厂商对 SDN 的体系架构都有自己的理解和认识，ONF 作为 SDN 最重要的标准化组织，它提出的体系架构对 SDN 的技术发展产生了重要的影响。ONF 定义的 SDN 架构是典型的三层网络架构，由数据转发平面、SDN 控制平面、SDN 应用平面以及这三层之间的 SDN 北向接口、SDN 南向接口组成，如图 2-1-2 所示。

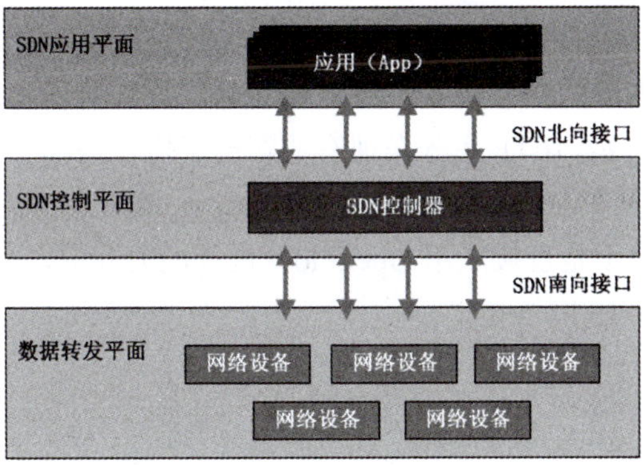

图 2-1-2　ONF 定义的 SDN 架构

1）SDN 应用平面。SDN 应用平面由若干 SDN 业务应用组成，通过控制层提供的编程接口对底层设备进行控制，把网络的控制权开放给用户，基于北向接口开发各种业务应用，实现丰富多彩的业务创新。这类似于人类产生各种创新想法，然后大脑在其驱动下对四肢进行指挥的过程。

2）SDN 控制平面。SDN 控制平面是 SDN 网络的核心，由 SDN 控制器组成，集中管理网络中所有的设备。SDN 控制平面虚拟整个网络为资源池，根据全网拓扑结构以及用户不同的需求，灵活地分配资源。SDN 控制平面通过南向接口与底层设备进行通信，通过北向接口与 SDN 应用平面进行通信。该层类似人类的大脑，负责对人体的总体控制。

3）数据转发平面。数据转发平面只负责基于流表的数据处理、转发和状态收集。关注的是与控制层的安全通信，其处理性能一定要高，以实现高速数据转发。该层类似人体的四肢，在大脑的控制下开展各项活动。

4）南向接口协议。南向接口协议是 SDN 控制平面和数据转发平面之间的接口协议，是转发设备与控制器信息传输的通道。它提供的主要功能包括对所有的转发行为进行控制、设备属性查询、统计报告、事件通知等。SDN 有多个南向接口协议，其中最为出名的是 OpenFlow 协议，其他的南向接口协议还包括 OF-CONFIG、XMP、PCEP 等。

5）北向接口协议。北向接口协议是 SDN 应用平面和 SDN 控制平面之间的一系列接口协议，是通过控制器向上层业务应用开发提供的接口协议，它主要负责提供抽象的网络视图，并使应用能直接控制网络的行为，使业务应用能够便利地调用底层的网络资源。目前，SDN 北向接口还没有统一的规范。

（2）IETF 定义的 I2RS 专用接口 SDN 架构。这一架构是设备供应商和运营商在面对新旧技术转换时达成的折中方案。设备商在感受到新兴技术带来的压力时，仍希望保持市场竞争优势；运营商则既希望引入新的理念，又希望保护现有的投资。因此，双方共同寻求对现有网络的平滑过渡，最终促成了这一 SDN 架构的提出。该类方案的实现思路是不改变传统网络的实现机制和工作方式，通过对网络设备的升级改造，在网络设备上开发 API 接口，管理人员可以通过 API 接口实现网络设备的统一配置管理，改变原先需要一台台设备登录配置的手工操作方式，同时这些接口也可以供用户开发网络应用，实现网络设备的可编程。

这类方案由目前主流的网络设备厂商主导，可以看作演进型或广义 SDN。IETF 定义的 SDN 如图 2-1-3 所示，IETF 主张在现有的网络层协议基础上，增加插件（Plug-in），并在网络与应用层之间增加 SDN 编排器（Orchestrator），提供统一的网络连接编排、多模型管理等功能，而不是直接采用 OpenFlow 进行能力开放，目的是尽量保留和重用现有的各种路由协议和 IP 网络技术。

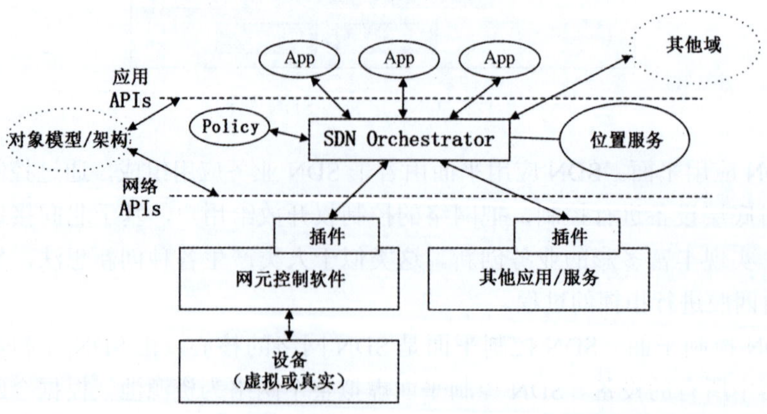

图 2-1-3　IETF 定义的 SDN

（3）Overlay 网络架构。基于叠加网络（Overlay）方案的实现思路是以现行的 IP 网络为基础，在其上建立叠加的逻辑网络，屏蔽掉底层物理网络差异，实现网络资源的虚拟化，使得多个逻辑上彼此隔离的网络分区以及多种异构的虚拟网络可以在同一共享网络基础设施上共存，Overlay 网络概念图如图 2-1-4 所示。该类方案的主要思想可被归纳为解耦、独立和控制三个方面。

解耦是将网络的控制从网络的物理硬件中脱离出来，交给虚拟化的网络层处理。这个虚拟化的网络层加载在物理网络之上，屏蔽掉底层的物理差异，在虚拟的空间重建整个网络。独立是指该类方案承载于 IP 网络之上，因此只要 IP 可达，那么相应的虚拟化网络就可以被部署，而无须对原有的物理网络架构做出任何改变。控制是指叠加的逻辑网络将以软件可编程的方式被统一控制，网络资源可以和计算资源、存储资源一起被统一调度和按需交付。该类方案主要由虚拟化厂商主导，例如 Nicira 公司提出的网络虚拟化平台（Network Virtualization Platform，NVP）方案。NVP 支持在现有的网络基础设施上利用隧道技术屏蔽底层物理网络的实现细节，实现网络虚拟化，并利用逻辑上集中的软件进行统一管控，实现网络资源的按需调度。

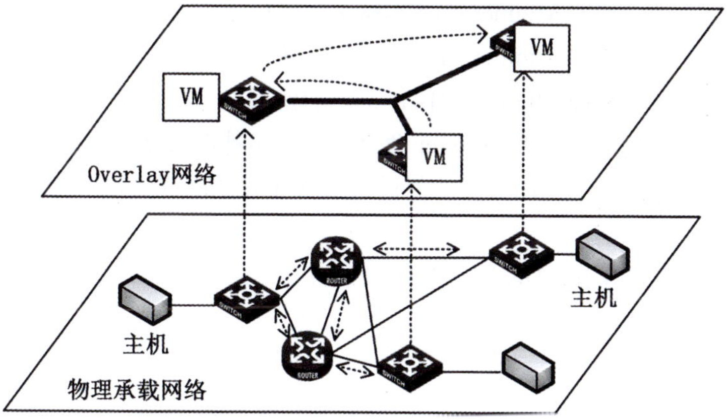

图 2-1-4 Overlay 网络概念图

2.2 搭建 SDN 原型系统的仿真网络

2.2.1 实施任务单

任务编号	2-2	任务名称	搭建 SDN 原型系统的仿真网络
任务简介	通过 Mininet 的安装和使用，搭建 SDN 环境网络拓扑图，掌握 Mininet 的使用方法，包括图像化工具使用、命令行创建拓扑、交互式界面自定义拓扑和 Python 脚本定义拓扑等		
任务目标	1．掌握 Mininet 的基本概念与作用； 2．了解 Mininet 的源码安装方法； 3．掌握 Mininet 图像化工具的使用 4．掌握使用 Mininet 命令行创建拓扑的方法； 5．了解使用交互式界面自定义拓扑的实现方法； 6．掌握使用 Python 脚本定义拓扑的方法； 7．掌握 SDN 网络性能测试方法		
设备环境	硬件：CPU，1 核；内存，2G；磁盘，20G； 软件：VM 虚拟机，Ubuntu 14.04 及以上		
实施专业		实施班级	
实施地点		小组成员	
指导教师		联系方式	
任务难度	初级	实施日期	年　　月　　日

实施内容	1．Mininet 的安装与测试 安装完成以后，通过简单的命令测试 Mininet 的基本功能。 2．Mininet 可视化工具使用 （1）网络组件设置完成后，单击 OK 按钮，截图命令行执行信息显示。 （2）单击 run 按钮，截图 Mininet 运行时 Terminal 页面显示出的运行拓扑信息。 3．Mininet 命令行创建拓扑 （1）创建最小的网络拓扑，即 1 个交换机下挂 2 个主机，写出命令，截取结果图。 （2）创建 1 个线型拓扑，4 个主机、4 个交换机，写出命令，截取结果图。 （3）创建 1 个单一拓扑，3 个主机、1 个交换机，写出命令，截取结果图。 （4）创建 1 个树型拓扑，深度 2，扇出 2，写出命令，截取结果图。 4．交互式界面自定义拓扑 （1）执行 sudo mn 命令，运行 Mininet 后，添加主机 h3，写出命令，截取结果图。 （2）添加 s1 和 h3 之间的链路，写出命令，截取结果图。 （3）给交换机 s1 添加端口 eth3 用于连接 h3，给 h3 赋予 IP（10.0.0.3），查看两台主机间是否能 ping 通，写出命令，截取结果图。 （4）查看所有节点信息，写出命令，截取结果图。 5．Python 脚本定义拓扑 （1）新建文件 linear.py，自定义一个线型拓扑，4 个交换机依次连接，每个交换机下挂接 1 个主机，写出 Python 脚本，写出执行脚本命令过程，截取结果图。 （2）自定义 1 个星型拓扑，1 个交换机下面挂接 3 个主机，写出 Python 脚本，写出执行脚本命令过程，截取结果图。 （3）自定义 1 个树型拓扑，深度为 2，扇出为 2，写出 Python 脚本，写出执行脚本命令过程，截取结果图。 （4）自定义 1 个树型拓扑，1 个交换机、2 个主机，并且赋予主机 IP 地址，写出 Python 脚本，写出执行脚本命令过程，截取结果图。 6．Mininet 设置 link 的 loss、bw、delay 等参数，简单分析网络性能 （1）在命令行界面，创建网络拓扑 h1—s1—h2，设置 link 的 loss、bw、delay 参数，使用 ping、iperf 对结果进行分析，截取结果图。 （2）Python 脚本创建基本的网络拓扑（single,3）后，在此基础上对性能进行限制，使用 ping、iperf 对结果进行分析，截取结果图。 （3）使用 gnuplot 工具，将 iperf 网络性能测试结果绘制成横轴为时间，纵轴为吞吐量的图表，截取结果图

2.2.2 实施评价单

任务编号	2-2	任务名称	搭建 SDN 原型系统的仿真网络		
评价项目			自评	小组评	综合
课堂表现	学习态度（20 分）				
	沟通合作（10 分）				
技能操作	Mininet 安装与测试（5 分）				
	Mininet 可视化工具使用（10 分）				
	Mininet 命令行创建拓扑（15 分）				
	Mininet 交互式界面自定义拓扑（5 分）				
	Python 脚本定义拓扑（25 分）				
	简单的 Mininet 网络性能分析（10 分）				
学生签字		年　月　日	教师签字		年　月　日

评价标准						
项目		A（95%）	B（85%）	C（75%）	D（65%）	E（<60%）
课堂表现	学习态度	与老师辩论	向老师提出质疑	与老师互动交流	被动回答问题	沉默
	沟通合作	小组学习中具有很强的团队沟通合作能力	小组学习中具有良好的团队沟通合作能力	小组学习中具有较好的团队沟通合作能力	小组学习中能够参与团队沟通合作	小组学习中不能够参与团队合作
技能操作	Mininet 安装与测试	独立安装成功并帮助他人解决问题	独立安装成功	在他人帮助下安装成功	在多次帮助下安装后部分功能可用	不会安装
	Mininet 可视化工具	独立操作并指导他人，作业文档精美	独立操作，作业文档好	在他人帮助下会操作，作业文档较好	在多次帮助下基本会操作	不会操作
	Mininet 命令行使用	独立操作并指导他人，作业文档精美	独立操作，作业文档好	在他人帮助下会操作，作业文档较好	在多次帮助下基本会操作	不会操作
	Mininet 交互界面使用	独立操作并指导他人，作业文档精美	独立操作，作业文档好	在他人帮助下会操作，作业文档较好	在多次帮助下基本会操作	不会操作
	Python 脚本定义拓扑	独立操作并指导他人，作业文档精美	独立操作，作业文档好	在他人帮助下会操作，作业文档较好	在多次帮助下基本会操作	不会操作
	Mininet 网络性能分析	独立操作并指导他人，作业文档精美	独立操作，作业文档好	在他人帮助下会操作，作业文档较好	在多次帮助下基本会操作	不会操作

2.2.3 任务实施指引

2.2.3.1 Mininet 的安装（源码安装）

本安装方法适用于在一个“干净的”Ubuntu 系统上进行本地或本地虚拟机安装，不适用于从旧版本的 Mininet 或 OVS 升级。为支持新版本的 Open vSwitch，建议安装 14.04 及以上版本的 Ubuntu。

以 root 用户登录主机，以下命令全部以 root 身份运行。

步骤 1：更新软件。

```
# apt-get update
# apt-get upgrade
```

步骤 2：从 github 上获取 Mininet 源码。

```
#git clone git://github.com/mininet/mininet
```

步骤 3：获取完以后，查看当前获取的 Mininet 版本。

```
#cd mininet
#cat INSTALL
```

说明：在 ~/mininet 目录下，可以通过 git tag 命令列出所有可用的 Mininet 版本，Mininet2.1.0p1 及以后的版本可以原生支持 OpenFlow1.3。

步骤 4：源码获取成功以后，安装 Mininet。

```
# mininet/util/install.sh –a
```

说明：其他可用的 [options] 可以通过 install.sh -h 命令查看，如只想安装 OpenFlow1.3 和 Open vSwitch2.3.0，可以使用如下安装命令。

```
#mininet/util/install.sh –n3V 2.3.0
```

步骤 5：安装完成以后，通过简单的命令测试 Mininet 的基本功能。

```
#sudo mn --test pingall
```

步骤 6：查看安装好的 Mininet 版本。

```
#mn --version
```

2.2.3.2 Mininet 的使用

1．Mininet 可视化应用

步骤 1：登录 Mininet 虚拟机，进入 mininet/mininet/examples 目录，运行 miniedit.py 脚本启动 Mininet 可视化界面。执行以下命令。

```
$ sudo ./miniedit.py
```

Mininet 可视化界面如图 2-2-1 所示。

步骤 2：用鼠标选择左侧对应的网络组件，然后在空白区域单击即可添加网络组件组成网络拓扑。具体过程为单击选择左侧的“线”，拖动鼠标连接网络组件，最终结果如图 2-2-2 所示。

步骤 3：鼠标悬停在主机上，按住鼠标右键，选择 Properties 选项即可设置其属性。可以在主机 h1 属性中自行设置 h1 的 IP 地址等，交换机保持默认配置即可，如图 2-2-3 所示。

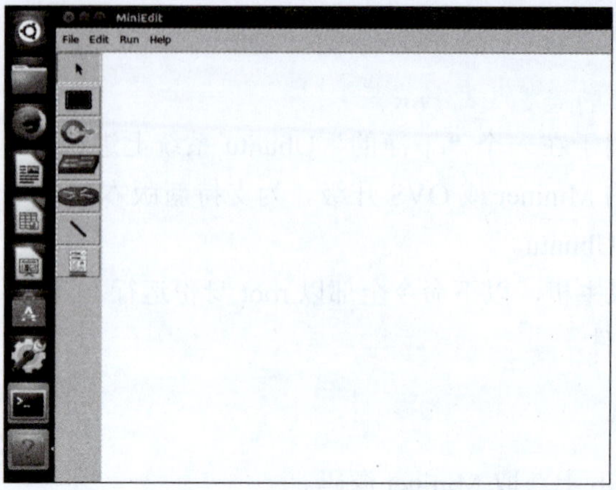

图 2-2-1　Mininet 可视化界面

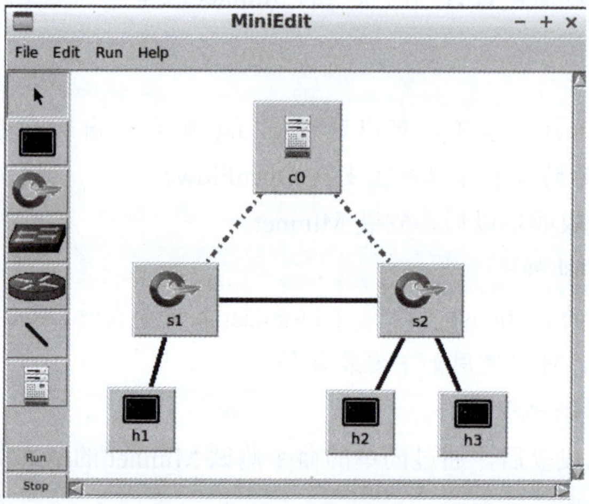

图 2-2-2　基本网络拓扑

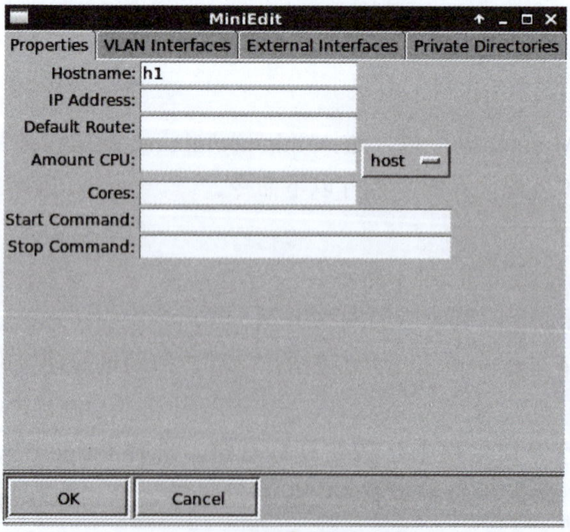

图 2-2-3　设置主机 IP 地址

步骤 4：选择菜单栏中的 Edit → Preferences 选项，勾选 Start CLI 复选框，就可以直接对主机等在命令行界面进行命令操作，也可以选择 OpenFlow 协议版本，如图 2-2-4 所示。

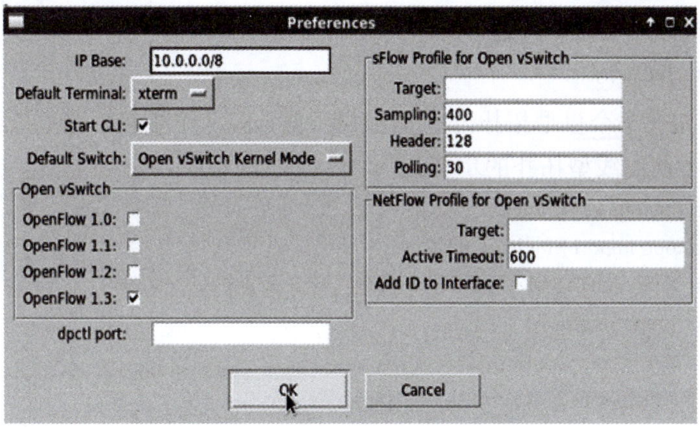

图 2-2-4　设置交换机属性地址

步骤 5：单击 OK 按钮，显示命令行执行信息。

步骤 6：单击 MiniEdit 左下角 run 按钮，即可启动 Mininet，运行设置好的网络拓扑，Terminal 页面显示出运行的拓扑信息。

2．命令行创建拓扑

步骤 1：执行以下命令，创建最小的网络拓扑，即 1 个交换机下挂 2 个主机。

```
$ sudo mn --topo minimal
```

步骤 2：执行 exit 命令退出 Mininet。

步骤 3：执行以下命令，创建 1 个线型拓扑，以设置 4 个主机，4 个交换机为例。

```
$ sudo mn --topo linear,4
```

步骤 4：执行 exit 命令退出 Mininct。

步骤 5：执行以下命令，创建 1 个单一拓扑，以设置 3 个主机，1 个交换机为例。

```
$ sudo mn --topo single,3
```

步骤 6：执行 exit 命令退出 Mininet。

步骤 7：执行以下命令，创建 1 个树型拓扑，以设置深度 2，扇出 2 为例。

```
$ sudo mn --topo tree, fanout=2,depth=2
```

3．Python 脚本创建拓扑

步骤 1：自定义 1 个线型拓扑，4 个交换机依次连接，每个交换机下挂接 1 个主机。执行命令，新建文件“linear.py”，添加以下内容，并执行 wq 命令保存退出。

```
sudo vi linear.py
from mininet.net import Mininet
from mininet.topo import LinearTopo
Linear4 = LinearTopo(k=4)  # 4 个交换机，分别下挂 1 个主机
net = Mininet(topo=Linear4)
net.start()
```

```
net.pingAll()
net.stop()
```

步骤 2：执行以下命令修改文件 linear.py 为可执行文件。

```
$ sudo chmod +x linear.py
```

步骤 3：执行以下命令，运行脚本。

```
$ sudo python linear.py
```

步骤 4：自定义 1 个星型拓扑，1 个交换机下面挂接 3 个主机。这里只给出脚本内容，具体的操作参考前面线型拓扑的步骤。

```
from mininet.net import Mininet
from mininet.topo import SingleSwitchTopo
Single3 = SingleSwitchTopo(k=3) # 1 个交换机下挂 3 个主机
net = Mininet(topo=Single3)
net.start()
net.pingAll()
net.stop()
```

步骤 5：自定义 1 个树型拓扑，深度为 2，扇出为 2。这里只给出脚本内容，具体的操作参考前面线型拓扑的步骤。

```
from mininet.net import Mininet
from mininet.topolib import TreeTopo
Tree22 = TreeTopo(depth=2,fanout=2)
net = Mininet(topo=Tree22)
net.start()
net.pingAll()
net.stop()
```

步骤 6：自定义 1 个拓扑，包括 1 个交换机、2 个主机，并且赋予主机 IP 地址。这里只给出脚本内容，具体的操作参考前面线型拓扑的步骤。

```
from mininet.net import Mininet
from mininet.cli import CLI
net = Mininet()
c0 = net.addController()
h0 = net.addHost('h0',ip='192.168.2.24')
s0 = net.addSwitch('s0')
h1 = net.addHost('h1',ip='192.168.2.25')
net.addLink(h0, s0)
net.addLink(h1, s0)
net.start()
net.pingAll()
CLI(net)
net.stop()
```

步骤 7：除了可以通过 Python 脚本创建基本的拓扑以外，还能在此基础上对性能进行限制。观察下面给出的脚本文件，addHost() 语法可以对主机 CPU 进行设置，形式为百分数；addLink() 语法可以设置带宽 bw、延迟 delay、最大队列的大小 max_queue_size、损耗率 loss。

```
from mininet.net import Mininet
from mininet.node import CPULimitedHost
from mininet.link import TCLink
net = Mininet(host=CPULimitedHost, link=TCLink)
c0 = net.addController()
s0 = net.addSwitch('s0')
h0 = net.addHost('h0')
h1 = net.addHost('h1', cpu=0.5)
h2 = net.addHost('h2', cpu=0.5)
net.addLink(s0, h0, bw=10, delay='5ms',max_queue_size=1000, loss=10, use_htb=True)
net.addLink(s0, h1)
net.addLink(s0, h2)
net.start()
net.pingAll()
net.stop()
```

4．交互式界面创建主机、交换机

步骤 1：执行 sudo mn 命令，运行 Mininet。

步骤 2：执行命令，添加主机 h3。

```
> py net.addHost('h3')
```

步骤 3：执行如下命令，添加 s1 和 h3 之间的链路。

```
> py net.addLink(s1,net.get('h3'))
```

步骤 4：执行如下命令，给交换机 s1 添加端口 eth3 用于连接 h3。

```
> py s1.attach('s1-eth3')
```

步骤 5：执行如下命令，给 h3 赋予 IP（10.0.0.3）。

```
> py net.get('h3').cmd('ifconfig h3-eth0 10.0.0.3')
```

步骤 6：执行 h1 ping h3，查看两台主机间是否能 ping 通。

步骤 7：执行 dump 命令，查看所有节点信息。查看 h3 是否成功添加。

2.2.3.3 SDN 网络性能的测试与验证

1．设置 link 的相关参数并进行分析

步骤 1：在命令行界面，创建如图 2-2-5 所示的网络拓扑：h1—s1—h2 的简单拓扑，设置 TCLink，并且设置 link 的 loss（丢包率）为 5%。

```
# mn --link=tc,loss=5
```

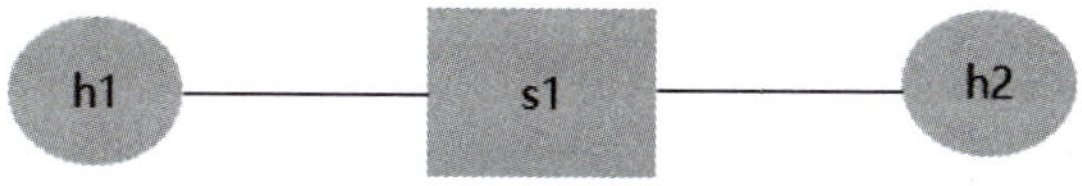

图 2-2-5 简单拓扑

TC（Linux 下的 traffic control 的工具）自定义的接口可以配置包括带宽、延迟、丢包率、最大队列长度等参数。TCLink 表示一对对称的 TC 接口连接到一起。

步骤 2：h1 ping h2 1000 次，间隔 0.01ms，查看实际的丢包率是否与所设置的 loss=5% 相近。

```
# h1 ping -c 1000 -i 0.01 h2
```

步骤 3：在命令行界面创建 h1—s1—h2 的简单拓扑，设置 TClink，并且设置 link 的 loss（丢包率）为 0%，bw（带宽）为 10Mb/s。

```
# mn --link=tc,loss=0,bw=10
```

步骤 4：打开 h1 和 h2 的 xterm 界面，使用 iperf udp 进行性能测试，观察实际的带宽情况是否与 link 设置的 bw 相近。

```
# xterm h1 h2
```

在 h2 的 xterm 界面输入以下命令，以 server 模式启动。

```
# iperf -s -i 1 -u
```

在 h1 的 xterm 界面输入以下命令，以 client 模式启动。

```
# iperf -c 10.0.0.2 -u -b 20M -t 10
```

步骤 5：使用 iperf tcp 进行性能测试，观察实际的带宽情况是否与 link 设置的 bw 相近。

（1）在 h2 的 xterm 中输入：

```
# iperf -s -i 1
```

（2）在 h1 的 xterm 中输入：

```
# iperf -c 10.0.0.2  -t 10
```

步骤 6：在命令行界面创建 h1—s1—h2 的简单拓扑，设置 TCLink，并且设置 link 的 loss（丢包率）为 0%，bw（带宽）为 10Mb/s，delay（延时）为 1ms。

```
# mn --link=tc,loss=0,bw=10,delay='1ms'
```

步骤 7：h1 ping h2，查看实际的延时是否与所设置的 delay 相近。

步骤 8：在命令行界面创建 h1—s1—h2 的简单拓扑，设置 TCLink，并且设置 link 的 loss（丢包率）为 0%，bw（带宽）为 10Mb/s，delay（延时）为 10ms。

```
# mn --link=tc,loss=0,bw=10,delay='10ms'
```

步骤 9：h1 ping h2，查看实际的延时是否与所设置的 delay 相近。

2．Python 脚本创建网络拓扑并对性能进行限制

步骤 1：创建 Python 脚本文件。

```
# gedit perform2.py &
```

步骤 2：创建如图 2-2-6 所示的网络拓扑，并设置 h1、h2 主机的 CPU 为 0.5%，s0 和 h0 之间的 link 的带宽 bw=10、延迟 delay='5ms'、最大队列的大小 max_queue_size=1000、损耗率 loss=10、use_htb=True。Python 脚本内容如下：

```
from mininet.net import Mininet
from mininet.cli import CLI
from mininet.node import CPULimitedHost
from mininet.link import TCLink
net = Mininet(host=CPULimitedHost, link=TCLink)
c0 = net.addController()
s0 = net.addSwitch('s0')
```

```
h0 = net.addHost('h0')
h1 = net.addHost('h1', cpu=0.5)
h2 = net.addHost('h2', cpu=0.5)
net.addLink(s0, h0, bw=10, delay='5ms', max_queue_size=1000, loss=10, use_htb=True)
net.addLink(s0, h1)
net.addLink(s0, h2)
net.start()
net.pingAll()
CLI(net)
net.stop()
```

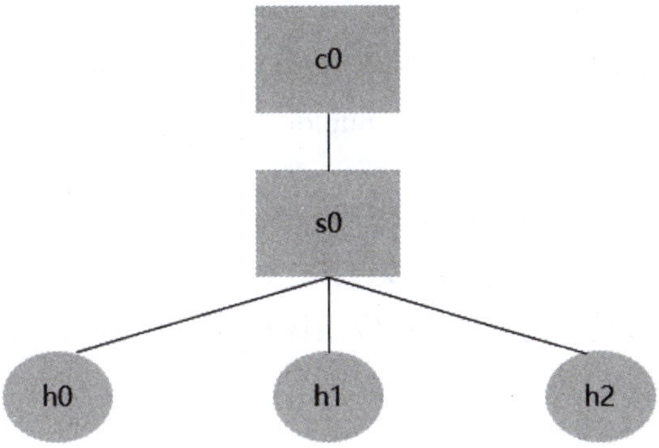

图 2-2-6　单一拓扑

步骤 3：执行 Python 脚本。

```
# python perform2.py
```

步骤 4：参考 2.2.3.3 小节的方法，使用 ping 和 iperf 对网络性能进行测试，并对测试结果进行分析。

3. 使用 gnuplot 工具将 iperf 网络性能测试结果绘制成图表

使用 gnuplot 工具将 iperf 网络性能测试结果绘制成横轴为时间、纵轴为吞吐量的图表。

步骤 1：安装 gnuplot 工具。

```
# apt install gnuplot
```

步骤 2：在命令行界面，创建 h1—s1—h2 的简单拓扑，设置 TCLink，并且设置 link 的 loss（丢包率）为 0%，bw（带宽）为 10Mb/s，delay（延时）为 10ms。

```
# mn --link=tc,loss=0,bw=10,delay='10ms'
```

步骤 3：打开 h1、h2 的 xterm 界面。

```
# xterm h1 h2
```

在 h2 的 xterm 中输入：

```
# iperf -s -i 1 | tee tcp.txt
```

在 h1 的 xterm 中输入：

```
# iperf -c 10.0.0.2 -t 10
```

步骤 4：查看步骤 3 得到的性能测试结果的 txt 文件（此时可以另起一个超级终端），

并且对 txt 进行数据处理。

```
# cat tcp.txt
```

绘制的图表要求横轴是时间、纵轴是吞吐量，因此需要 Interval 和 Bandwidth 这两列，使用脚本工具来实现。

```
# cat tcp.txt | grep sec
```

取前 10s 的结果：

```
# cat tcp.txt | grep sec | head -n 10| tr "-" " "
```

取第 4 列和第 8 列的数据：

```
# cat tcp.txt | grep sec | head -n 10| tr "-" " "|awk '{print $4,$8}'
```

将结果输出到文件 result。

```
# cat tcp.txt | grep sec | head -n 10| tr "-" " "|awk '{print $4,$8}' > result
```

步骤 5：对输出的文件 result，使用 gnuplot 工具绘制图表。

```
# gnuplot
# plot "result" title "tcp" with linespoints
```

其中 linespoints 表示点与点之间用线连接，title 是图例的名字。

步骤 6：对步骤 5 得到的图表进行横纵坐标轴范围的调整，并且添加横纵坐标轴的说明。

```
# set yrange[0:10]
# set ytics 0,1,10
# replot
# set xrange[0:10]
# set xtics 0,1,10
# replot
# set xlabel  "time(sec)"
# set ylabel "throughput(Mbps)"
# set title "TCP Throughput"
# replot
```

步骤 7：将结果保存为 gif 格式的图片。

```
# set terminal gif
# set output "result.gif"
# replot
# exit
```

2.2.4 相关知识点

2.2.4.1 SDN 原型系统的网络仿真——Mininet 简介

Mininet

Mininet 是一个可以在有限资源的计算机上快速建立大规模 SDN 原型系统的网络仿真工具。该系统由虚拟的终端节点（End-Host）、OpenFlow 交换机、控制器（也支持远程控制器）组成，这使得它可以模拟真实网络，可对各种想法或网络协议等进行开发验证，如图 2-2-7 所示。目前 Mininet 已经作为官方的演示平台对各个版本的 OpenFlow 协议进行演示和测试。

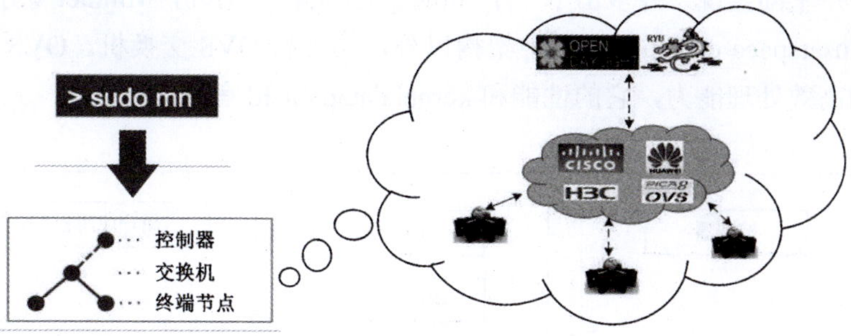

图 2-2-7 Mininet 作用示意图

Mininet 是基于 Linux Container 内核虚拟化技术开发出的虚拟化平台，主要应用 Linux 内核的 Network namespace 资源隔离机制。Linux 的 Network namespace 机制可以让每个 namespace 拥有独立的网络设备、网络协议栈和端口等，Mininet 正是利用了 Linux 这种机制，在一台计算机上创建多台虚拟主机。此外，Mininet 建立的网络拓扑的交换节点可以是 Open vSwitch、Linux Bridge 等软件交换机，交换节点之间的链路采用 Linux 的 veth pair（virtual Ethernet Pair）机制实现，控制器可以部署在网络可达的任意地方。因此，Mininet 可以定制任意灵活的 SDN 网络拓扑，为实验用户提供快捷可靠的实验环境。

Mininet 架构按 datapath 的运行权限不同，分为 kernel datapath 和 userspace datapath 两种，其中 kernel datapath 把分组转发的逻辑编译进入 Linux 内核，效率非常高；userspace datapath 把分组转发逻辑实现为一个应用程序，叫作 ofdatapath，效率虽不及 kernel datapath，但更为灵活，更容易重新编译。

Mininet 的 kernel datapath 架构如图 2-2-8 所示，控制器和交换机的网络接口在 root 命名空间中，每个主机都在自己独立的命名空间里，这也就表明每个主机都会有自己独立的虚拟网卡 eth0。控制器就是一个用户进程，它会通过在 loopback 上预留的 6633 端口监听来自交换机安全信道的连接。每个交换机对应几个网络接口，例如 s0-eth0、s0-eth1 以及一个 ofprotocol 进程，它负责管理和维护同一控制器之间的安全信道。

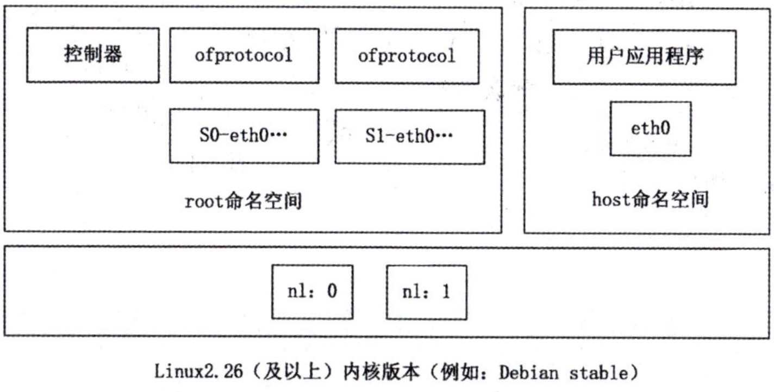

图 2-2-8 kernel datapath 架构

Mininet 的 userspace datapath 架构如图 2-2-9 所示。与 kernel datapath 架构不同，userspace datapath 网络的每个节点都拥有自己独立的 namespace，即用户空间，分组转

发逻辑在用户空间实现，并多出了一个 ofdatapath 进程。另外，Mininet 除了支持 kernel datapath 和 userspace datapath 这两种架构以外，还支持 OVS 交换机。OVS 交换机充分利用内核的高效处理能力，它的性能和 kernel datapath 相差无几。

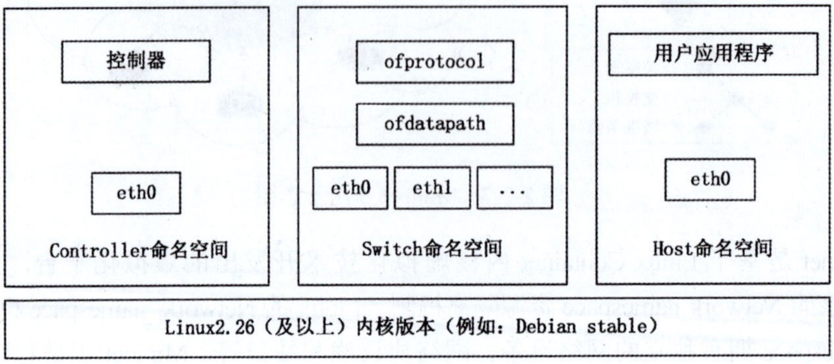

图 2-2-9　userspace datapath 架构

2.2.4.2　Mininet 安装

Mininet 的安装有三种方式：一种是从网上直接下载安装好 Mininet 的虚拟机镜像，然后在 VMware 或者 VirtureBox 上打开 Mininet 虚拟机即可，这种安装方法是最简单的，但是该方法不支持最新版本的 Open vSwitch；第二种是在本地安装 Mininet 源代码，该方法在安装过程中可以设置 Open vSwitch 的版本；第三种是安装 Mininet 文件包，该安装方法也不支持最新版本的 Open vSwitch。推荐使用第二种安装方法，安装命令及参数解释如下。

1. 命令格式

Mininet 安装命令格式如下。

```
./install.sh [options]
```

2. 参数解释

典型的 [options] 主要有以下几种。

-a：完整安装，包括 Mininet VM，还包括 Open vSwitch 的依赖关系、OpenFlow、Wireshark 分离器和 POX 等。默认情况下，这些工具将被安装在 home 目录中。

-nfv：安装 Mininet 核心文件、基于 OpenFlow 的交换机和 Open vSwitch。

-s mydir：使用此选项可将源代码建立在一个指定的目录中，而不是 home 目录中。

Mininet 安装命令表见表 2-2-1。

表 2-2-1　Mininet 安装命令表

命令	作用
./ install.sh -a	完整安装（默认安装在 home 目录下）
./ install.sh -s mydir -a	完整安装（安装在其他目录下）
./ install.sh -nfv	安装 Mininet+ 用户交换机 +OVS（安装在 home 目录下）
./ install.sh -s mydir -nfv	安装 Mininet+ 用户交换机 +OVS（安装在其他目录下）

2.2.4.3 Mininet 的使用

Mininet 能创建默认的网络拓扑，提供丰富的参数和命令，可以完成如下功能。

- 为 OpenFlow 应用程序提供一个简单、便宜的网络测试平台。
- 启用复杂的拓扑测试，无须连接物理网络。
- 具有拓扑感知和 OpenFlow 感知的 CLI，用于调试或运行网络范围的测试。
- 支持任意自定义拓扑，主机数可达 4096，并包括一组基本的参数化拓扑。
- 提供用于网络创建和实验的可扩展 Python API。

1．网络构建参数

（1）设置网络拓扑。

--topo：用于指定网络拓扑，Mininet 支持创建的网络拓扑为 minimal、single、linear 和 tree。

1）minimal：创建 1 个交换机和 2 个主机相连的简单拓扑。默认无“--topo”参数的情况与 --topo minimal 命令创建的拓扑相同。其内部实现调用了“single,2”对应的函数。

2）single,n：设置 1 个交换机和 *n* 个主机相连的拓扑。

3）linear,n：创建 *n* 个交换机，每个交换机只连接 1 个主机，并且所有交换机成线型排列。

4）tree,depth=n,fanout=m：创建深度为 *n*、每层树枝为 *m* 的树型拓扑。因此形成的拓扑的交换机个数为 $(m\times n-1)/(m-1)$，主机个数为 $m\times n$。

--custom：在上述已有拓扑的基础上，Mininet 支持自定义的拓扑，使用一个简单的 Python API 即可。“--custom”须和“--topo”一起使用，如“mn --custom file.py --topo mytopo”。

（2）设置交换机。

--switch：用于选择交换机的种类，主要包括 user、ovsbr、ovsk、ivs 和 lxbr 等，无“--switch”参数的时候，默认是 ovsk，即 Open vSwitch 交换机。

（3）设置控制器。

--controller：定义要使用的控制器，主要包括 nox、ryu、ovsc 和虚拟机之外的远端控制器。如果没有指定则使用 Mininet 中默认的控制器。

（4）配置 MAC 地址。

--mac：设置 MAC 地址的作用是增强设备 MAC 地址的易读性，即将交换机和主机的 MAC 地址设置为一个较小的、唯一的、易读的 ID，以便在后续工作中减少对设备识别的难度。

2．内部交互命令

创建 Mininet 拓扑成功后，一般可用 nodes、dump、net 等命令查看拓扑的节点、链路及网络等。Mininet 常用的交互命令见表 2-2-2。

表 2-2-2 Mininet 常用的交互命令表

命令	作用
help	默认列出所有命令文档，后面加命令名，介绍该命令用法
dump	打印节点信息
gterm	给定节点上开启 gnome-terminal。注：可能导致 mn 崩溃

续表

命令	作用
xterm	给定节点上开启 xterm
intfs	列出所有的网络接口
iperf	两个节点之间进行简单的 iperf TCP 测试
iperfudp	两个节点之间用制定带宽 UDP 进行测试
net	显示网络链接情况
noecho	运行交互式窗口，关闭回应（echoing）
pingpair	在前两个主机之间互 ping 测试
source	从外部文件中读入命令
dpctl	在所有交换机上用 dptcl 执行相关命令，本地为 tcp 127.0.0.1:6634
link	禁用或启用两个节点之间的链路
nodes	列出所有的节点信息
pingall	所有主机节点之间互 ping
py	执行 Python 表达式
sh	运行外部 shell 命令
quit/exit	退出

2.2.4.4 Mininet 的可视化应用

Mininet 内置了一个可视化工具 MiniEdit，主要用于让用户创建自定义拓扑，为不熟悉 Python 脚本的使用者提供简单的环境，界面直观，可操作性强。在“~/mininet/mininet/examples”目录下有一个 miniedit.py 脚本，使用 root 权限执行脚本后将显示 Mininet 的可视化界面，在界面上可以自定义拓扑和设置网络属性。MiniEdit 的用户界面如图 2-2-10 所示。

图 2-2-10 MiniEdit 的用户界面

MiniEdit 有一个简单的用户界面，在左侧显示一排工具图标，并在窗口顶部显示一个菜单栏。左侧控件依次是 Select、Host、Switch、Legancyswitch、Legancyrouter、Netlink、Controller、Run、Stop，接下来对这些控件进行简单介绍。

- Select：该工具用于移动设备节点，单击并拖动任何现有的节点。要选择现有的节点或链接，只需将鼠标指针悬停在它上面，然后右击以显示所选元素的配置菜单，或者按 Delete 键删除选定的元素。
- Host：该工具用于创建主机节点。只要该工具保持选定状态，就可以通过单击任意位置继续添加主机。用户可以通过右击并从菜单中选择“属性”选项来配置每个主机。
- Switch：该工具用于创建支持 OpenFlow 协议的交换机，这些交换机将连接到控制器。该工具的操作方式与上面的 Host 工具相同，用户可以通过在菜单上右击选择“属性”选项来配置每个交换机。
- Legancyswitch：该工具用于创建具有默认设置的以太网交换机。交换机独立运行，无须控制器。传统交换机不能配置生成树协议，所以不支持环路。
- Legancyrouter：该工具用于创建基本路由器。它实际上是一个启用了 IP 转发的主机，不能在 MiniEditGUI 上配置。
- Netlink：该工具用于创建节点间的链接。通过选择 Netlink 工具创建链接，然后单击一个节点并将链接拖到目标节点。用户可以通过右击选择菜单中的“属性”选项来配置每个链接的属性。
- Controller：该工具用于创建控制器，可以添加多个控制器。默认情况下，MiniEdit 创建一个 MininetOpenFlow 控制器，控制器类型可以配置，用户可以通过右击控制器并从菜单中选择“属性”选项来配置每个控制器。
- Run/Stop：Run 按钮将运行显示在当前拓扑中的 MiniEdit 模拟设备，Stop 按钮将停止运行中的节点。当 MininEdit 仿真处于 Run 状态时，右击网络元素会显示操作功能，例如打开终端窗口，查看交换机配置或将链接状态设置为 up 或 down。

2.3 课后提升

一、选择题

1. 目前，传统网络存在的困境有（　　）。

   A．业务部署慢　　B．集成与协调烦琐

   C．网络设备部署烦琐　　D．以上都是

2. SDN 的架构不包括（　　）。

   A．基础设施层　　B．链路层

   C．控制层　　D．应用层

3. 在 SDN 网络中，网络设备只单纯地负责（　　）。

A. 流量控制　　B. 数据处理

C. 数据转发　　D. 维护网络拓扑

4. 下列说法错误的是（　　）。

A. 在 SDN 架构中，架构最底层的交换设备只需要提供最基本、最简单的功能

B. SDN 适合于云计算供应商以及面对大幅扩展工作负载的企业

C. SDN 转发与控制分离的架构可使得网络设备通用化、简单化

D. SDN 技术不能实现灵活的集中控制和云化的应用感知

5. SDN 构架中的核心组件是（　　）。

A. 控制器　　B. 服务器　　C. 存储器　　D. 运算器

二、判断题

1. SDN 是对网络控制和转发功能进行去耦合的一种方法。

2. SDN 面向网络编程，传统方法面向设备编程。

3. SDN 即 OpenFlow。

4. SDN 的南向接口指的是控制平面和数据转发平面之间的接口。

5. SDN 的意义在于削弱底层基础设施的作用，软件可以实时地对其进行重新配置和编排。

拓展阅读

腾讯使用 SDN 技术致力于提供良好的网络服务①

回顾一下腾讯在 SDN 领域做的一些事情，第一个应用是在 DCI 网络里面的。在 DCI 网络方面，腾讯在全国和海外有很多数据中心，因为高速连接在一起的网络可承载多个业务，所以需要用大量的网域资源，腾讯与战略合作伙伴一起利用 PCEP 解决方案，尝试集中管理和调度全部的 DCI 链路，把业务流量进行精准地分类、划分，以便于在 DCI 网络里调度，当网络有异常时可以靠中央系统来调整。腾讯希望下一步尝试在 SDN 层面进行相关操作，但这里面涉及大量的设备和协议，且整个运营管控比较复杂。接着是腾讯网络怎么跟众多运营商对接的问题。因为从数据中心到用户可能涉及很多运营商和海量用户，怎么让用户获得最好的体验是一个最优路径问题。腾讯现在是以解决运营为主，接下来会尝试用 OpenFlow 来解决这些问题。

CodeNet 是腾讯专于对“云”的一个解决方案，包括 NFV controller。以前腾讯解决防火墙问题是把流量根据业务模块再分，现在腾讯尝试的是另外一个扩展方法，即不断扩展防火墙的能力，这需要用到 ODL。腾讯未来需要一个什么样的网络呢？过去腾讯只是在离散地管理这些网络架构，现在需要有全局视野，所以需要 controller 平台，使腾讯获得每一朵“小云”的能力。从最终用户来看，不管是什么业务，他们看到的

① SDNLAB 君，腾讯公司副总裁别洪涛开幕致辞，https://www.sdnlab.com/15669.html。

只是服务，腾讯希望把底层网络抽象成一些逻辑服务，并且以服务接口的形式提供给云平台和业务 OSS。由于这是一个规模非常大的网络，没法用传统方式运营，所以腾讯尝试通过 DevOps 来运营。尽管这样的方法在以前是无法实现的，但当腾讯有这样的平台、有这样的开发能力之后，运营人员通过写一些代码和调用，就可以进行各种各样的日常运营工作。腾讯要构建的未来网络是软件定义网络加 DevOps。在业务上，不管网络技术如何先进，都需要提供的非常稳定且有质量的服务，所以这也是腾讯努力的一个目标。

随手笔记

项目 3
SDN 数据平面（交换机）应用实践

知识目标

★ 对比传统网络的数据平面，掌握 SDN 的数据平面工作原理；
★ 掌握 OpenFlow 流表和流表项的基础知识、流表匹配规则；
★ 了解 Open vSwitch 的背景、功能和基本组成结构；
★ 理解 P4 工作原理和基本编程方法。

能力目标

★ 使用常用的网桥命令进行网桥和端口的添加、删除和查看等操作；
★ 能通过 Mininet 平台和远程控制器 Web 界面进行流表的添加、删除和查看等操作；
★ 能在较复杂的网络拓扑上手动设置流表项，完成数据包的转发、复制功能；
★ 能够使用 P4 基本编程，实现二层、三层数据交换。

素质目标

★ 培养抽象思维能力；
★ 培养基本的专业思维和职业规范的意识。

思政目标

★ 培养严谨细致、认真踏实的工作、学习和生活态度；
★ 培养学生的家国情怀。

思维导图

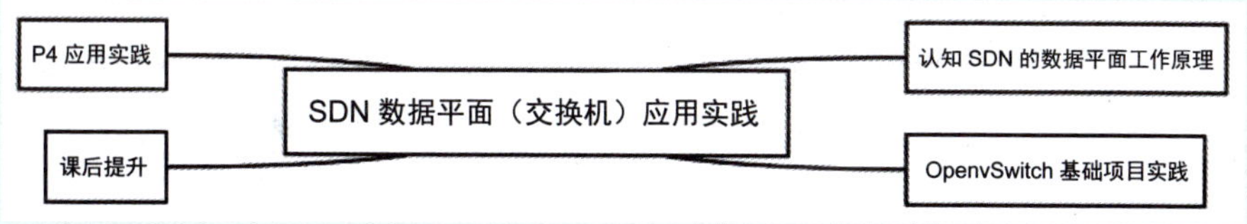

项目分析

SDN 数据平面是 SDN 技术的基础，可实现数据转发的功能。通过数据流表的概念和实例，认知数据转发的过程，再通过 OVS 交换机的操作实践，深化对 SDN 数据转发（交换）的理解。P4 的应用日益广泛和重要，要掌握其编程语言和方法，为进一步深造打下基础。

3.1 认知 SDN 的数据平面工作原理

3.1.1 实施任务单

任务编号	3-1	任务名称	认知 SDN 的数据平面工作原理
任务简介	通过对比传统网络设备以及 SDN 架构下的控制平面和数据平面，学习 SDN 数据平面工作原理；学习 OpenFlow 流表的概念，通过流表项匹配实例分析加深对 OpenFlow 协议处理数据包流程的理解		
任务目标	1. 对比传统网络的数据平面，掌握 SDN 的数据平面工作原理； 2. 掌握 OpenFlow 流表和流表项的基础知识、流表匹配规则；		
设备环境	主机：Ubuntu 14.04 以上；CPU：1 核；内存：2G；磁盘：20G		
实施专业		实施班级	
实施地点		小组成员	
指导教师		联系方式	
任务难度	初级	实施日期	年　　月　　日
实施内容	1. SDN 的数据平面工作原理认知 （1）以路由器为例，传统网络设备数据平面是怎么工作的？用图表表示。 （2）SDN 数据平面的模型是怎样的？用图表表示。 2. OpenFlow 流表认知 （1）画出 OpenFlow 架构图，指明其核心（三部分）及其作用。 （2）画出 OpenFlow 流表包头域匹配字段表，并从协议层次角度进行解释。 （3）画出流表的动作表。 （4）画出 OpenFlow1.0 协议数据包处理流程图。 （5）画出 OpenFlow1.0 协议数据包包头匹配流程图。 3. 实例解析 OpenFlow1.0 数据处理流程 设发送 IPv4 的 ICMP 数据包，源 IP 为 192.168.1.1，目的地 IP 为 192.168.2.1，试简要分析交换机接收数据包后处理的流程，用图表表示		

3.1.2 实施评价单

任务编号	3-1		任务名称	认知 SDN 的数据平面工作原理	
评价项目			自评	小组评	综合
课堂表现	学习态度（20 分）				
	沟通合作（10 分）				
技能操作	SDN 数据平面工作原理认知（20 分）				
	OpenFlow 流表认知（20 分）				
	实例解析 OpenFlow1.0 数据处理（30 分）				
学生签字		年　月　日	教师签字		年　月　日

评价标准						
项目		A（95%）	B（85%）	C（75%）	D（65%）	E（<60%）
课堂表现	学习态度	与老师辩论	向老师提出质疑	与老师互动交流	被动回答问题	沉默
	沟通合作	小组学习中具有很强的团队沟通合作能力	小组学习中具有良好的团队沟通合作能力	小组学习中具有较好的团队沟通合作能力	小组学习中能够参与团队沟通合作	小组学习中不能够参与团队合作
技能操作	SDN 的数据平面工作原理认知	全面展示数据平面工作原理，文档精美	全面展示数据平面工作原理，文档较好	基本展示数据平面工作原理，文档较好	基本展示数据平面工作原理，文档一般	没能展示数据平面工作原理，文档较差
	OpenFlow 流表认知	全面展示 OpenFlow 的 5 张图，文档精美	全面展示 OpenFlow 的 5 张图，文档较好	基本展示 OpenFlow 的 5 张图，文档较好	基本展示 OpenFlow 的 5 张图，文档一般	没能展示 OpenFlow 的 5 张图，文档较差
	实例解析 OpenFlow1.0 数据处理	全面展示 OpenFlow 数据处理，文档精美	全面展示 OpenFlow 数据处理，文档较好	基本展示 OpenFlow 数据处理，文档较好	基本展示 OpenFlow 数据处理，文档一般	没能展示 OpenFlow 数据处理，文档较差

3.1.3 相关知识点

SDN 交换机应用实践

3.1.3.1 SDN 数据平面工作原理

在传统网络中，网络设备的控制平面和数据平面虽然在功能逻辑上相互独立，但它们存在于同一网络设备中，即使分别运行于独立的处理器或板卡之上，彼此之间仍然是紧耦合的关系。两个平面的功能和依赖关系在设计与生产时就被预定义了，且不能提供可编程的功能扩展或变更。

以路由器为例，传统数据平面的架构如图 3-1-1 所示。其主要功能是执行控制平面所给出的网络控制逻辑，主要处理流程包括数据包的解析与拆封、数据包转发策略匹配和数据包转发调度等。数据包转发策略匹配主要是通过查询控制平面路由信息表（RIB）所创建的转发信息表（FIB）来完成的。RIB 用于存储设备的所有录入信息，设备的控制平面通过运行如边界网关协议（BGP）、开放最短路径优先协议（OSPF）等路由协议学习远程网络的路由，一旦路由协议经过计算学习得到新的路由，就会更新 RIB。一旦 RIB 被视为一致且稳定，就会创建 FIB。

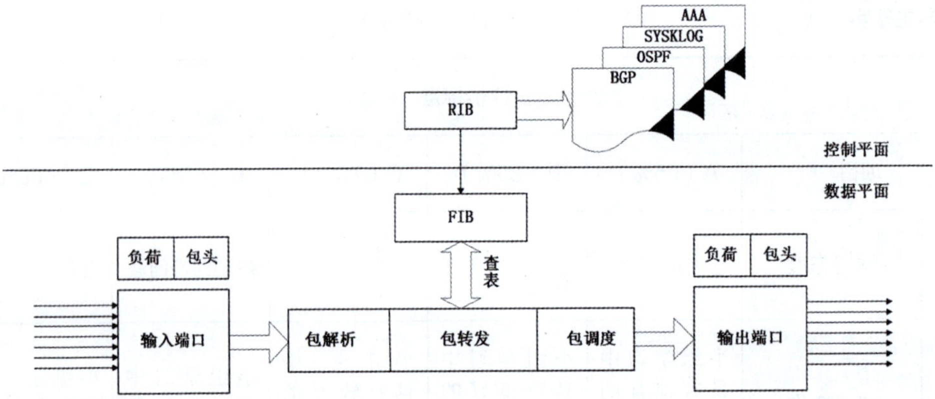

图 3-1-1 传统数据平面的架构（路由器）

传统的网络设备数据平面只能对事先已经确定的协议数据包进行解析或转发调度，因此存在以下限制。

（1）只能识别、解析芯片在设计时预先定义的报文类型。例如，以太网交换机作为传统的二层设备，只能识别并解析二层的以太网帧，无法对可能收到的其他类型的二层帧进行解析，因为超出了预先定义的报文范围。

（2）只能匹配特定的报文字段。例如，假设某以太网交换机出厂时只预设支持 IEEE802.3 以太网协议，没有提供对 Ethernet II 帧的支持，则其数据平面只能识别与匹配 IEEE802.3 以太网协议，若收到了 Ethernet II 帧，则数据的解析就会出错，因为两种协议数据帧字段存在着差异。

（3）只能对特定的报文执行特定的动作。以路由器对 IP 分组的处理为例，路由器实施路由查找，再找到匹配的转换出口或下一跳之后，执行的动作只能把 IP 分组头中 TTL 字段值减 1，根据转发出口的链路二层协议级最大传输单元（MTU），判断是否需要对分组进行分片操作，然后对原始分组或分片后的分组进行二层帧头或帧尾重新封装，修改其中的区分服务点（DSCP），最后从转发口送出。除此之外，不能也无法执行其他的动作。

基于 OpenFlow 标准的交换机模型如图 3-1-2 所示。该交换机将传统网络数据平面中的各种查找表抽象成一种通用的流表结构（流表 0，流表 1，……，流表 *N*），同时将数据转发处理抽象成为一种通用的匹配—动作过程。每张流表用于实现用户定义的不同网络处理功能，从而实现可编程的数据转发处理。

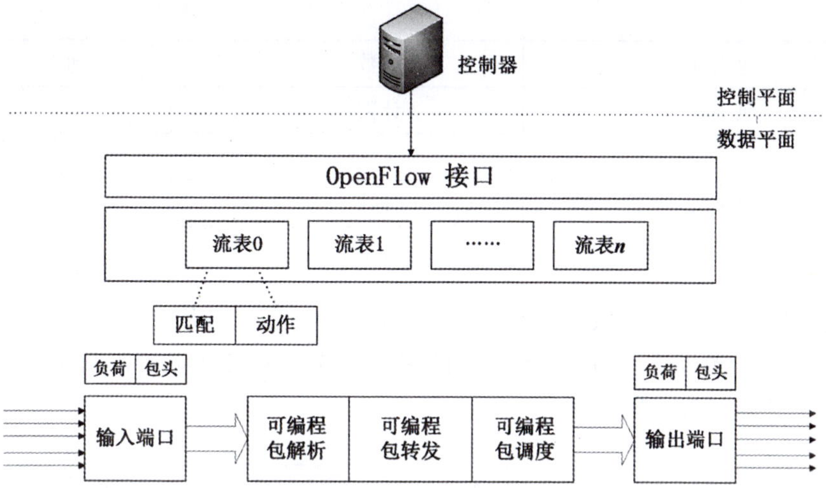

图 3-1-2　基于 OpenFlow 标准的交换机模型

在 SDN 交换机中驻留一张或多张流表，当 SDN 交换机从输入端口接收到一个数据包时，交换机在流表中搜索是否存在匹配的流表项，这些流表项是由控制器下发的。如果设备找到流表项，则执行流表项的动作，典型的动作包括丢弃、转发到输出端口或下一张流表，否则将数据包交给控制器进行下一步处理。

3.1.3.2　OpenFlow 流表

1．OpenFlow 交换机功能架构

OpenFlow 交换机的核心是 OpenFlow 协议、安全通道和流表三部分，如图 3-1-3 所示。OpenFlow 协议定义了一种南向接口标准，为控制器管理交换机提供了开放标准；安全通道负责连接外部控制器；流表包括一系列的流表项，用来匹配数据包，执行包查找和转发。

图 3-1-3 是 OpenFlow 提出之初的功能架构，在 OpenFlow 版本演进过程中，交换机的架构发生了较大的变化，主要体现在流表结构和处理流程上。在流表结构上，其在原有基础上增加了组表、计量表；在流程处理上，由单流表的处

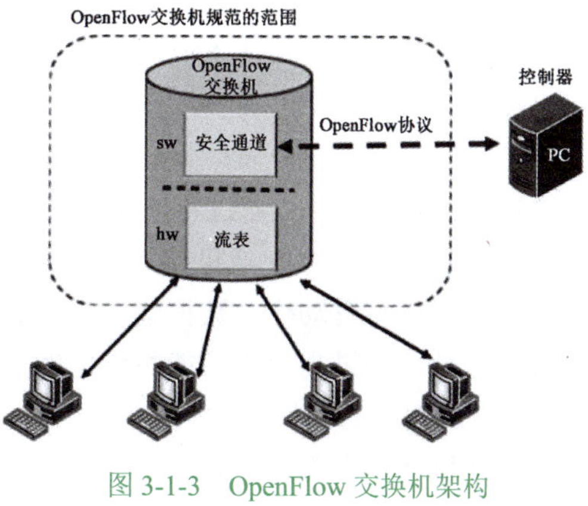

图 3-1-3　OpenFlow 交换机架构

理变成多级流表的流水线处理方式。为简单起见，本项目仅介绍 OpenFlow1.0 交换机架构。

2．流表

OpenFlow 交换机的主要任务就是做高速的数据转发，而流表就是数据转发的依据。流表是 OpenFlow 交换机基于流转发策略表项的集合，是由一些具有优先级顺序的流表项构成。流表与传统设备的 MAC 地址表、路由表类似，但又不同，它可以包含更多层次与类型相对应的网络信息，即可以集交换机、路由器、防火墙等功能于一身。图 3-1-4 为 OpenFlow 1.0 流表结构。

包头域	计数	动作
包头域	计数	动作
	......	
包头域	计数	动作

图 3-1-4　OpenFlow 1.0 流表结构

每条流表项包含包头域、计数器和动作三部分。包头域用来对数据包中的包头内容进行匹配和修改操作。OpenFlow 1.0 的中包头域包含 12 个元组，图 3-1-5 显示了包头域收到的数据包的匹配字段。

入口端	Ethernet			VLAN		IP				TCP/UDP	
	Src	Dst	Type	ID	Priority	Src	Dst	Proto	ToS bits	Src port	Dst port

图 3-1-5　OpenFlow 流表包头域匹配字段

由图 3-1-5 可知，包头域包含了第一层至第四层的网络配置信息，交换机入口端（Ingress Port）属于第一层的标识；源 MAC 地址（Ether Source）、目的 MAC 地址（Ether Dst）、以太网类型（EtherType）、VLAN 标签（VLAN ID）、VLAN 优先级（VLAN priority）属于第二层标识；源 IP（IP Src）、目的 IP（IP Dst）、IP 协议字段（IP Proto）、IP 服务类型（IP ToS bits）属于第三层标识；TCP/UDP 源端口号（TCP/UDP Src port）、TCP/UDP 目的端口号（TCP/UDP Dst port）属于第四层的标识。这些丰富的匹配字段为标识“流”提供了更为精细的粒度。为了支持对任何值的匹配，每一个数值都可以是一个特定的值，或者是 ANY。如果交换机支持 IP 源和 / 或目的字段的子网掩码，则可以更精确地进行匹配。

计数器可以对每个表、数据流、端口、队列进行维护。OpenFlow 兼容的计数器可以通过软件实现，并且通过轮询硬件计数器的维护，范围也更为有限。

动作表用来命令交换机如何匹配数据包，每条流表都和零个或更多的动作联系。如果没有提供转发动作，数据包将会被丢弃。被插入流表的动作列表必须以特定的顺序进行处理。如果交换机不能按指定的顺序处理动作列表，它可能拒绝一个流，这种情况下交换机会迅速返回一个不支持流错误。

交换机并不会支持所有的动作类型，仅支持强制动作。当和控制器链接之后，交换机会指定哪些可选动作是被支持的，OpenFlow 兼容的交换机将会有两种类型：

OpenFlow-only 和 OpenFlow-enable。OpenFlow-only 仅支持 OpenFlow 协议，所以支持强制动作；OpenFlow-enable 则考虑到与传统交换机组网时的兼容问题，还可以支持 NORMAL 动作，两种交换机都可以支持 FLOOD。OpenFlow 流表动作表见表 3-1-1。

表 3-1-1　OpenFlow 流表动作表

动作类型	动作名称	端口类型	备注
强制动作	转发	物理端口	
		虚拟端口	ALL
			CONTROLLER
			LOCAL
			TABLE
			IN_PORT
	丢弃		
可选动作	转发	虚拟端口	NORMAL
			FLOOD
	放入队列		
	修改字段		

3．流表匹配

交换机在接收到数据包后会对数据包进行匹配。下面主要介绍 OpenFlow 交换机对数据包的处理流程。

当 OpenFlow 交换机收到一个数据包时，它将会执行如图 3-1-6 所示的处理步骤。包头域就是流表用来查找包类型的依据。图 3-1-7 展示了包头具体的解析过程。包头解析是为了得到数据包的 12 元组，首先初始化包头，然后根据以太网类型得到虚拟局域网或三层 IP 信息，再根据 IP 包头中的协议类型，确定是 TCP 协议还是 UDP 协议或者是 ICMP 协议，最后得到 TCP/UDP 协议的源、目的端口号或者 ICMP 的类型和编码。此外，支持 STP 处理的 OpenFlow 交换机可在包头解析前进行相关生成树协议处理，避免广播风暴。

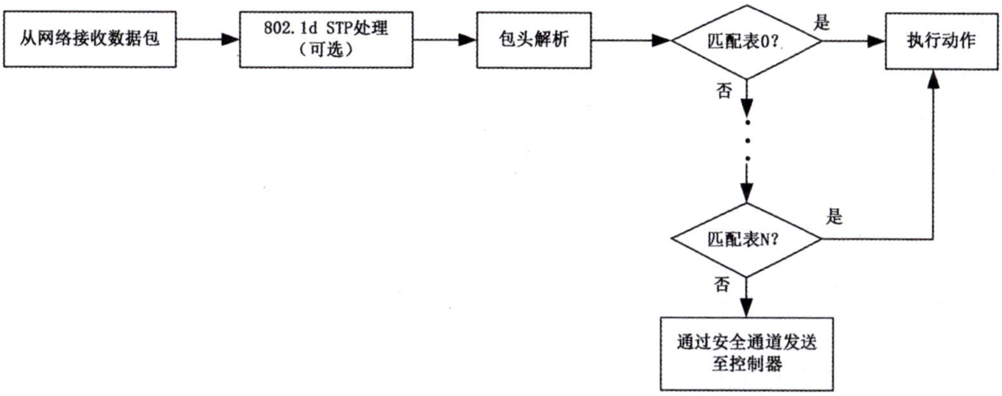

图 3-1-6　OpenFlow1.0 协议数据包处理流程

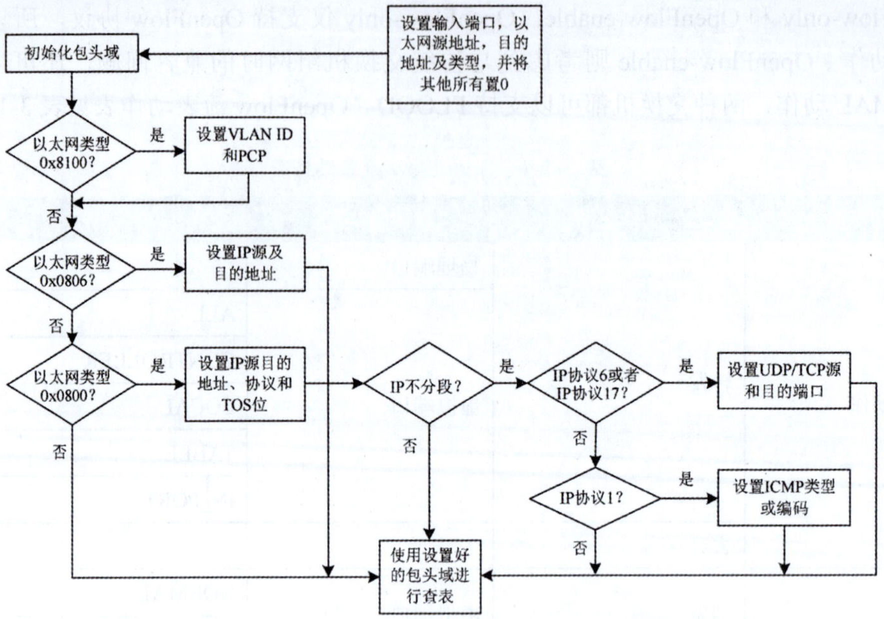

图 3-1-7　OpenFlow1.0 协议数据包包头匹配流程

图中的“0x8100”为以太网自动保护开关协议，“0x0806”为 ARP 协议，“0x0800”为网际协议（IP 协议），“6”为 TCP 协议，“17”为 UDP 协议，“1”为 ICMP 协议。

如果数据包的包头域和在流表中定义的值匹配，这个数据包和流表项匹配；如果流表有 ANY 的值，则可以匹配任何包头的值。

流表基于优先级来匹配数据包，指定了精确匹配的流表项通常具有高优先级，所有通配符流表项都具有与其关联的一个优先事项，更高的优先级一定在低优先级之前匹配，如果多个流表项有相同的优先级，则交换机可以自由地选择匹配顺序，较高的数值具有较高的优先级。对于每一个和流表匹配的数据包，和它有关的计数器都会被更新。如果流表中没有该数据包的匹配项，交换机将该数据包通过安全通道发往控制器。

4．流表项匹配实例分析

（1）数据源发送源 IP 为 192.168.1.1，目的 IP 为 192.168.1.3，以太网类型值为 0x0800 的 ICMP 数据包，试简要分析交换机接收数据包后处理的流程。

在图 3-1-8 中，交换机在 T0 时刻收到的一个源 IP 为 192.168.1.1、目的 IP 为 192.168.1.3 的数据包。交换机首先进行包头解析，在包头解析的过程中，检查数据包的以太网类型，发现该数据包类型为 IP 协议，设置其 IP 源、目的地址以及 TOS 位，之后由于数据包不存在 IP 分段的情况，且为 ICMP 协议，因此 ICMP 协议与编码将会被作为第四层信息，至此，包头解析结束。T1 时刻进入流表匹配过程中，数据包按照优先级高低从流表项 0 开始，逐项匹配，可以看到流表项 0 未能成功匹配后，数据包就开始进行流表 1 的匹配。在 T2 时刻，数据包与流表项 1 匹配成功，流表项动作指定通过端口 3 进行转发，交换机执行转发动作。

（2）数据源发送源 IP 为 192.168.1.1，目的主机 IP 为 192.168.2.1，以太网类型值为 0x0806 的 ARP 数据包，试简要分析交换机接收数据包后处理的流程，并思考同样匹配到流表项，为何与上例中处理的结果不同。

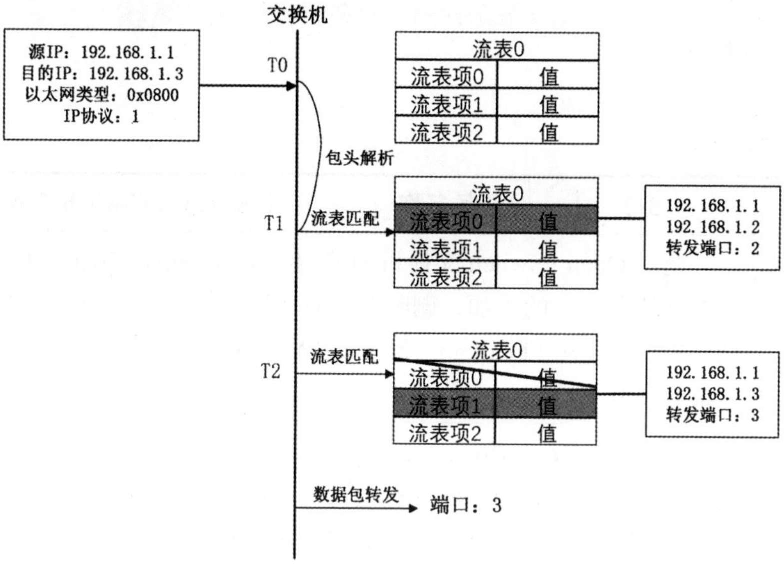

图 3-1-8　ICMP 数据包流表匹配示意图

在图3-1-9中，交换机在T0时刻接收一个源IP为192.168.1.1、目的IP为192.168.2.1的数据包，在包头解析过程中发现以太网类型为ARP协议，就设置其IP源和目的地址，之后进行流表匹配。在T2时刻交换机匹配到相应的流表项，但是在该流表项并未定义具体动作（未指明转发端口），因此交换机直接丢弃该数据包。

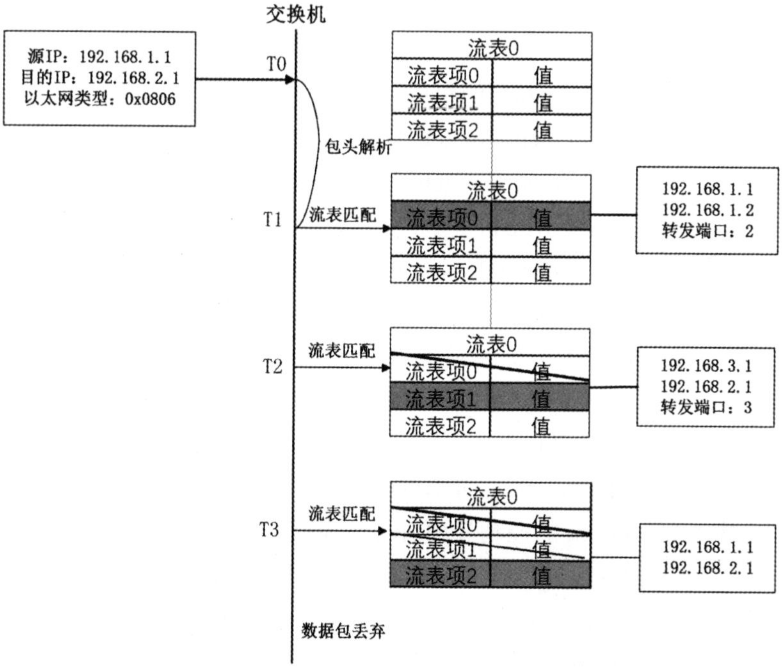

图 3-1-9　ARP 数据包流表匹配示意图

3.2　认知 Open vSwitch 交换机

3.2.1　实施任务单

任务编号	3-2	任务名称	认知 Open vSwitch 交换机
任务简介	通过 Open vSwitch 交换机的使用，了解 Open vSwitch 的安装部署，掌握网桥和端口的添加、删除及查看，流表的添加、删除及查看等。为配合实践，使用 Floodlight 控制器和 Mininet 仿真平台加深对流表功能与作用的理解		
任务目标	1．了解 Open vSwitch 的背景、功能和基本组成结构，安装部署 Open vSwitch，能够独立解决安装部署中遇到的问题； 2．使用常用的网桥命令进行网桥和端口的添加、删除和查看等操作； 3．使用流表的基本命令进行流表的添加、删除、查看及匹配操作		
设备环境	主机：Ubuntu 14.04 以上；CPU：1 核；内存：2G；磁盘：20G		
实施专业		实施班级	
实施地点		小组成员	
指导教师		联系方式	
任务难度	初级	实施日期	年　月　日
实施内容	1．Open vSwitch 的组成结构、功能认知 （1）画出 Open vSwitch 的组网结构图、内部架构图。 （2）画出 Open vSwitch 交换机实现网桥功能的过程。 2．Open vSwitch 网桥和流表管理 （1）截图 Open vSwitch 网桥相关命令操作。 （2）截图 Open vSwitch 下发流表的相关命令操作。 3．OpenFlow 流表基本应用实践 （1）Mininet 创建简单的网络拓扑，使用 Open vSwitch 手动新增、删除、查询流表项。 （2）Mininet 创建简单的网络拓扑，连接到远程控制器 Floodlight，使用 Floodlight 的控制界面进行流表操作。 （3）Mininet 创建 3 个交换机形成回环的网络拓扑，手动设置流表项。 （4）Mininet 创建 1 个交换机下挂 3 个主机的网络拓扑，手动设置流表项，完成 udp 包复制转发功能		

3.2.2 实施评价单

任务编号	3-2	任务名称	认知 Open vSwitch 交换机		
评价项目		自评	小组评	综合	
课堂表现	学习态度（20 分）				
课堂表现	沟通合作（10 分）				
技能操作	Open vSwitch 的组成结构、功能认知（20 分）				
技能操作	Open vSwitch 网桥和流表基本管理操作（30 分）				
技能操作	*OpenFlow 流表基本应用实践（20 分）				
学生签字		年 月 日	教师签字		年 月 日

评价标准

项目		A（95%）	B（85%）	C（75%）	D（65%）	E（<60%）
课堂表现	学习态度	与老师辩论	向老师提出质疑	与老师互动交流	被动回答问题	沉默
课堂表现	沟通合作	小组学习中具有很强的团队沟通合作能力	小组学习中具有良好的团队沟通合作能力	小组学习中具有较好的团队沟通合作能力	小组学习中能够参与团队沟通合作	小组学习中不能够参与团队合作
技能操作	Open vSwitch 的组成结构、功能认知	全面展示组成结构、功能，文档精美	全面展示组成结构、功能，文档较好	基本展示数据平面工作原理，文档较好	基本展示数据平面工作原理，文档一般	没能展示数据平面工作原理，文档较差
技能操作	Open vSwitch 网桥和流表基本管理操作	能独立完成网桥和流表基本管理操作，帮助他人解决问题	能独立完成网桥和流表基本管理操作	在帮助下能完成网桥和流表管理操作	在帮助下能完成部分网桥和流表管理操作	不能完成网桥和流表管理操作
技能操作	*OpenFlow 流表基本应用实践	能独立完成流表基本应用实践，帮助他人解决问题	能独立完成流表基本应用实践	在帮助下能完成流表基本应用实践	在帮助下能完成部分流表基本应用实践	不能完成流表基本应用实践

3.2.3 任务实施指引

3.2.3.1 安装 Open vSwitch

步骤 1：登录主机，执行 ifconfig 命令查看主机的 IP 地址。

步骤 2：执行 uname -a 命令查看当前系统内核版本。

步骤 3：获取 Open vSwitch 源码，在 Open vSwitch 的官方网站可以获得最新代码（在此以 openvswitch-2.8.1.tar.gz 为例）。

```
# wget http://openvswitch.org/releases/openvswitch-2.8.1.tar.gz
```

步骤 4：进入 Open vSwitch 安装包目录，解压 Open vSwitch 源文件，并进入解压后的目录。

```
# tar -zxvf openvswitch-2.8.1.tar.gz
# cd openvswitch-2.8.1
```

步骤 5：执行以下命令，生成 Makefile 文件。

```
# ./configure --with-linux=/lib/modules/2.8.1-29-generic-pae/build
```

使用 --with-linux 参数指定内核源码编译目录，不同环境的 Linux 版本不一样，“2.8.1-29-generic-pae”是通过命令“ls /lib/modules/”查看得到的，应根据实际查询情况修改。

步骤 6：执行以下命令编译、安装 Open vSwitch。

```
# make
# make install
```

说明：这个过程有点漫长，请耐心等待，并注意打印出的错误提示。

3.2.3.2 配置 Open vSwitch

步骤 1：执行以下命令，加载 Open vSwitch 内核模块 openvswitch.ko。

```
# insmod ./datapath/linux/openvswitch.ko
```

说明：注意以上命令使用的是相对路径，默认处于 openvswitch-2.8.1 目录下。加载内核模块如果出现“File exists”错误可以忽略。

步骤 2：执行以下命令建立 Open vSwitch 配置文件和数据库，并根据 ovsdb 模板“vswitch.ovsschema”创建 ovsdb 数据库“openvswitch.conf.db”，用于存储虚拟交换机的配置信息。

```
# mkdir -p /usr/local/etc/openvswitch
#ovsdb-tool create /usr/local/etc/openvswitch/conf.db/usr/local/share/openvswitch/ vswitch.ovsschema
```

步骤 3：执行以下命令启动 ovsdb 数据库。默认支持 SSL，如果在 build openvswitch 时 disable 了 SSL 支持，则省略 --private-key、--certificate、--bootstrap-ca-cert 相关命令。

```
# ovsdb-server --remote=punix:/usr/local/var/run/openvswitch/db.sock  --remote=db:Open_vSwitch,
Open_vSwitch,manager_options  --private-key=db:Open_vSwitch,SSL,private_key --certificate=
db:Open_vSwitch,SSL,certificate --bootstrap-ca-cert=db:Open_vSwitch,SSL,ca_cert --pidfile --detach
```

说明：默认 Open vSwitch 的版本为 2.8.1，与 Open vSwitch2.0.0 之前的版本的启动命令有所出入。

步骤 4：执行以下命令，查看 ovsdb 数据是否启动成功。

```
# ps -ef|grep ovsdb-server
```

步骤 5：执行以下命令，初始化数据库。

```
# ovs-vsctl --no-wait init
```

步骤 6：执行以下命令，启动 Open vSwitch daemon，连接到同样的 Unix domain socket 上。

```
# ovs-vswitchd --pidfile --detach
```

步骤 7：Open vSwitch 已经安装部署完毕，执行以下命令，查看当前 ovs 进程。

```
# ps –ef|grep ovs
```

步骤 8：执行 ovs-vsctl show 命令查看当前 ovs 的版本信息。

3.2.3.3 Open vSwitch 网桥管理

1．检查实验环境

步骤 1：登录交换机，执行 ovs-vsctl show 命令，查看原有的网桥。

步骤 2：执行以下命令删除当前网桥，并进行确认（若无网桥，该步骤省略）。

```
# ovs-vsctl del-br xxx（网桥名）
# ovs-vsctl show
```

2．添加网桥和端口

步骤 3：执行以下命令添加名为 br0 的网桥。

```
# ovs-vsctl add-br br0
```

步骤 4：执行以下命令，列出 Open vSwitch 中的所有网桥。

```
# ovs-vsctl list-br
```

步骤 5：执行以下命令，将物理网卡挂接到网桥 br0 上。

```
# ovs-vsctl add-port br0 eth0
```

说明：port 和 bridge 是多对一的关系，也就是说一个网桥上可以挂接多个物理网卡。

步骤 6：执行以下命令，列出挂接到网桥 br0 上的所有网卡。

```
# ovs-vsctl list-ports br0
```

步骤 7：执行以下命令，列出挂接到 eth0 网卡上的所有网桥。

```
# ovs-vsctl port-to-br eth0
```

步骤 8：执行以下命令，查看 Open vSwitch 的网络状态。

```
# ovs-vsctl show
```

3．删除网桥和端口

步骤 9：执行以下命令，删除挂接到网桥 br0 上的网卡 eth0。

```
$ ovs-vsctl del-port br0 eth0
```

步骤 10：执行以下命令，查看 Open vSwitch 的网络状态。

```
# ovs-vsctl show
```

步骤 11：删除 eth0 后网桥 br0 依旧存在，执行如下命令，删除网桥 br0，并进行确认。

```
# ovs-vsctl del-br br0
```

3.2.3.4 流表管理

步骤 1：执行以下命令，添加网桥，并查看虚拟交换机的基本信息。

```
# ovs-vsctl add-br br0
# ovs-ofctl show br0
```

可以查看到交换机 dpid、流表数量、性能参数、动作参数和 MAC 地址等信息。

步骤 2：执行以下命令，查看虚拟交换机上的流表信息。

```
# ovs-ofctl dump-flows br0
```

输出的结果中包含了流表 ID、优先级、匹配项、动作、计数器等。

步骤 3：执行以下命令，添加一条流表项，设置流表项生命周期为 1000s，优先级为 17，入端口为 3，动作是 output:2。

```
#ovs-ofctl add-flow br0 idle_timeout=1000,priority=17,in_port=3,actions=output:2
```

说明：这条流表项的作用是将端口 3 接收到的数据包从端口 2 输出。

步骤 4：执行以下命令，查看交换机上所有的流表信息。

```
# ovs-ofctl dump-flows br0
```

步骤 5：执行以下命令，删除入端口为 3 的的流表项，删除后再次查看流表信息。

```
# ovs-ofctl del-flows br0 in_port=3
# ovs-ofctl dump-flows br0
```

*3.2.3.5 OpenFlow 流表基本应用实践

1. 使用 Mininet 创建简单的网络拓扑及相关操作

使用 Mininet 创建简单的网络拓扑，手动添加流表项并设置 ARP 的步骤如下。

步骤 1：使用如下 Mininet 命令，创建简单的网络拓扑，使用 net 命令查看结果。

```
# mn --topo single,2
```

步骤 2：打开另一个 Terminal，kill 掉控制器的进程。

```
# ps -aux| grep controller
# kill -9 PID 进程的 ID
```

步骤 3：尝试 h1 ping h2，如果 ping 不通，请分析原因。

步骤 4：查看交换机 s1 的 OpenFlow 信息。

```
#ovs-ofctl show s1
```

步骤 5：查看 s1 的所有流表。

```
# ovs-ofctl dump-flows s1
```

步骤 6：手动添加以下流表项，写出这两条命令的含义。

```
# ovs-ofctl add-flow s1 in_port=1,actions=output:2
# ovs-ofctl add-flow s1 in_port=2,actions=output:1
```

步骤 7：确认步骤 6 的流表项是否添加成功。

```
# ovs-ofctl dump-flows s1
```

步骤 8：在 Mininet 的 CLI 页面，执行 h1 ping h2 三次。

```
# h1 ping h2 -c 3
```

步骤 9：再次查看 s1 的流表项。

```
# ovs-ofctl dump-flows s1
```

对比步骤 7 的流表项，请思考 n_packets 的值发生了什么变化？请分析该值发生变化的原因。

步骤 10：删除特定流表项，将 in_port=1 的流表项删除。

```
# ovs-ofctl del-flows s1 in_port=1
```

步骤 11：验证步骤 10 删除特定流表项是否成功。

```
# ovs-ofctl dump-flows s1
```

步骤 12：尝试 h1 ping h2。

```
# h1 ping h2
```

步骤 13：将 s1 的所有流表项删除。

```
# ovs-ofctl del-flows s1
```

步骤 14：验证步骤 13 删除所有流表项是否成功。

```
# ovs-ofctl dump-flows s1
```

2. 使用 Floodlight 的控制界面进行流表操作

步骤 1：启动 Floodlight 控制器。

```
# java -jar target/floodlight.jar
```

步骤 2：使用如下命令创建 1 个交换机、2 个主机的简单网络拓扑，连接到远程控制器 Floodlight。

```
# sudo mn --controller=remote,--ip=127.0.0.1,--port=6653
```

步骤 3：查看 s1 上的流表项。

```
# ovs-ofctl dump-flows s1
```

步骤 4：执行 pingall。

```
# pingall
```

步骤 5：再次查看 s1 上的流表项。

```
# ovs-ofctl dump-flows s1
```

步骤 6：打开 Floodlight 的 Web 控制界面“http://127.0.0.1:8080/ui/pages/index.html”，选择左侧的 Access Control Lists 选项。

步骤 7：添加流表项，单击 Add New 按钮，选择 ICMP 协议，在 Source IPv4 文本框中填写“10.0.0.1/24”，Action 选择为 DENY，单击 Create 按钮。

步骤 8：在 Mininet 的 CLI 界面查看 s1 的流表项。

```
# ovs-ofctl dump-flows s1
```

步骤 9：执行 pingall。

```
# pingall
```

步骤 10：在 Floodlight 的 Web 控制界面，单击流表项右侧的 Delete 按钮，删除流表项。

步骤 11：在 Mininet 的 CLI 界面执行 pingall。

3. 使用 Mininet 创建星型网络拓扑并手动设置流表项

总体思路：先添加 ARP 部分的流表项，再添加 IP 部分的流表项。实际场景中，ARP 的请求为广播，响应为单播。在本次任务中，为简化 ARP，其请求和响应都使用广播。

步骤 1：使用 Mininet 命令创建的 3 个主机，1 个交换机的网络拓扑。

```
# mn --topo single,3
```

步骤 2：打开另一个 Terminal，kill 掉控制器的进程。

```
# ps -aux| grep controller
# kill -9 PID 进程的 ID
```

步骤 3：手动添加流表项，处理 ARP 部分。

```
#ovs-ofctl add-flow s1 inport=1,arp,actions=output:flood
#ovs-ofctl add-flow s1 inport=2,arp,actions=output:flood
#ovs-ofctl add-flow s1 inport=3,arp,actions=output:flood
```

步骤 4：手动添加流表项，处理 IP 部分。

```
#ovs-ofctl add-flow s1 ip,nw_dst=10.0.0.1,actions=output:1
#ovs-ofctl add-flow s1 ip,nw_dst=10.0.0.2,actions=output:2
#ovs-ofctl add-flow s1 ip,nw_dst=10.0.0.3,actions=output:3
```

步骤 5：查看 s1 的流表项。

```
# ovs-ofctl dump-flows s1
```

步骤 6：在 Mininet 的 CLI 界面尝试 pingall。

```
#pingall
```

4．使用 Mininet 创建回环网络拓扑及相关操作

使用 Mininet 创建回环网络拓扑，手动添加流表项并让两主机 ping 通的步骤如下。

步骤 1：使用 Mininet Python 脚本创建如图 3-2-1 所示的 3 个交换机形成回环的网络拓扑，请写出 Python 脚本内容。

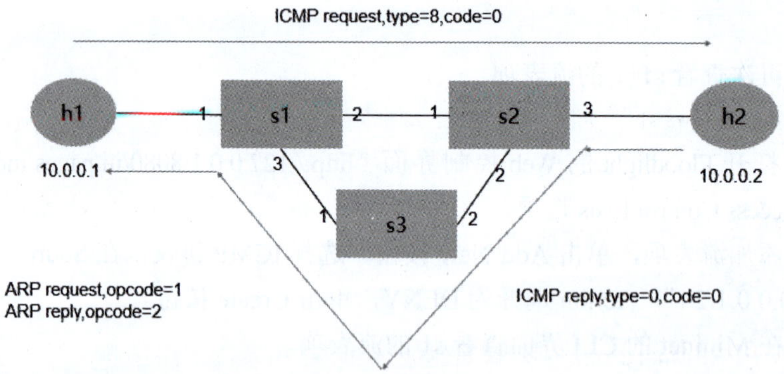

图 3-2-1 Python 建立的拓扑

步骤 2：执行步骤 1 的 Python 脚本，使用 net、dump 命令查看。

步骤 3：手动在交换机 s1、s2、s3 上添加流表项，实现 h1 ping h2 时，请求路线是 h1 → s1 → s2 → h2；ping 响应的时候，路线是 h2 → s2 → s3 → s1 → h1。实现 ARP 请求的路线是 h1 → s1 → s2 → h2，ARP 响应的路线是 h2 → s2 → s1 → h1。

```
/////////// rules for s1
#ovs-ofctl add-flow s1 arp,arp_op=1,arp_spa=10.0.0.1, arp_tpa=10.0.0.2, actions =output:2
# ovs-ofctl add-flow s1 arp,arp_op=1,arp_spa=10.0.0.2,arp_tpa=10.0.0.1, actions=output:1
# ovs-ofctl add-flow s1 arp,arp_op=2,arp_spa=10.0.0.1,arp_tpa=10.0.0.2, actions=output:2
```

```
# ovs-ofctl add-flow s1 arp,arp_op=2,arp_spa=10.0.0.2,arp_tpa=10.0.0.1, actions=output:1
# ovs-ofctl add-flow s1 icmp,nw_src=10.0.0.1,nw_dst=10.0.0.2,icmp_type=8, icmp_code=0,
    actions=output:2
# ovs-ofctl add-flow s1 icmp,nw_src=10.0.0.2,nw_dst=10.0.0.1,icmp_type=0,
icmp_code=0,actions=output:1
////////// rules for s2
# ovs-ofctl add-flow s2 arp,arp_op=1,arp_spa=10.0.0.1,arp_tpa=10.0.0.2, actions=output:3
# ovs-ofctl add-flow s2 arp,arp_op=1,arp_spa=10.0.0.2,arp_tpa=10.0.0.1, actions=output:1
# ovs-ofctl add-flow s2 arp,arp_op=2,arp_spa=10.0.0.1,arp_tpa=10.0.0.2, actions=output:3
# ovs-ofctl add-flow s2 arp,arp_op=2,arp_spa=10.0.0.2,arp_tpa=10.0.0.1, actions=output:1
# ovs-ofctl add-flow s2 icmp,nw_src=10.0.0.1,nw_dst=10.0.0.2,icmp_type=8, icmp_code=0,
    actions=output:3
# ovs-ofctl add-flow s2 icmp,nw_src=10.0.0.2,nw_dst=10.0.0.1,icmp_type=0, icmp_code=0,
    actions=output:2
//////////// rules for s3
# ovs-ofctl add-flow s3 icmp,nw_src=10.0.0.2,nw_dst=10.0.0.1,icmp_type=0, icmp_code=0,
    actions=output:1
```

步骤 4：使用命令查看流表项是否添加成功，请将查询结果截图。

```
#ovs-ofctl dump-flows s1
#ovs-ofctl dump-flows s2
#ovs-ofctl dump-flows s3
```

步骤 5：打开 s2 和 s3 的终端。

```
# xterm s2 s3
```

步骤 6：在 s2 和 s3 的终端界面使用 tcpdump 监听 eth1 的数据包。

```
#tcpdump -i s2-eth1
#tcpdump -i s3-eth1
```

步骤 7：在 Mininet 的 CLI 界面执行 h1 ping h2 -c3。

步骤 8：查看步骤 6 tcpdump 的捕获结果，并将捕获结果截图，分析捕获结果是否与流表项设置的一致。

步骤 9：在本任务中，h2 ping h1 不通，请手动在交换机 s1、s2、s3 上添加流表项，使得 h2 ping h1 成功。请写出实现该功能的命令，并将验证结果截图。

5．手动设置流表项实现 udp 包复制转发功能

步骤 1：使用 Mininet Python 脚本创建如图 3-2-2 所示的网络拓扑，写出 Python 脚本内容。

为了简化实验，先不处理 ARP 的部分，使用静态的方式先写入，具体如下。

```
h1.cmd("arp -s 10.0.0.2 00:00:00:00:00:02")
h1.cmd("arp -s 10.0.0.3 00:00:00:00:00:03")
```

步骤 2：执行步骤 1 的 Python 脚本，在 Mininet 的 CLI 界面使用 net、dump 命令查看。

步骤 3：使用 ifconfig 命令确认 h1、h2、h3 的 MAC 地址的设置是否正确。

步骤 4：使用 arp -n 命令确认 h1、h2、h3 上的 arp 表中已存在对应的表项。

步骤 5：在添加流表项之前，执行 ovs-ofctl dump-flows s1 命令，并且执行 pingall 命令。

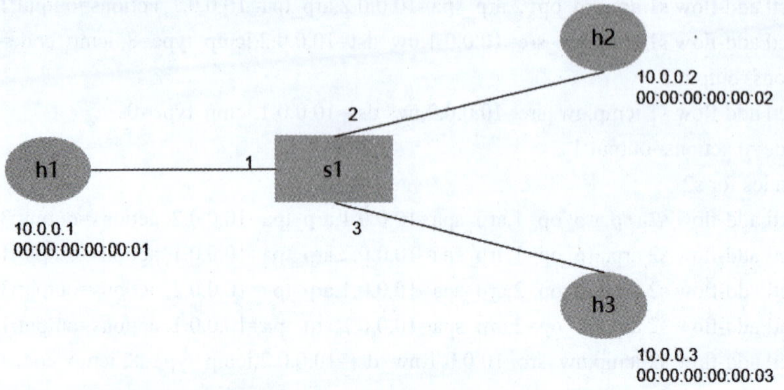

图 3-2-2　udp 包复制转发拓扑图

步骤 6：手动添加如下流表项。

```
# ovs-ofctl add-flow s1 priority=1,ip,nw_dst=10.0.0.1,actions=output:1
# ovs-ofctl add-flow s1 priority=1,ip,nw_dst=10.0.0.2,actions=output:2
# ovs-ofctl add-flow s1 priority=1,ip,nw_dst=10.0.0.3,actions=output:3
```

步骤 7：检查步骤 6 的流表项是否添加成功。

```
# ovs-ofctl dump-flows s1
```

步骤 8：在 Mininet 的 CLI 界面执行 pingall 命令检查节点之间的连通性。

```
# pingall
```

步骤 9：添加一条 priority=10 的流表项。

```
#ovs-ofctl add-flow s1 priority=10,udp,nw_src=10.0.0.1,nw_dst=10.0.0.2, actions=output:2,output:3
```

步骤 10：h1 发送 udp 发包，验证 h3 是否接收到 h1 发送的 udp 包，具体操作如下。

在 Mininet 的 CLI 中输入：

```
#xterm h1 h2 h3
```

在 h1 的终端输入：

```
#iperf -c 10.0.0.2 -u -b 1M -t10
```

在 h2 的终端输入：

```
#iperf -s -i 1 -u
```

在 h3 的终端输入：

```
#wireshark
```

使用 wireshark 命令在 eth0 抓包，观察是否有收到 udp 包。

步骤 11：添加流表项，写出该命令的含义。

```
#ovs-ofctl add-flow s1 priority=100,udp,nw_dst=10.0.0.2,actions=output:2, mod_dl_dst=
   00:00:00:00:00:03,mod_nw_dst=10.0.0.3,output:3
```

步骤 12：检查步骤 11 的流表项是否添加成功。

```
# ovs-ofctl dump-flows s1
```

步骤 13：验证步骤 11 的流表项能否生效。在 Mininet CLI 中打开 h1、h2、h3 的终端页面后，执行以下命令。

在 h1 的终端页面输入：

```
#iperf -c 10.0.0.2 -u -b 1M -t10
```

在 h2 的终端页面输入：

```
#iperf -s -u -i 1
```

在 h3 的终端页面输入：

```
#iperf -s -u -i 1
```

步骤 14：设置流表项，将来自 h3 的 ip 封包都丢弃。

```
#ovs-ofctl add-flow s1 priority=100,ip,nw_src=10.0.0.3,actions=drop
```

步骤 15：检查步骤 14 的流表项是否添加成功。

```
# ovs-ofctl dump-flows s1
```

步骤 16：验证步骤 14 的流表项是否生效。打开 h3 的终端，使用 wireshark 命令抓包；打开 h1 的终端，执行 ping 10.0.0.3。

3.2.4 相关知识点

OpenvSwitch 基本组成结构和功能

3.2.4.1 Open vSwitch 概述

1．Open vSwitch 的基本概念

Open vSwitch（OVS）是 Nicira 发布的开源虚拟软件交换机。OVS 从发布到现在一直是业界最流行的虚拟交换机。2012 年，VMware 以 12.6 亿美元的价格收购了 Nicira，并在 OVS 上继续投入更多的资源，是目前 OVS 社区的最大贡献者。OVS 基于 C 语言开发，遵循 Apache2.0 开源代码版权协议，能同时支持多种标准的管理接口和协议（如 NetFlow、sFlow、SPAN、RSPAN、CLI、LACP、802.1ag 等），支持跨物理服务器分布式管理、扩展编程、大规模网络自动化。OVS 作为 SDN 数据平面的转发设备，可以大幅降低部署成本，还可以提高网络的灵活性和扩展性。

2．Open vSwitch 和功能特性

Open vSwitch 支持主流的交换机功能，例如二层交换、网络隔离、QoS 及流量监控等，而其最大的特点就是支持 OpenFlow 协议。Open vSwitch 支持多种 Linux 虚拟化技术，包括 Xen、KVM 及 VirtualBox。Open vSwitch 支持丰富的特性，详情如下。

- 支持标准的 802.1Q VLAN 模型（trunk 口和 access 口）。
- 支持上游交换机带有或不带有 LACP 的网卡绑定。
- 支持 NetFlow、sFlow（R）和镜像以提高网络监控能力。
- 支持 QoS 和策略配置。
- 支持 Geneve、GRE、VXLAN、STT 和 LISP 隧道协议。
- 支持 802.1ag 连接故障管理。
- 支持 OpenFlow 1.0 及扩展协议。
- 支持 C 语言和 Python 绑定的事务性配置数据库。
- 使用 Linux 内核模块实现高性能转发。

Open vSwitch 通常部署在服务器中，用来连接多台需要交换数据的虚拟主机，SDN 控制器通过 OpenFlow 协议实现与 Open vSwitch 交换机以及部分 SDN 硬件交换机的连接和信息交互，通过向交换机下发流表，来指导交换机转发数据。其典型应用组

网如图 3-2-3 所示。

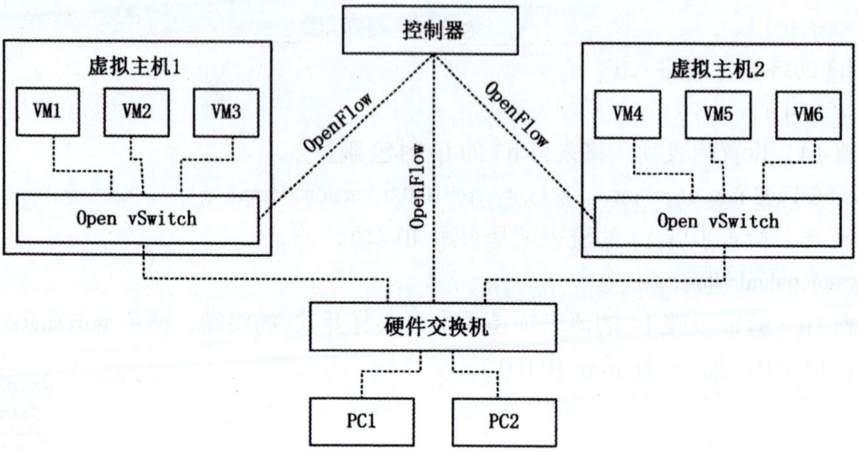

图 3-2-3　Open vSwitch 组网结构图

3．Open vSwitch 系统架构

Open vSwitch 系统架构分为用户空间、内核空间和配置管理层三部分。其中，用户空间运行着 OVS 的守护进程（ovs-vswitchd）和数据库（ovsdb-server）；内核空间包含 Datapath 模块和流表；配置管理层主要是用于管理 OVS 的配置工具，包括 ovs-dpctl、ovs-vsctl、ovs-appctl 和 ovs-ofctl 等，如图 3-2-4 所示。

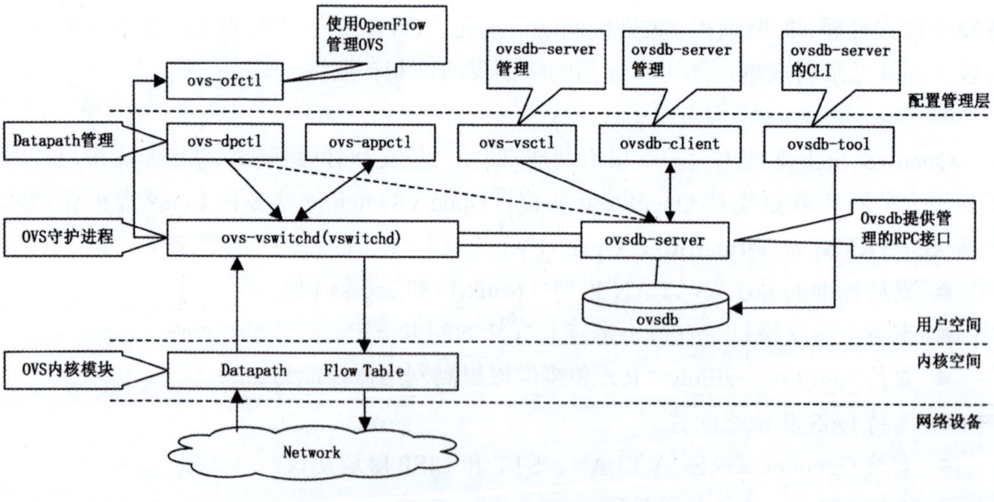

图 3-2-4　Open vSwitch 系统架构

Open vSwitch 主要模块的简要介绍如下。

（1）用户空间。用户空间包括如下组件。

ovs-vswitchd：主要模块，实现交换机的守护进程，包括一个支持流交换的 Linux 内核模块。其主要功能是检索和更新数据库信息，根据数据库中的配置信息来维护和管理 Open vSwitch。

ovsdb-server：轻量级数据库服务器，保存配置信息。ovs-vswitchd 通过这个数据库获取配置信息。

（2）内核空间。openvswitch.ko 为加载到 Linux 内核的模块，包括如下组件。

Datapath：内核模块，内核空间包含了一个或多个 Datapath 模块，根据流表匹配结果对数据进行相应处理。Datapath 对数据包的转发有两种通道，即快速交换转发通道和慢速交换转发通道。

Flow Table：流表，由很多个流表项组成。每一个流表项就是一个转发规则。

（3）配置管理层。配置管理层主要提供以下工具。

ovs-vsctl：主要获取或更改交换机的配置信息，此工具在操作时会更新 ovsdb-server 中的数据库。

ovs-dpctl：用来配置交换机的内核模块，控制数据分组的转发规则，用户使用该工具可以创建、删除和修改 Datapath。

ovs-ofctl：主要用于查询和控制交换机的流表。

ovs-appctl：用于向 OVS 的守护进程发送命令。

配置、运行 Open vSwitch 过程中主要配置的就是 Open vSwitch 的核心组件，包括 ovsdb-Server、ovs-vswitchd 和 ovs kernel module。

4. Open vSwitch 工作流程

在理解了 Open vSwitch 的架构和各组件的工作原理后，可以得出 Open vSwitch 的基本工作过程：首先交换机收到数据包后查询流表，假如没有匹配到相应的流表，则交给 SDN 控制器处理，由 SDN 控制器下发流表策略，后续相同数据转发时则直接由核心转发模块处理，加快后续数据的处理过程。Open vSwitch 的具体工作流程如图 3-2-5 所示。

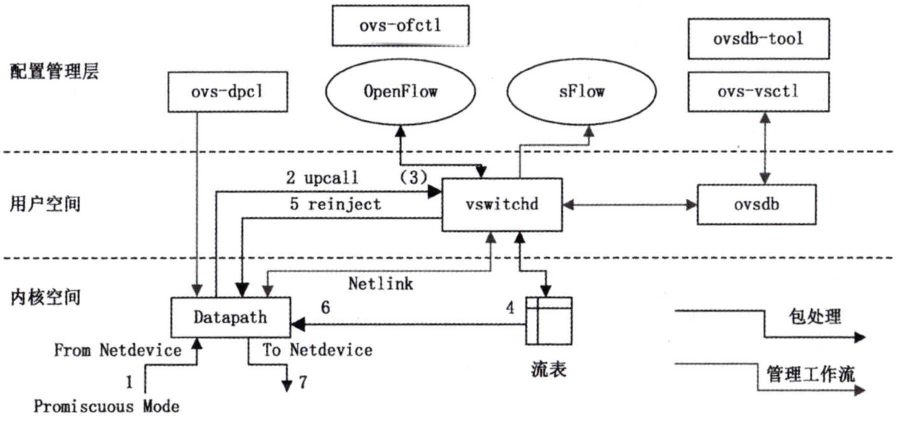

图 3-2-5 OVS 工作流程

（1）内核空间的 Datapath 监听接口设备流入数据包。

（2）如果 Datapath 在内核空间流表缓存没有匹配到相应的流表项，则将数据包转发给用户空间的 ovs-vswitchd 守护进程处理。

（3）（可选）ovs-vswitchd 通过 OpenFlow 协议与 SDN 控制器或者 ovs-ofctl 命令行

工具进行通信，以获取数据处理流表。

（4）ovs-vswitchd 收到来自 SDN 控制器或 ovs-ofctl 命令行工具的响应消息后，更新内核空间的 Flow Table，或将刚执行过的 Datapath 中没有缓存的流表项注入 Flow Table 中。

（5）ovs-vswitchd 匹配完流表项后将数据包重新注入 Datapath。

（6）Datapath 再次访问 Flow Table 查询匹配的流表项。

（7）Datapath 根据流表项 Actions 执行转发或丢弃数据包。

3.2.4.2 Open vSwitch 虚拟交换机常用的基本命令

1．ovs-vsctl——Open vSwitch 网桥管理

ovs-vsctl 用于查询和配置 ovs-vswitchd 的命令。ovs-vsctl 可连接到 ovsdb-server 进程，常用于配置交换机上的网桥和端口等信息。

在网络中，网桥是连接两个局域网的设备，工作在数据链路层，根据 MAC 地址来转发帧。交换机和网桥都位于网络第二层，Open vSwitch 是一个虚拟交换软件，也就是说 Open vSwitch 能实现网桥的功能。为了实现网桥（交换机）功能，在 Open vSwitch 中创建一个网桥后，会产生一个虚拟网卡，并为这个网桥增加端口（port），相当于一个物理网卡。当网卡加入这个网桥之后，其工作方式就和普通交换机的一个端口的工作方式类似了，一方面是可以作为交换机的管理端口，另一方面也是基于这个虚拟接口实现了桥的功能。

Open vSwitch 的内核模块实现了多个“数据路径”（类似网桥），每个都可以有多个 vports（类似桥内端口）。每个数据路径也通过关联流表（Flow Table）来设置操作，而这些流表中的流都是用户空间在报文头和元数据的基础上映射的关键信息，一般的操作都是将数据包转发到另一个 vport。当一个数据包到达一个 vport 时，内核模块所要做的处理是提取其流的关键信息并在流表中查找这些关键信息，当有一个匹配的流时它执行对应的操作；如果没有匹配，它会将数据包送到用户空间的处理队列中，用户空间可能设置一个流，用于以后碰到相同类型的数据包可以在内核中执行操作。

（1）命令格式：

```
ovs-vsctl [OPTIONS] COMMAND [ARG...]
```

（2）命令参数见表 3-2-1。

表 3-2-1 ovs-vsctl 命令参数

命令	作用
init	初始化数据库（前提是数据分组为空）
show	打印数据库信息摘要
add-br BRIDGE	添加新的网桥
del-br BRIDGE	删除网桥
list-br	打印网桥摘要信息
list-ports BRIDGE	打印网桥中所有 port 摘要信息
add-port BRIDGE PORT	向网桥中添加端口

续表

命令	作用
del-port [BRIDGE] PORT	删除网桥上的端口
get-controller BRIDGE	获取网桥的控制器信息
del-controller BRIDGE	删除网桥的控制器信息
set-controller BRIDGE TARGET	向网桥添加控制器

例如添加网桥 br0 可以执行如下命令：

```
# ovs-vsctl add-br br0
```

其中 br0 表示添加的网桥名称。

2．ovs-ofctl——Open vSwitch 流表管理

OpenFlow 是用于管理交换机流表的协议，ovs-ofctl 是 Open vSwitch 提供的实现 OpenFlow 协议命令行工具。在没有配置 OpenFlow 控制器的模式下，用户可以使用 ovs-ofctl 命令通过 OpenFlow 协议去连接 Open vSwitch，创建、修改或删除 Open vSwitch 中的流表项，并对 Open vSwitch 的运行状况进行动态监控。

（1）命令格式：

```
ovs-ofctl [OPTIONS] COMMAND [SWITCH] [ARG...]
```

（2）命令参数见表 3-2-2。

表 3-2-2　ovs-ofctl 命令参数

命令	作用
show SWITCH	输出 OpenFlow 信息
dump-ports SWITCH [PORT]	输出端口统计信息
ump-ports-desc SWITCH	输出端口描述信息
dump-flows SWITCH	输出交换机中所有的流表项
dump-flows SWITCH FLOW	输出交换机中匹配的流表项
add-flow SWITCH FLOW	向交换机添加流表项
add-flows SWITCH FILE	从文件中向交换机添加流表项
mod-flows SWITCH FLOW	修改交换机的流表项
del-flows SWITCH [FLOW]	删除交换机的流表项

对于 add-flow、add-flows 和 mod-flows 这三个命令，还需要指定要执行的动作：actions=[target][,target...]，一个流规则中可能有多个动作，按照指定的先后顺序执行。ovs-ofctl 动作参数见表 3-2-3。

表 3-2-3　ovs-ofctl 动作参数

操作	说明
output:port	输出数据包到指定的端口，port 是指端口的 OpenFlow 端口编号
flood	除入口和禁止 flood 的端口外，将数据包泛洪到其他所有的物理端口

续表

操作	说明
all	除了入口外，将收到的数据包泛洪到其他所有的物理端口
normal	根据传统 L2 或 L3 栈的动作完成交换机动作
drop	将数据包直接丢弃
controller	将 OpenFlow 数据包发送至控制器
mod_vlan_xid	修改数据包中的 VLAN tag
strip_vlan	移除数据包中的 VLAN tag
mod_dl_src/ mod_dl_dst	修改源或者目标的 MAC 地址信息
mod_nw_src/mod_nw_dst	修改源或者目标的 IPv4 地址信息
resubmit:port	替换流表的 in_port 字段，并重新进行匹配
load:value->dst[strt.end]	写数据到指定的字段

在 OpenFlow 的白皮书中，Flow 被定义为某个特定的网络流量。例如，一个 TCP 连接就是一个 Flow，从某个 IP 地址发出来的数据包都可以被认为是一个 Flow。支持 OpenFlow 协议的交换机应该包括一个或者多个流表，流表中的条目包含数据包头的信息、匹配成功后要执行的指令和统计信息。

当数据包进入 OVS 后，会将数据包和流表中的流表项进行匹配，如果发现了匹配的流表项，则执行该流表项中的指令集；相反，如果数据包在流表中没有发现任何匹配，OVS 会通过控制通道把数据包发到 OpenFlow 控制器中。在 OVS 中，流表项作为 ovs-ofctl 的参数，采用格式“字段 = 值”，如果有多个字段，可以用逗号或者空格分开。ovs-ofctl 的匹配字段见表 3-2-4。

表 3-2-4　ovs-ofctl 匹配字段

字段名称	说明
in_port=port	传递数据包的端口的 OpenFlow 端口编号
dl_vlan=vlan	数据包的 VLAN Tag 值，范围是 0 ～ 4095，0xff 代表不包含 VLAN Tag 的数据包
dl_src=<MAC> dl_dst=<MAC>	匹配源或者目标的 MAC 地址； 01:00:00:00:00:00/01:00:00:00:00:00 代表广播地址； 00:00:00:00:00:00/01:00:00:00:00:00 代表单播地址
dl_type=ether type	匹配以太网协议类型，其中 dl_type=0x0800 代表 IPv4 协议； dl_type=0x086dd 代表 IPv6 协议； dl_type=0x0806 代表 ARP 协议
nw_ src=ip[/netmask] nw_dst=ip[/netmask]	当 dl_type=0x0800 时，匹配源或者目标的 IPv4 地址，可以使用 IP 地址或者域名
nw_proto=proto	和 dl_type 字段协同使用，当 dl_type=0x0800 时，匹配 IP 协议编号； 当 dl_type=0x086dd 时代表 IPv6 协议编号

续表

字段名称	说明
table=number	指定要使用的流表的编号，范围是 0 ～ 254，在不指定的情况下，默认值为 0。通过使用流表编号，可以创建或者修改多个 Table 中的 Flow
reg<idx>=value[/mask]	交换机中的寄存器的值。当一个数据包进入交换机时，所有的寄存器都被清零，用户可以通过 Action 的指令修改寄存器中的值

ovs-ofctl 的其他重要命令说明见表 3-2-5。

表 3-2-5　ovs-ofctl 其他命令

字段名称	说明
priority	多个流表项与数据包匹配时的优先级，值越大优先级越高
idle_timeout	流表的生存周期，如果某条流表在最近 idle_timeout 时间内没有被匹配过则删除
hard_timeout	流表的生存周期，若流表项添加的时间超过 hard_timeout 则将其删除
mod-port	修改 OVS 的端口状态，常见的有 up 和 down

例如添加一条流表项，设置流表项生命周期为 2000s，优先级为 2，入端口为 1，动作是 output:2，可以执行如下命令：

```
#ovs-ofctl add-flow br0 idle_timeout=2000,priority=2,in_port=1,actions=output:2
```

其中："br0" 表示网桥名称，"idle_timeout" 表示流表项生命周期，"priority" 表示优先级，"in_port" 表示入端口，"actions" 表示动作，将端口 1 接收到的数据包从端口 2 输出。

流表（Flow）有很多信息，一般来说动作（Actions）之前都是匹配（Match）的部分。

*3.3 认知 P4 语言

3.3.1 实施任务单

任务编号	3-3	任务名称	认知 P4 语言
任务简介	P4 是一种协议无关的数据包处理编程语言，支持用户自定义匹配字段、协议解析和数据转发，实现真正意义上的协议无关的编程数据平面。本任务要求掌握 P4 的工作原理和基本框架，并运用其基本编程方法实现数据二层、三层的交换		
任务目标	1．理解协议无关的数据平面编程，掌握 P4 的工作原理和基本框架； 2．掌握 P4 的基本编程方法，实现数据二层、三层的交换		
设备环境	软件：Ubuntu 14.04 以上，部署 P4 组件（PI LIBRARY REPOSITORY、bmv2、p4c、Mininet、FRRouting、P4-Utils、p4-learning）； 硬件：CPU，1 核；内存，2G；磁盘，20G		
实施专业		实施班级	
实施地点		小组成员	
指导教师		联系方式	
任务难度	初级	实施日期	年 月 日
实施内容	1．画出 P4 的基本框架和 P4 程序结构图； 2．使用 P4 实现数据转发平面的二层交换编程； 3．使用 P4 组件实现数据平面的二层转发交换		

3.3.2 实施评价单

<table>
<tr><td>任务编号</td><td>3-3</td><td colspan="2">任务名称</td><td colspan="4">认知 P4 语言</td></tr>
<tr><td colspan="5">评价项目</td><td>自评</td><td>小组评</td><td>综合</td></tr>
<tr><td rowspan="2">课堂表现</td><td colspan="4">学习态度（20 分）</td><td></td><td></td><td></td></tr>
<tr><td colspan="4">沟通合作（10 分）</td><td></td><td></td><td></td></tr>
<tr><td rowspan="3">技能操作</td><td colspan="4">画出 P4 的基本框架和 P4 程序结构图（20 分）</td><td></td><td></td><td></td></tr>
<tr><td colspan="4">使用 P4 实现数据转发平面的二层交换编程（20 分）</td><td></td><td></td><td></td></tr>
<tr><td colspan="4">使用 P4 组件实现数据平面的二层转发交换（30 分）</td><td></td><td></td><td></td></tr>
<tr><td>学生签字</td><td></td><td>年　月　日</td><td>教师签字</td><td colspan="2"></td><td colspan="2">年　月　日</td></tr>
</table>

<table>
<tr><td colspan="7">评价标准</td></tr>
<tr><td colspan="2">项目</td><td>A（95%）</td><td>B（85%）</td><td>C（75%）</td><td>D（65%）</td><td>E（<60%）</td></tr>
<tr><td rowspan="2">课堂表现</td><td>学习态度</td><td>与老师辩论</td><td>向老师提出质疑</td><td>与老师互动交流</td><td>被动回答问题</td><td>沉默</td></tr>
<tr><td>沟通合作</td><td>小组学习中具有很强的团队沟通合作能力</td><td>小组学习中具有良好的团队沟通合作能力</td><td>小组学习中具有较好的团队沟通合作能力</td><td>小组学习中能够参与团队沟通合作</td><td>小组学习中不能够参与团队合作</td></tr>
<tr><td rowspan="3">技能操作</td><td>P4 基本框架和 P4 程序结构图</td><td>全面展示 P4 框架和程序结构，文档精美</td><td>全面展示 P4 框架和程序结构，文档较好</td><td>基本展示 P4 框架和程序结构，文档较好</td><td>基本展示 P4 框架和程序结构，文档一般</td><td>没能展示 P4 框架和程序结构，文档较差</td></tr>
<tr><td>使用 P4 实现数据转发平面的二层交换编程</td><td>独立完成并帮助他人完成使用 P4 实现数据转发平面的二层交换编程</td><td>独立完成使用 P4 实现数据转发平面的二层交换编程</td><td>独立基本完成使用 P4 实现数据转发平面的二层交换编程</td><td>在他人帮助下基本完成使用 P4 实现数据转发平面的二层交换编程</td><td>不能完成使用 P4 实现数据转发平面的二层交换编程</td></tr>
<tr><td>使用 P4 组件实现数据平面的二层转发交换</td><td>独立并帮助他人完成使用 P4 组件实现数据平面的二层转发交换</td><td>独立完成使用 P4 组件实现数据平面的二层转发交换</td><td>独立基本完成使用 P4 组件实现数据平面的二层转发交换</td><td>在他人帮助下基本完成使用 P4 组件实现数据平面的二层转发交换</td><td>不能完成使用 P4 组件实现数据平面的二层转发交换</td></tr>
</table>

3.3.3 任务实施指引

在编写 P4 程序之前，首先需要根据任务需求，明确 P4 程序中所应该提供的具体功能及其实现逻辑。

步骤 1：定义和设计数据包的头部。能够自定义数据包头也是 P4 语言优点的一大体现，合适的数据包头能够加快解析数据包的速度，简化代码。在这个过程中需要逐层定义数据包头，当然不需要的层数可以不定义。

步骤 2：定义解析器模块，以明确交换机解析数据包头的过程。在这个模块中，可以根据实际需要自定义具体的协议解析过程。

步骤 3：计算和验证校验和。在这一步中，主要是对解析后的数据包进行校验操作。

步骤 4：数据包的“入口—匹配—动作”操作处理。即定义用于匹配所接收数据包的流表以及所有需要的动作。在流表的定义中，需要定义匹配字段、匹配方式、流表涉及的动作以及和流表匹配的执行逻辑。

步骤 5：数据包输出处理。在这个模块中将会对数据包进行之前几个模块无法执行的操作。

步骤 6：校验和的重新计算。在数据包信息重新完善之后，数据包的校验和需要在这里重新计算，所得到的计算值被用于转发之前的重新封装。

步骤 7：数据包的重新封装。需要注意的是数据包重新封装的顺序问题，重新封装需要从二层包头开始向上执行。在代码的最后还要加入逻辑执行部分。

下面是以三层路由转发为例，根据上述步骤所编写的详细代码及注释。

```
/*-*-P4_16-*-*/
/* 相关模块的导入和常量的定义 */
#include<core.p4>
#include<v1mode.p4>
/* 第一步：按照任务实际需求，自定义数据包头部，以达到灵活操纵数据包处理的目的 */
/*************HEADERS************/
const bit<16> TYPE_IPV4=0x800;
typedef bit<9> egressSpec_t;                //转发端口号定义
typedef bit<48> macAddr_t;                  //48 位 MAC 地址定义
typedef bit<32> ip4Addr_t;                  //32 位 IPv4 地址定义
/* 定义二层数据帧 */
header ethernet_t{
  macAddr_t   dstAddr;
  macAddr_t   srcAddr;
  bit<16>     etherType;
}
/* 定义 IP 分组头 */
header ipv4_t {
  bit<4>     version;
  bit<4>     ihl;
  bit<8>     diffserv
  bit<16>     totalLen;
  bit<16>     identification;
```

```
    bit<3>      flags;
    bit<13>     fragOffset;
    bit<8>      ttl;
    bit<8>      protocol;
    bit<16>     hdrChecksum;
    ip4Addr_t   srcAddr;
    ip4Addr_t   dstAddr;
}
struct metadata {       // 元数据
    /*empty*/
}
/* 定义 headers，由二层数据帧头与三层 IP 分组头组成 */
struct headers {
    ethernet_t    ethernet;
    ipv4_t        ipv4;
}
/* 第二步：定义 PARSER 模块，根据定义好的 HEADERS 提取数据包头部信息 */
/***************PARSER***************/
parser MyParser(packet_in packet,
            out headers hdr,
            inout metadata meta,
            inout standard_metadata_t standard_metadata) {
    state start {                       // 将解析开始的状态转移到解析以太包头的状态
        transition parse_ethernet;
        }
    state parse_ethernet {              // 以太网包解析过程
    packet. extract(hdr.ethernet);      // 根据定义的数据结构提取以太包头
    transition select(hdr.ethernet.etherType) {    // 根据协议类型选择下一个状态
        0x0800:parse_ipv4;              // 如果是 0x0800，则转换到 parse_ipv4 状态
        default:accept;                 // 默认是接收，进入下一步处理
        }
    }
    state parse_ipv4 {                  //IP 包解析过程
        packet.extract(hdr.ipv4);       // 根据定义的数据结构提取 IP 包头
        transition accept;              // 最终状态转移到 accept，数据包头部提取结束
    }
}
/* 第三步：校验和验证，本例中暂时省略 */
/*******CHECKSUM VERIFICATION***********/
control MyVerifyChecksum( inout headers hdr, inout metadata meta) {
    apply { }
}
/* 第四步：处理入口流水线操作，包括定义流表，匹配字段、方式、动作和执行逻辑 */
/****INGRESS PROCESSING*****/
control MyIngress ( inout headers hdr,
    inout metadata meta,
    inout standard metadata_t standard metadata) {
    action drop() {         // 定义丢弃动作
```

```
        mark_to_drop();    // 内置函数，将当前数据包标记为即将丢弃的数据包
    }
    action ipv4_forward(macAddr_t dstAddr,egresSpec_t port) {    // 定义转发动作
        standard metadata. egress.spec= port;               // 输出的端口从控制面传递的参数中获取
        hdr.ethernet. sreAddr = hdr.ethermet.dstAddr;    // 数据包源地址改为目的地址
        hdr.ethernet. dstAddr = dstAdd;                      // 数据包新目的地址从控制面获得
        hdr.ipv4.ttl =hdr.ip4.ttl-1;                         // 数据包生存时间减 1
    }
    /* 定义用于转发的流表 */
    table ipv4 Ipm {
        key ={                          // 流表的匹配域
        hdr.ip4.dstAddr:lpm;            //lpm 说明匹配的模式是 Longest Prefix Match
        // 即最长前缀匹配
        }
        actions={
        ipv4_forward;
        drop;
        Notion;
        default action=NoAction();
    }
    /* 上述都是声明定义过程，这里是真正的数据处理逻辑 */
    apply {
        ipv4_lpm.apply();
    }
}
/* 第五步：本例中可以省略 Egress 过程 */
/******EGRESS PROCESSING ******/
control MyEgress ( inout headers hdr,
    inout metadata meta,
    inout standard_metadata_t standard_metadata) {
    apply { }
}
/* 第六步：校验和计算，校验和计算由高度抽象的内置函数直接完成 */
/**CHECKSUM COMPUTATION**/
control MyComputeChecksum( inout headers hdr, inout metadata meta) {
    Apply {
        Update_checksum(
            hdr.ipv4.isValid(),
            hdr.ipv4.version,
            hdr.ipv4.ihl,
            hdr.ipr4.diffserv,
            hdr.ipv4.totalLen,
            hdr.ipv4.identification,
            hdr.ipr4.lags,
            hdr.ipv4.fragOffset,
            hdr.ipv4.ttl
            hdr.ipr4.protocol,
            hdr.ipv4.srecAddr
```

```
            hdr.ipv4.dstAddr },
            hdr.ipr4.hdrChecksum,
            HashAlgoritmn.csml16);
    }
}
/* 第七步：数据包重组，数据包重组这一过程同样由高度抽象的内置函数帮助完成 */
/****DEPARSER ***/
control MyDeparser(packet_out packet, in headers hdr) {
    apply {                          // 数据包重组过程需要注意顺序
        packet.emit(hdr.ethernet);
        packet.emit(hdr.ipv4);
    }
}
/* 整段代码在交换机中的运行过程 */
/*******SWITCH**********/
V1Switch(
    MyParser(),
    MyVerifyChecksum(),
    Mylngress(),
    MyEgress(),
    MyComputeChecksum(),
    MyDeparser()
)main;
```

至此，关于交换机转发功能的 P4 代码已经完成，但是 SDN 交换机尚不能正常工作。因为交换机还需要控制平面来控制数据包的转发处理，也就是给交换机下发流表。在本例中，通过加载文件的形式来载入流表。P4-tutorial 中会通过 JSON 文件的形式将 JSON 文件中的流表项载入虚拟交换机中。例如，为 s1 交换机添加的流表项部分内容如下。

```
{
    "table":"MyIngress.ipv4-lpm",
    "match": {
    "hdr.ipv4.dstAddr":["10.0.1.1",32]
    },
    "action_name":"Mylngress.ipv4_forward",
    "action_params": {
    "dstAddr":"00:00:00:00:01:01",
    "port": 1
    }
}
```

文件中流表项与数据包输入处理过程中定义的流表一致，流表中的动作就是在 P4 代码中定义的动作。在运行过程中，当交换机匹配到流表中的流表项之后，根据流表项中的动作来处理这些数据包。在模拟数据包发送的过程中，可以使用 Python 的 scapy 库，该库提供了构建数据包、抓包、解析数据包等功能。利用 scapy 库可以自定义数据包格式和内容来实现简单的数据模拟，验证 P4 程序的运行效果。

3.3.4 相关知识点

通用可编程数据平面

1. 通用可编程数据平面

虽然OpenFlow交换机模型为SDN的数据平面发展奠定了基础，但由于OpenFlow需要通过扩展头部字段协议标识显式地声明所支持的协议类型，因此不能做到真正的协议无关。另外，快速的版本迭代和不断增长的匹配字段严重限制了硬件厂商对OpenFlow协议的支持，在OpenFlow v1.0版本中只有12个匹配字段，而OpenFlow 1.5版本则达到45个匹配字段，复杂性大大提高，但无法提供足够的灵活性来支持新增协议，这也是导致OpenFlow协议难以有效推广和应用的重要原因。因此，OpenFlow离理想中的通用可编程数据平面还有较大的距离。

2. 协议无关的交换机架构

为进一步寻求协议无关的通用可编程数据平面，学术界和产业界做了大量的工作。其中最具代表性的是尼克·麦克考恩（Nick Mckeown）等人在OpenFlow交换机转发模型基础上，于2013年提出的可编程的“协议无关交换机架构”（Protocol-Independent Switch Architecture，PISA）。

如图3-3-1所示，PISA是一种具有完全可编程数据包解析器和通用“匹配—动作”单元的高速数据包处理器架构。在数据包到达后，先由可编程数据包解析器进行解析，再通过入口“匹配—动作”阶段，经由队列系统交换，由出口“匹配—动作”阶段再次处理，最后重新组装发送到输出端口。其中，可编程数据包解析器提供了协议无关的数据包协议解析处理功能，改进了OpenFlow交换机在支持新网络协议方面的不足；PISA中包含了大量通用的“匹配—动作”单元，每个单元包括“匹配”逻辑和“动作”逻辑，这些“匹配—动作”逻辑是通过静态随机存储器（Static Random Access Memory，SRAM）、三态内容寻址存储器（Temary Content Addressable Memory，TCAM）、寄存器、通用哈希表（Hash Table）和支持通用数据包处理指令集的计算逻辑单元来实现的。与OpenFlow交换机模型相比，可编程数据包解析器和“匹配—动作”单元只有在被编程后才能做具体的数据包处理工作，PISA芯片在没有配置前不会实现任何数据平面协议，因此PISA是协议无关的架构。

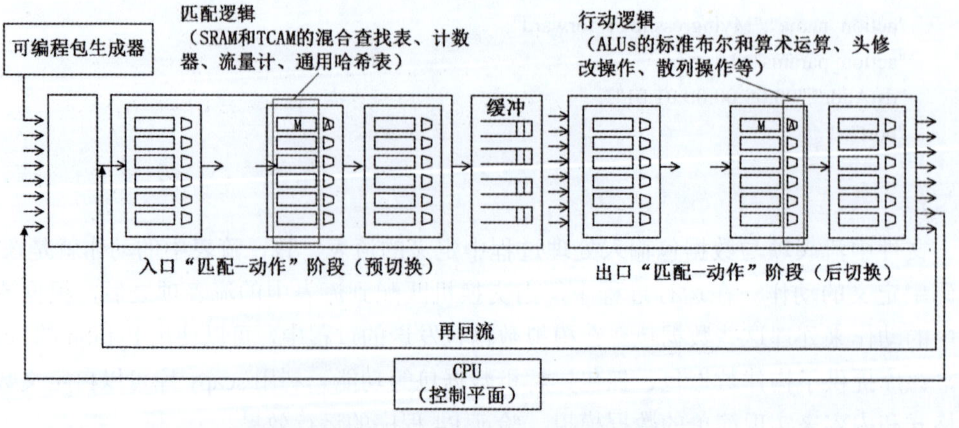

图3-3-1 协议无关的交换机架构（PISA）

3．数据平面编程语言

要对 PISA 或其他类型的可编程数据包处理器进行编程，就需要一种专用的数据平面编程语言。P4（Programming Protocol-Independent Packet Processors）就是一种协议无关的数据包处理编程语言。它支持用户自定义匹配字段、协议解析过程和转发过程，从而能实现真正意义上的协议无关可编程数据平面。P4 是一种数据面的高级编程语言，克服了 OpenFlow 的局限，可以定义想要的数据面，进而通过南向协议添加流表项。

P4 提供了简单易理解的编程结构 V1Model，如图 3-3-2 所示。从中可以看出，数据包的处理过程像一条流水线一样，它由 5 个模块组成，见表 3-3-1。

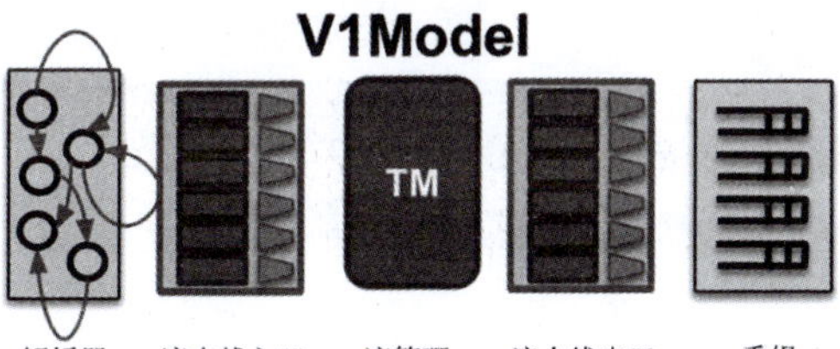

图 3-3-2　P4 的抽象转发模型 V1Model

表 3-3-1　V1Model 各模块作用

模块	作用
解析器（Parser）	根据预先定义的报文头部格式对数据包进行解析，并提取头部的各个字段。在解析器中根据报文头部的协议字段匹配下一步需要解析的协议头部。例如，若以太网帧头中的协议字段是 0x0800，则下一步需要解析的是 IP 分组头部；如果是 0x0806，则下一步需要解析的是 ARP 报文，会进行不同的处理
流水线入口（Ingress）	流水线部分，数据处理逻辑的入口
流管理（Traffic Manager，TM）	定义核心的处理逻辑，并对一些元数据进行更新
流水线出口（Egress）	流水线部分，数据处理逻辑的出口
重组（Deparser）	用于对数据包进行重组，因为数据包在处理过程中经历了分解和处理，所以最后转发的时候需要重组数据包

根据 P4 所提供的上述抽象，可以把所有交换机内部的数据包处理逻辑理解为基于上述模型的一条条流水线，但需要根据功能去定义流水线上的各个不同模块。

4．P4 程序定义

P4 程序主要由以下关键部分组成。

（1）包头（Header）：定义一系列头部区域的顺序和结构。它包含区域长度的规范，约束了区域数据的取值。例如，对于 IPv4 协议分组头部的定义，头部的定义需要精确到位，在没有选项字段时，可以按如下结构定义 IPv4 分组头部。

```
header ipv4_t {
  }
```

（2）解析器（Parser）：定义如何识别数据包内的包头和有效的包头顺序。通过在头部中的协议字段判断下一步解析过程，相关代码如下。

```
parser MyParser(packet_in packet,out headers hdr,inout metedata meta,
    inout standard_metadata_t standard_metadata) {
    }
```

（3）表（Table）：“匹配—动作”表是执行数据包处理的机制。P4 程序定义了在表内可以匹配的字段和可以执行的动作。P4 代码中对表的定义：key 定义了使用哪个字段、哪种方式进行匹配；actions 定义了该表中有多少动作可以被执行；size 表示流表可以容纳多少流表项；default_action 表示无匹配项时的默认动作，相关代码如下。

```
table ipv4_lpm {
    key={
    }
    actions={
    }
    size=1024;
    default_action =NoAction();
}
```

（4）动作（Action）：通过一系列预先定义的协议无关的元操作，构造复杂的自定义动作。这些复杂的动作可以在“匹配—动作”表中使用，例如数据包丢弃动作，内部实现方式可以自定义实现，相关代码如下。

```
action drop() {
    mark_to_drop();
}
```

（5）控制程序（Control Program）：控制程序决定了数据包处理的顺序，即数据包在不同匹配表中的跳转关系。当表和动作被定义和实现之后，还需要控制程序来确定不同表之间的控制流。P4 的控制流包括用于数据处理的表、判决条件以及条件成立时所需采取的操作等组件。控制程序代码如下。

```
apply {
    .........
}
```

P4 语言语法简单，程序结构清晰，一旦理解了 P4 程序的工作模式，开发工作会更容易。在网上也有不少 P4 学习资源，如 P4 官方的示例教程中包括了基于 P4 实现的隧道、负载均衡、源路由、ECN 等例子。P4 语言目前仍然保持着良好的发展势头，基于 P4 语言的芯片（如 Tofino）已经开始在市场上使用。基于数据平面可编程思想的 P4 正在推动着 SDN 领域不断前行。

3.4　课后提升

一、选择题

1．下面对 Open vSwitch 各模块描述不正确的是（　　）。

A．ovs-vswitchd：主要模块，实现 vswitch 的守候进程 daemon

B．ovsdb-server：轻量级数据库服务器，保存配置信息

C．ovs-dpctl：用来配置 vswitch 内核模块的一个工具

D．ovs-vsctl：查询和控制 OpenFlow 虚拟交换机的流表

2．Open vSwitch 的核心模块是（　　）。

A．ovs-vswitchd　　B．ovsdbserver

C．datapath　　D．ovs-ofctl

3．ovs-ofctldump-flowsbr-sw 命令的作用是（　　）。

A．显示网桥信息　　B．显示所有端口

C．显示所有流表　　D．显示 OVS 交换机信息

4．Open vSwitch 软件交换机删除网桥 br-sw 的命令是（　　）。

A．ovs-ofctl del-br br-sw　　B．ovs-vsctl del-br br-sw

C．ovs-ofctl del-port br-sw　　D．ovs-vsctl del-portb r-sw

二、判断题

1．Open vSwitch 中的网桥对应物理交换机，其功能是根据一定流规则，把从端口收到的数据包转发到另一个或多个端口。

2．Open vSwitch 架构分为用户空间、内核空间和配置管理层三部分。

3．执行命令 ovs-vsctldel-br br0 会将 br0 删除，但挂接到 br0 上的端口不会被删除。

4．在交换机中设置 OpenFlow1.0 协议版本的命令为“ovs-vsctl set bridge br-sw protocols=OpenFlow1.0”。

三、简答题

1．P4 实现三层转发，路由转发采用单一 table。

（1）编写 P4 三层转发程序 l3_routing_1.p4，路由转发采用单一 table，网络拓扑如图 3-4-1 所示。

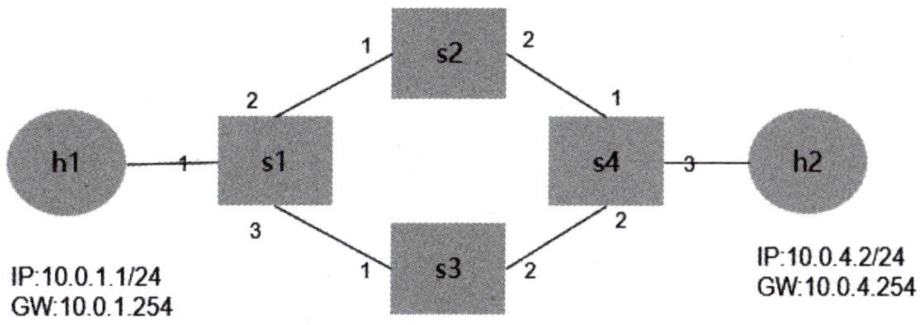

图 3-4-1　三层转发拓扑

（2）编写控制平面的规则 cmd_s1.txt、cmd_s2.txt、cmd_s3.txt、cmd_s4.txt，并加载到 s1、s2、s3、s4 上。使得 h1 ping h2 请求走的路线为 h1 → s1 → s3 → s4 → h2。h1 ping h2 响应走的路线为 h2 → s4 → s3 → s1 → h1。

（3）编写 p4app.json。

（4）运行程序并验证结果。

2．P4 实现三层转发，路由转发采用两个 table。

（1）编写 P4 三层转发程序 l3_routing_2.p4，采用图 3-4-1 所示的拓扑，路由转发采用两个 table，第一个 table 用于存储路由策略对应的数字，第二个 table 用来存储下一跳信息。

（2）编写控制平面的规则 cmd_s1.txt、cmd_s2.txt、cmd_s3.txt、cmd_s4.txt，并加载到 s1、s2、s3、s4 上。使得 h1 ping h2 请求走的路线为 h1 → s1 → s2 → s4 → h2。h1 ping h2 响应走的路线为 h2 → s4 → s2 → s1 → h1。

（3）编写 p4app.json。

（4）运行程序并验证结果。

（5）与简答题 1 采用的单一 table 进行对比，阐述采用两个 table 的优势。

拓展阅读

当光传送网遇上开放的 SDN——烽火通信的故事[①]

SDN 的提出为未来光传送网描绘了一幅美好蓝图：便捷式运维、一键式操作、虚拟化、App 多应用。但是，随着 4G 的成熟商用，现网设备规模化部署已进入后期阶段，引入全新的设备、控制器进行网络设备、网管系统的替换，势必不利于保护原有投资，造成重复投资。

烽火通信作为光传送领域的领航者，在 2010 年便投入到 SDN 的相关标准以及商用化研究中，积极推动 SDN 标准化进程。烽火作为运营商最忠实的合作伙伴，在新产品、新技术的开发中，着重考虑如何保护运营商的现有网络投资，并成功推出了针对现网已部署系列设备、网管系统进行全线升级支持 SDN 的解决方案；目前，已获得成功商用的 CiTRANS 600 系列产品均可平滑升级支持 SDN。

与此同时，烽火重磅推出面向 SDN 化的 CiTRANS 690 系列、FONST 6000 U 系列超大容量设备以及具备业界领先水平的千万次流表转发能力的核心控制器，并作为第三方厂家率先完成由中国移动、中国电信组织的 OIF&ONF 单域、多域互通测试，标志着烽火传输设备 SDN 化实验室阶段的完成。

2014 年 11 月，烽火在福建开展的全球首个跨城域 SPTN 试点工程标志着 SDN 正式从实验室走向商用。目前，SDN 的各项标准还有待进一步完善，资源管理能力不足、多协议运行复杂、互通等问题还亟待解决，对此烽火将一如既往同 ONF、OIF、ITU-T、CCSA 以及国内各大运营商保持紧密合作，积极推动 SDN 成熟商用进程。

光通信中引进 SDN 会给整个光通信技术发展和产业生态带来巨大影响。面对 SDN

---

① 烽火通信，当光传送网遇上开放的 SDN，http://www.ccidcom.com/company/20141230/gA9OZHRO6IXHxWhZ.html。

对光网络的变革，一向以光网络专家形象示人的烽火通信认为，SDN 并不提供任何新的业务，而是改变架构和模式，正是这种改变将对光网络产生深远的影响，其意义很可能超过超 100G 这类技术。

公司总裁毛谦表示，在 SDN 架构下，光网络能够更好地克服一些现存的问题，例如超大型网络端到端的快速业务配置问题、多厂家互通的问题等，这也是现在很多运营商迫切希望引入 SDN 的重要原因。其次，SDN 通过开放能力加速光网络的创新和产业的分工合作，将电信网络互联网化，这比解决某个具体问题更有意义。

随手笔记

项目 4
SDN 南向接口应用实践

知识目标

★ 了解南向接口协议的作用、种类以及 OpenFlow 各版本的演变；
★ 掌握 OpenFlow 协议的建立和业务交互过程；
★ 掌握 OpenFlow 协议的三大消息类型；
★ 掌握 OpenFlow 典型消息的结构。

能力目标

★ 学会 Wireshark 抓包工具的基本使用方法；
★ 利用抓包工具分析 OpenFlow 的交互过程；
★ 通过抓包工具 Wireshark 详细分析 Flow_Mod 消息；
★ 通过抓包工具 Wireshark 详细分析 Packet_In\Out 消息。

素质目标

★ 培养分析问题、解决问题的能力；
★ 培养学生虚心好学、科学严谨的态度。

思政目标

★ 培养树立正确的人生观、价值观；
★ 培养学生家国情怀。

思维导图

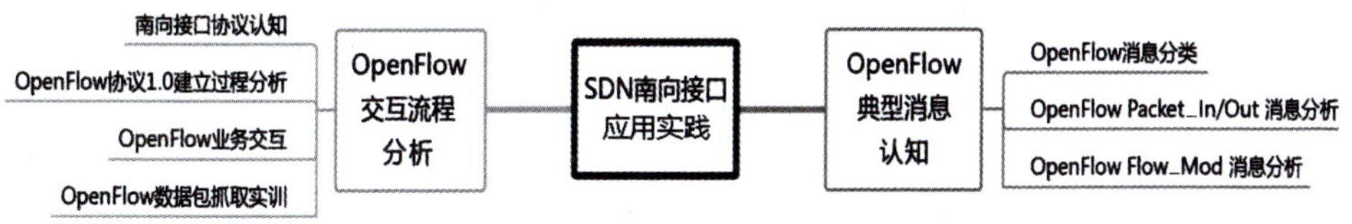

项目分析

南向接口是控制平面连接数据平面的纽带，有多种方式，在此重点讨论 OpenFlow 协议。借助 Floodlight 控制器、Wireshark 抓包软件和 Mininet 软件平台，分析 OpenFlow1.3 版本的数据包，掌握控制器和交换机的数据交互过程、流表下发步骤等。

4.1　分析南向接口协议 OpenFlow 交互流程

4.1.1　实施任务单

任务编号	4-1	任务名称	分析南向接口协议 OpenFlow 交互流程
任务简介	通过 Wireshark 软件，重点剖析 OpenFlow 协议，掌握控制平面转发至数据平面的过程，主要讲述南向接口协议的作用及种类、OpenFlow 交换机和控制器的消息交互流程		
任务目标	1．熟练掌握 Wireshark 软件的使用； 2．了解南向接口协议的作用及种类； 3．通过抓包工具 Wireshark，掌握 OpenFlow 交换机和控制器的消息交互流程		
设备环境	主机：Ubuntu 14.04 以上；CPU：1 核；内存：2G；磁盘：20G； Floodlight 1.0 桌面版 Wireshark 软件		
实施专业		实施班级	
实施地点		小组成员	
指导教师		联系方式	
任务难度	初级	实施日期	年　　月　　日
实施内容	1．南向接口协议认知 以 PPT 的形式简要介绍南向接口协议的作用及种类。 2．捕获 OpenFlow1.3 数据包 （1）先启动控制器，再启动 Mininet 网络，执行 Wireshark 命令后，截图双击控制器主机网卡，显示网卡上数据包的收发情况。 （2）截图显示 Wireshark 所抓获的数据包。 3．OpenFlow1.3 交互流程分析 （1）截图显示 Hello 消息详情，并作说明。 （2）截图显示 Features_Request 消息详情，并作说明。 （3）截图显示 Feature_Reply 消息详情，并作说明。 （4）截图显示 Multipart_Reply 消息详情，并作说明。 （5）截图显示 Echo_Request、Echo_Reply 消息详情，并作说明		

4.1.2 实施评价单

任务编号	4-1	任务名称	分析南向接口协议 OpenFlow 交互流程		
评价项目			自评	小组评	综合
课堂表现	学习态度（20 分）				
	沟通合作（10 分）				
技能操作	南向接口协议认知（20 分）				
	捕获 OpenFlow1.3 数据包（20 分）				
	OpenFlow1.3 交互流程分析（30 分）				
学生签字		年　月　日	教师签字		年　月　日

评价标准						
项目		A（95%）	B（85%）	C（75%）	D（65%）	E（<60%）
课堂表现	学习态度	与老师辩论	向老师提出质疑	与老师互动交流	被动回答问题	沉默
	沟通合作	小组学习中具有很强的团队沟通合作能力	小组学习中具有良好的团队沟通合作能力	小组学习中具有较好的团队沟通合作能力	小组学习中能够参与团队沟通合作	小组学习中不能够参与团队合作
技能操作	南向接口协议认知	全面展示南向接口协议，文档精美	全面展示南向接口协议，文档较好	基本展示南向接口协议，文档较好	基本展示南向接口协议，文档一般	没能展示南向接口协议，文档较差
	捕获 OpenFlow1.3 数据包	全面展示捕获数据包，文档精美	全面展示捕获数据包，文档较好	基本展示捕获数据包，文档较好	基本展示捕获数据包，文档一般	没能展示捕获数据包，文档较差
	OpenFlow1.3 交互流程分析	全面展示 OpenFlow 交互流程，文档精美	全面展示 OpenFlow 交互流程，文档较好	基本展示 OpenFlow 交互流程，文档较好	基本展示 OpenFlow 交互流程，文档一般	没能展示 OpenFlow 交互流程，文档较差

4.1.3 任务实施指引

1．Floodlight 安装

步骤 1：进入管理员模式。

```
$ sudo -i
```

步骤 2：获得配置文件。

```
# apt-get install build-essential default-jdk ant python-dev
```

步骤 3：设置 JDK 的配置路径，修改环境设置的文件。

```
# gedit /etc/environment
PATH=$PATH:$JAVA_HOME/bin
CLASSPATH=".:$JAVA_HOME/bin"
JAVA_HOME="/usr/local/java/jdk1.7.0_51/"
```

步骤 4：克隆 Floodlight。

```
# git clone git://github.com/floodlight/floodlight.git
```

步骤 5：打开 Floodlight 的文件夹。

```
# cd floodlight
```

步骤 6：编译。

```
# ant
```

步骤 7：编译执行完成以后，就会生成 target 的文件夹，执行 target 文件夹中的 floodlight.jar 文件开启控制器。

```
#java -jar target/floodlight.jar    // 运行 Floodlight controller
```

步骤 8：查看 Floodlight 的控制器是否开启。

```
# ps -ef | grep floodlight
```

步骤 9：通过浏览器观察与 Floodlight 控制器相关联的网络拓扑图，在浏览器中输入 http://127.0.0.1:8080/ui/pages/index.html。

2．捕获 OpenFlow1.3 数据包

步骤 1：登录 Floodlight 控制器，启动抓包工具 Wireshark，捕获控制器与交换机建立连接过程中的数据包，执行以下命令：

```
$ sudo wireshark
```

步骤 2：双击 eth0 网卡，查看 eth0 网卡上数据包的收发情况。

步骤 3：登录 Mininet 虚拟机，启动 Mininet。（IP 为控制器的实际 IP 地址，与 Floodlight 相连是 6653 端口）。

```
$ sudo mn --controller=remote,ip=xxx.xxx.xxx.xxx,port=6653 --switch=ovsk, protocols= OpenFlow13
```

步骤 4：登录 Floodlight 控制器，停止 Wireshark，观察数据包列表，可以看出控制器与交换机的基本交互流程。

3．OpenFlow1.3 交互流程分析

步骤 1：交换机连接控制器的 6653 端口，经过三次握手后双方建立 TCP 连接。查看捕获到的数据包，分析交换机与控制器建立 TCP 连接的流程。

分析 TCP 连接建立过程，需要先了解 TCP 的状态位，主要包括 SYN、FIN、

ACK、PSH、RST 和 URG。SYN 表示建立连接，FIN 表示关闭连接，ACK 表示响应，PSH 表示有 DATA 数据传输，RST 表示连接重置。可以看出交换机与控制器经历一次连接重置后，成功完成三次握手，建立 TCP 连接。

步骤 2：当控制器与交换机建立 TCP 连接后，由其中某一方发起 Hello 消息，双方协调 OpenFlow 版本号。

控制器和交换机都会向对方发送一条 Hello 消息，消息中携带所支持的 OpenFlow 的最高版本。接收到对方 Hello 消息后，判断自己能否支持对方发送的版本，能支持则版本协商成功，不能支持则回复一条 OFPT_ERROR 消息。查看 Hello 消息详情，由于本项目中交换机和控制器都能支持 OpenFlow1.3 版本，所以版本协商为 1.3。

步骤 3：OpenFlow 版本协商完成后，控制器发送一条 Features_Request 消息获取交换机的特性信息，包括交换机的 ID（DPID）、缓冲区数量、端口及端口属性等。相应地，交换机回复 Features_Reply 消息。

查看数据包详情，OFPT_FEATURE_REQUEST 消息只有包头。OFPT_FEATURE_REPLY 数据包中交换机的 DPID 是数据通道独一无二的标识符，其低 48 位是一个 MAC 地址，高 16 位是自定义的。本项目中交换机缓冲区数量（n_buffers）为 256，支持的流表数量（n_tables）为 254。

步骤 4：OpenFlow1.0 协议中的 Feature_Reply 消息还包含交换机端口信息，OpenFlow 1.3 协议将"stats"框架更名为"multipart"框架，并将端口描述移植到 multipart 消息中。其中 OFPT_PORT_DESC 类型的 multipart 消息就是用于获取交换机端口信息的。

查看 OFPT_PORT_DESC 类型的 Multipart_Reply 消息，消息中列出了交换机的端口以及每个端口的详细信息，包括端口名称和 MAC 地址等。

步骤 5：OFPMP_DESC 类型的 Multipart_Reply 消息包含了交换机的其他信息，包括交换机厂商名称、交换机名称以及交换机版本等。实验中使用 Mininet 仿真软件中自带的开源交换机 Open vSwitch(2.0.2)，而 Open vSwitch 是由 Nicira Networks 主导开发的。

步骤 6：在连接过程中，控制器不断地发送 Echo_Request 消息给交换机，确认交换机与控制器之间的连接状态。相应地，交换机会回复 Echo_Reply 消息。

4.1.4 相关知识点

SDN 南向接口协议概述

4.1.4.1 南向接口协议认知

SDN 南向接口协议是控制平面和数据转发平面之间的通信标准。它作为 SDN 控制器和转发设备之间的桥梁，在 SDN 体系结构中具有举足轻重的地位。通过南向接口协议，SDN 控制器既可以对底层设备进行统一监控和管理，又可以对网络拓扑信息和链路资源数据进行收集、存储和管理，还可以实时监控、采集和反馈数据转发面设备的工作状态及转发链路状态信息，完成网络拓扑视图的更新。南向接口协议是实现 SDN 体系下网络地址学习、虚拟局域网、路由转发等网络功能的必要前提和基础。

当前，SDN 体系结构中存在多种南向接口协议，它们分别拥有不同的成熟度和应用范围，大致可以分为如下两类：

- 由开源组织 ONF 制定的 OpenFlow 协议；
- 由标准组织 IETF 主导的 OVSDB、NETCONF、XMPP、PCEP 等其他协议。

其中，OpenFlow 协议在业界具有较高的热度，IETF 主导的其他各类接口也分别有各自的一批支持者。随着 SDN 技术的不断发展和完善，南向接口协议逐渐形成了事实标准和标准组织制定的标准相互补充的局面。

1．OpenFlow 协议

OpenFlow 协议是 ONF 组织制定的 SDN 控制平面与数据转发平面之间的通信协议。它的目标是通过定义底层网络设备的转发行为实现软件定义网络的目的。OpenFlow 协议可以用于实现对交换机、路由器以及光网络等转发设备的控制。支持 OpenFlow 协议规范的交换机通常被称为 OpenFlow 交换机。OpenFlow 协议在 SDN 网络中的位置如图 4-1-1 所示。

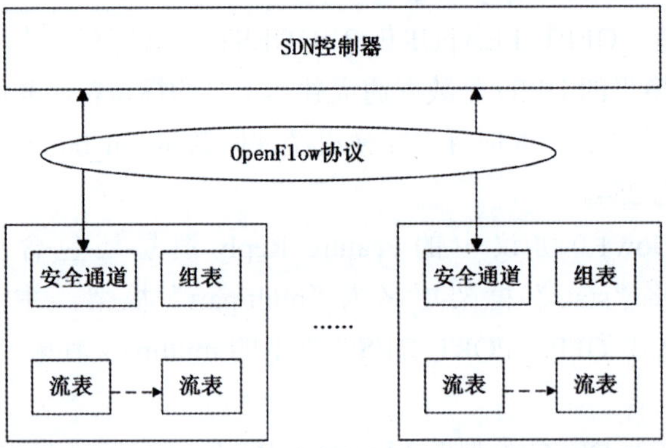

图 4-1-1　OpenFlow 协议在 SDN 网络中的位置

OpenFlow 协议的工作原理很简单，转发设备通常维护 1 个或若干流表（Flow Table），数据流的转发只受控于这些流表，流表本身的生成和维护完全由集中部署的控制器完成。每个流表包含若干流表项，流表项是由一些关键匹配字段和执行动作组成的灵活规则，其中每个关键字段都是可以通配的。在实际应用中，网络管理人员可以通过配置流表项中的具体匹配字段决定如何对数据包进行转发。例如，如果只需要根据目的 IP 进行路由，那么在下发流表项时，匹配字段部分只需要设置匹配目的 IP 字段，其他匹配字段全通配，这样即可实现常规基于 IP 的路由转发。

2．OVSDB 管理协议

OVSDB（Openv Switch Database），即开放虚拟交换机数据库，是 Open vSwitch 中保存各种配置信息（如网桥、端口）的数据库，是针对 Open vSwitch 开发的轻量级数据库。OVSDB 管理协议（Openv Switch Database Management Protocol）是用于管理 Open vSwitch 数据库的一种协议。

OVSDB 主要由 ovsdb-server 和 ovsdb-client 两个部分组成，ovsdb-server 是 OVS 的数据库服务器端，位于 OVS 本地；ovsdb-client 则为 OVS 数据库客户端，它通过 OVSDB 管理协议向 ovsdb-server 端发送数据库配置和查询命令。因此，ovs-client 被称为管理者。ovsdb-client 通常和 ovsdb-server 合一部署，管理员可以在 OVS 本地以

ovsdb-client 命令行方式配置和查询 OVS 数据库。当然，ovsdb-client 也可以部署在远端，实现对 ovsdb-server 的远程配置。目前在 OpenDaylight 控制器中也有一个单独的子项目实现此管理协议，通过该子项目，ODL 可以实现对远端 OVS 数据库的配置和管理。

OVSDB 管理协议在 SDN 网络中的位置如图 4-1-2 所示。OVSDB 管理协议和 OpenFlow 协议配合使用，可以实现控制器灵活配置、控制数据网络的能力。

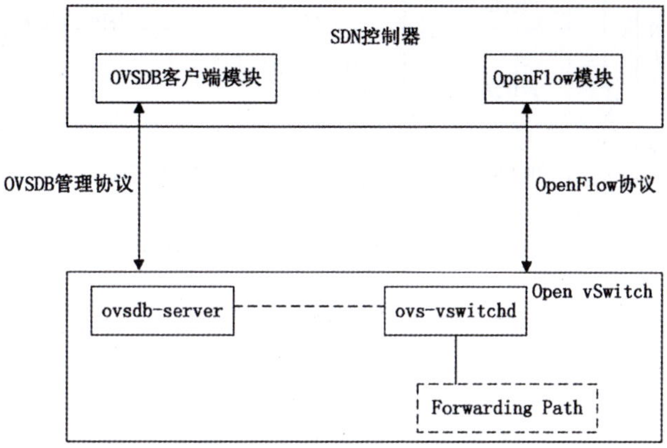

图 4-1-2 OVSDB 管理协议在 SDN 网络中的位置

3. NETCONF 协议

NETCONF（Network Configuration Protocol），即网络配置协议，该协议诞生较早，它是一个用于对网络设备进行统一管理的协议。随着网络规模的不断扩大，网络的复杂性和异构性也随之增加，传统的网络管理协议 SNMP（Simple Network Management Protocol），即简单网络管理协议，已经无法适应大规模网络的管理需求，特别是无法满足配置管理的需求。因此，IETF 在 2003 年 5 月成立了 NETCONF 工作组。该工作组主要负责制定基于扩展标记语言（Extensible Markup Language，XML）的网络配置协议 NETCONF。

NETCONF 一经面世，很快就成为主流的网络配置管理协议。它采用客户端 \ 服务端架构。在 SDN 架构下，SDN 控制器作为 NETCONF 的客户端，网络转发设备作为 NETCONF 的服务端。SDN 控制器通过 NETCONF 对网络设备进行配置、管理等操作。

NETCONF 的结构如图 4-1-3 所示。与大多数协议一样，NETCONF 也采用了分层结构，具体包括内容层、操作层、远程过程调用（Remote Procedure Call，RPC）层和应用协议层 4 个层次，每层分别对协议的某一模块进行实现，并为上层提供相关服务。

4. XMPP 协议

XMPP（Extensible Messaging and Presence Protocol），即可扩展的通信和存在协议，是基于 XML 的开放式即时通信协议。XMPP 的前身是 Jabber，Jabber 是一个开源的即时通信系统，该系统实现了一个基于 XML 流的网络实时通信协议。IETF 将 Jabber 的核心 XML 流协议封装成 XMPP 定义在 RFC3920 和 RFC3921 中。XMPP 提供准实时的消息传递、在线状态请求 \ 响应服务。XMPP 使用客户端 \ 服务器模式，多服务器之间也能够相互连接。XMPP 通信建立在面向连接的协议上，底层通常采用 TCP 协议。典型的 XMPP 网络结构如图 4-1-4 所示。

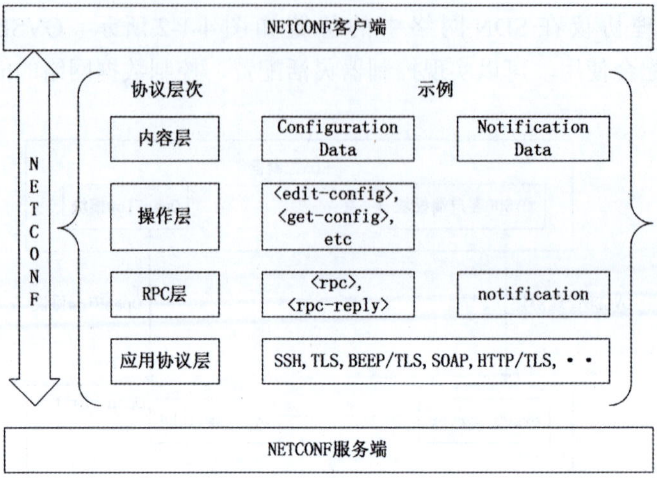

图 4-1-3　NETCONF 协议结构

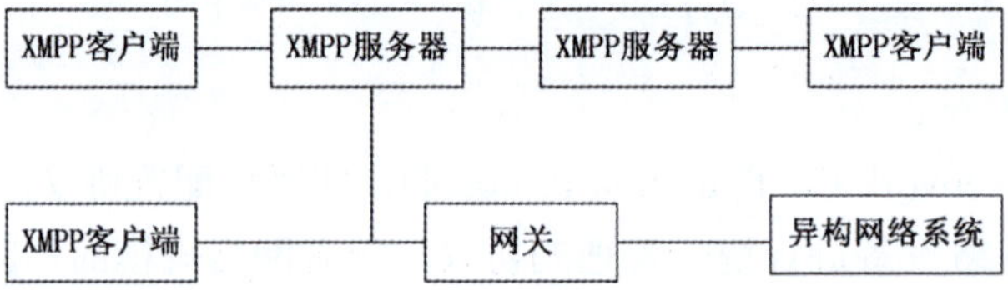

图 4-1-4　XMPP 网络结构示意图

XMPP 具有很好的兼容性、扩展性和开放性。XMPP 不允许客户端之间直接建立相互连接。它是一个严格的客户端\服务器模型。XMPP 系统可以通过网关接入异构网络系统。这里的异构网络系统是指没有应用 XMPP 协议的网络，例如 MSN、SMTP 等网络系统。

XMPP 应用于 SDN 网络中，可以作为 OpenFlow 的一种替代方案工作在控制器和转发设备之间。它是早期 SDN 南向接口方案中的一个重要研究方向。

5．PCEP 协议

PCEP（Path Computation Element Communication Protocol），即路径计算单元协议，是由 IETF 的 PCE（路径计算单元）工作组于 2006 年为多协议标签交换（Multi-Protocol Label Switching，MPLS）网络域间流量工程等应用提出的通信协议。

PCE 是一个集中或分布式控制平面的跨域路径计算模型。其核心思想是把网络路由功能从控制平面独立出来，承载于专用实体之上，完成指定网络路径的选择和计算。PCE 在光网络中应用较早，它是自动交换光网络（Automatically Switched Optical Network，ASON）标准中定义的一个组件。其作用是用于端到端路径的集中计算。

PCE 架构体系包括 PCE 和 PCC（路径计算客户端）两个核心功能模块。PCE 是一个网络功能实体，它可以基于特定的网络拓扑结构和相关约束条件计算出一条网络路径。PCE 可位于某个网络节点上，也可以承载于一个分离的服务器上。PCC 作为 PCE 的客户端，可以向 PCE 请求进行网络路径计算。PCEP 位于 PCE 与 PCC 之间，是为实现 PCE 和 PCC 通信而提出的通信协议。PCEP 系统架构如图 4-1-5 所示。

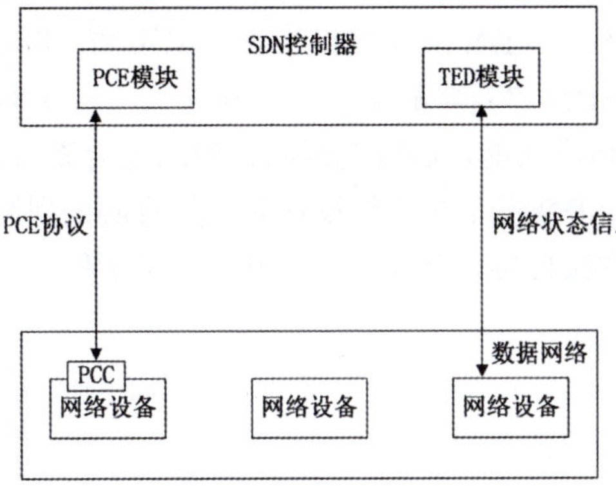

图 4-1-5　PCEP 系统架构

PCEP 用于 PCE 和 PCC 间的通信，其本身并不涉及数据平面的信息收集。为了支持网络路径的集中计算，控制平面上还需要部署 TED（流量工程数据库）功能模块。该模块负责收集网络拓扑、带宽以及资源利用率等网络信息。当 PCE 收到 PCC 客户端的路径计算请求时，PCE 先从 TED 获取链路和网络参数，然后计算出一条满足 PCC 要求的最佳路径。因此，PCEP 是一种通用的网络协议，它并非专门为 SDN 设计，是一种广义的 SDN 协议。

IETF 考虑扩展现有的 PCE 功能来支持 SDN 应用场景，从而使得 PCE 不仅具有网络路径计算能力，而且能扩展成为具有完整控制功能的 SDN 控制器。IETF 定义了 PCE 分层模型以支持控制器的分层架构，并且定义了基于 PCE 的传输网虚拟化架构和北向接口等。

6．SDN 南向接口协议小结

在上述 SDN 南向接口协议中，除 OpenFlow 协议外，其他都是在 IETF 的主导下制定的。设备厂商主导了很多 IETF 的相关工作。为了实现现网设备向 SDN 网络的平滑过渡，在南向接口协议中主要采用在已有协议的基础上进行修改和扩充的策略，以较低的代价实现 SDN 设备与现网设备的对接。但在实践过程中，设备厂商往往会出于各种利益考虑而在标准接口之上做相关的个性化扩展，这就使运营商不得不花费一定代价进行不同厂商设备的互通测试或通过试点部署的方式来验证不同设备之间的兼容性。

从技术角度看，通常认为 OpenFlow 协议可以胜任数据中心或企业网中的应用场景。但是在运营商级的 SDN 网络或 SDN 广域网场景中，这种通过控制器为每条数据流下发流表来实现网络功能的细粒度管理将会给控制器带来很大的性能压力，从业务角度看也未必需要这样做。因此，可以将 PCEP、XMPP 等粗粒度的网络协议与 OpenFlow 协议这种细粒度的流表操作相结合，来完成控制平面和数据转发平面之间的信息交互，或者将这二者的组合用于 SDN 与传统网络混合组网的管理，这不失为一种更容易落地的技术方案。

目前，NETCONF在运营商网络的SDN方案中是应用最广泛的一个南向接口协议。因为NETCONF具有良好的扩展性，在实践中可以根据用户需求灵活定义控制器与底层设备之间的管理内容，进而实现快速交付，满足用户需求。

由于现网设备厂家和设备类型很多，涉及的南向接口也非常多，最终哪种标准或哪几种标准的组合将会统一SDN南向接口协议还未可知。随着南向接口协议的扩展和计算机技术的发展，SDN控制器的能力会逐渐增强，它将不仅可以管理网络业务，还可以提供传统的网络运维功能，届时现网网管的功能会逐渐弱化，最后将全部融入SDN控制器中。但是从SDN设备与传统设备共存阶段演进到纯SDN网络还需要相当长的时间，因此多种南向接口协议并存的局面也会长期存在。

4.1.4.2 OpenFlow协议

2006年，斯坦福大学Clean Slate计划资助的Ethane项目开始部署，致力于企业网架构的创新，OpenFlow协议的雏形就诞生于这个项目。2008年，尼克•麦克考恩（Nick McKeown）教授的一篇重要论文“OpenFlow:Enabling Innovation in Campus Networks”使得OpenFlow正式进入人们的视野，继而成为标准化组织ONF（Open Network Foundation），即开放网络基金会主推的南向接口协议。经过多年的发展，OpenFlow现已成为SDN的主流南向接口协议之一。

1．OpenFlow协议版本的演变

OpenFlow1.0协议是ONF推出的第一个OpenFlow协议的正式版本，它为网络带来的可编程性引起了业界的广泛关注，促进了SDN技术的快速发展。然而在技术落地的过程中，人们逐渐发现，OpenFlow1.0协议本身还有着很多不足，在应对比较复杂的网络应用上还显得很薄弱，于是从1.0版本诞生之后，OpenFlow协议就开始了不断演进。

OpenFlow1.0协议只有一张流表，但从OpenFlow1.1版本开始支持多级流表，并将流表的匹配过程分解成了多个步骤，形成流水线的处理方式，这样就可以灵活有效地利用硬件内部固有的多表特性提高处理效率。同时，把数据包处理流程分解到不同的流表中也可以避免流表项过多时单流表过度膨胀问题。此外OpenFlow1.1协议还增加了对VLAN和MPLS标签的处理，并且增加了Group表，通过在不同流表项的动作中引用相同的组表来实现对不同数据包执行相同的动作，简化了流表的维护。OpenFlow1.1版本是OpenFlow协议版本发展的一个重要分水岭，从这个版本开始，后续OpenFlow版本和1.0版本不再兼容。

为了更好地支持协议的可扩展性，从OpenFlow1.2版本开始，下发流表规则的匹配字段不再通过固定长度的数据结构来定义，而是采用了TLV结构定义匹配字段，称为OXM（OpenFlow Extensible Match），这样用户就可以灵活地使用不同匹配字段下发自己需要的流策略，在增加更多匹配字段的同时也节省了流表空间。同时，OpenFlow1.2版本规定可以使用多个控制器和同一台交换机进行连接以增加可靠性，控制器可以通过发送消息来变换自己的角色。另外，OpenFlow1.2版本加入了对IPv6的支持，在IPv6迅速普及的今天大大提高了OpenFlow协议的应用范围。

经过1.1和1.2版本的演变和积累，2012年4月发布的OpenFlow1.3版本成为长期支持的稳定版本。OpenFlow1.3协议流表支持的匹配字段已经增加到40个，足以满足

绝大多数现有网络应用的需要。OpenFlow1.3 协议还增加了 Meter 表，用于控制关联流表的数据包的传送速率，实现特定场景的 QoS 业务。OpenFlow1.3 协议改进了版本协商过程，允许交换机和控制器根据自己的能力协商支持的 OpenFlow 协议版本。同时，连接建立也增加了辅助连接以提高交换机的处理效率和实现应用的并行性，此外还增加了对 IPv6 扩展头和 Table-miss 表项的支持，如图 4-1-6 所示。

版本号	发布时间	主要特性
V1.0	2009.12	单流表
V1.1	2011.02	流水线、组表
V1.2	2011.12	多控制器、IPv6基本头
V1.3	2012.06	计量表、IPv6扩展头
V1.4	2013.10	流表同步机制
V1.5	2014.12	出向流表

图 4-1-6　OpenFlow 版本的演变表

2. OpenFlow 安全通道

为了保证交换机和控制器之间流量的安全传输，OpenFlow1.0 协议中约定，在 TCP 连接上，采用 TLS 加密方式将两者之间的流量进行加密，这就是安全通道。

OpenFlow 安全通道用于承载交换机和控制器之间的 OpenFlow 消息，不管是流表的下发、修改还是其他控制消息都要经过这条通道进行传递。安全通道上的流量有别于数据转发面的数据流量。该部分流量属于 OpenFlow 网络的控制信令。

OpenFlow 连接建立交互流程

（1）OpenFlow 安全通道。控制器启动后，开启该机 TCP 的 6633 端口等待交换机的连接。交换机启动时会尝试连接到指定控制器的 6633 端口。为了保证安全性，双方需要交换证书进行安全认证，每个交换机需要配置两个证书，一个用来认证控制器，另一个用来向控制器发出认证。

当通过认证后，两边互相发送握手消息给对方，该消息携带本端支持的 OpenFlow 协议最高版本号，双方协商后即采用彼此都支持的最高 OpenFlow 协议版本建立安全通道并进行后续的交互。如果协议版本协商失败，则向对端发送错误消息，描述失败原因并终止连接。连接建立以后，交换机和控制器通过消息协商一些其他参数，从而保证后续业务的正常进行。正常的连接建立过程如图 4-1-7 所示。

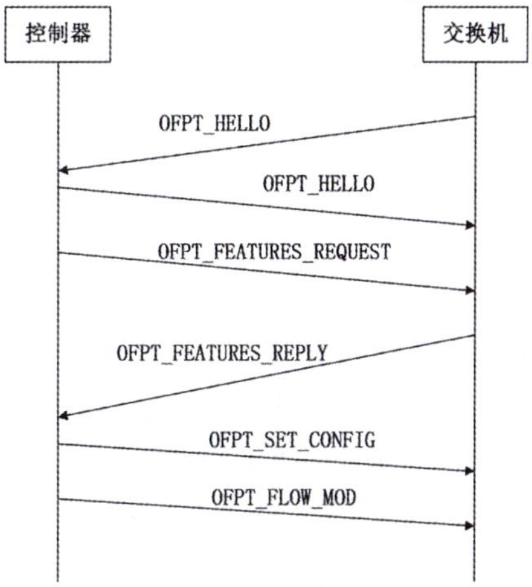

图 4-1-7　OpenFlow1.0 连接建立过程

1）交换机或控制器首先发送 Hello 报文，告诉对方本端支持的 OpenFlow 协议版本。

2）交换机或控制器收到 Hello 报文之后，回复一个 Hello 报文，完成 OpenFlow 版本协商。

3）控制器发送 Feature_Request 报文，查询交换机具体信息。

4）交换机收到 Feature_Request 报文之后，回复 Feature_Reply，报告自己的详细信息给控制器。

5）控制器收到交换机的详细信息后，向交换机发送 Set_Config 消息，配置交换机各端口的 MTU 值以及报文分片处理等能力。

6）最后控制器会向交换机发送 Flow_Mod 消息，下发初始流表。

（2）OpenFlow 业务交互。交换机和控制器会定时通过安全通道向对方发送心跳消息来维持连接。如果在约定的时间内没有收到对方的心跳消息，交换机将进入紧急模式，并重置 TCP 连接。此时所有数据面流量将匹配指定的紧急模式表项，其他所有正常表项将从流表中删除。

在安全通道上，除了有上述连接维护消息外，还会有其他一些业务消息，通过这些消息，控制器可以对交换机进行管理、配置。交换机也可以向控制器请求数据处理策略。一个 OpenFlow 业务交互的示例如图 4-1-8 所示。

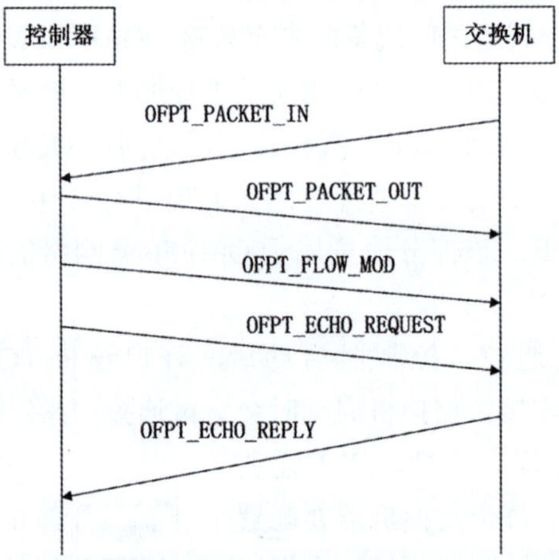

图 4-1-8　OpenFlow 业务交互示例

1）当交换机收到一条不知如何处理的数据包时，向控制器发送 Packet_In 消息，其中携带全部或部分待转发数据包。

2）控制器根据 Packet_In 消息携带的数据内容，判断该数据包的处理方式，并将处理方法通过 Packet_Out 消息告知交换机。交换机根据 Packet_Out 消息中的指示对当前数据包进行处理。

3）控制器根据网络情况决定是否需要通过 Flow_Mod 消息向交换机添加新的流表。该步骤为可选项。

4）控制器和交换机互发 Echo 心跳消息，确定对端工作状态。该步骤顺序随机，可以出现在业务交互的任意过程中。

4.2 认知 OpenFlow 协议典型消息

4.2.1 实施任务单

任务编号	4-2	任务名称	认知 OpenFlow 协议典型消息
任务简介	通过 Wireshark 软件，重点剖析 OpenFlow 协议，学习 OpenFlow 协议的三大消息类型、Flow_Mod 及 Packet_In\Out 消息等典型内容		
任务目标	1．了解 OpenFlow 各版本协议的演变及 OpenFlow 协议的三大消息类型。 2．通过抓包工具 Wireshark 详细分析 Flow_Mod、Packet_In 和 Packet_Out 消息		
设备环境	主机：Ubuntu 14.04 以上；CPU：1 核；内存：2G；磁盘：20G；Floodlight 1.0 桌面版 Wireshark 软件		
实施专业		实施班级	
实施地点		小组成员	
指导教师		联系方式	
任务难度	初级	实施日期	年　　月　　日
实施内容	1．Flow_Mod 消息解析 （1）截图显示交换机删除的流表项消息详情，并作说明。 （2）截图显示交换机增加的流表项消息详情，并作说明。 2．Packet_In\Out 消息学习 （1）截图显示 Packet_In 消息详情，并作说明。 （2）截图显示 Packet_Out 消息详情，并作说明。 （3）截图显示 ICMP 包消息详情，并作说明		

4.2.2 实施评价单

任务编号	4-2	任务名称	认知 OpenFlow 协议典型消息

评价项目		自评	小组评	综合
课堂表现	学习态度（20 分）			
	沟通合作（10 分）			
技能操作	能够抓包分析 Flow_Mod 消息（40 分）			
	能够抓包分析 Packet_In、Packet_Out 消息（30 分）			

学生签字		年 月 日	教师签字		年 月 日

评价标准

	项目	A（95%）	B（85%）	C（75%）	D（65%）	E（<60%）
课堂表现	学习态度	与老师辩论	向老师提出质疑	与老师互动交流	被动回答问题	沉默
	沟通合作	小组学习中具有很强的团队沟通合作能力	小组学习中具有良好的团队沟通合作能力	小组学习中具有较好的团队沟通合作能力	小组学习中能够参与团队沟通合作	小组学习中不能够参与团队合作
技能操作	Flow_Mod 消息解析	能独立捕获 Flow_Mod 消息并高质量输出消息解析报告，帮助他人解决问题	能独立捕获 Flow_Mod 消息并高质量输出消息解析报告	在帮助下能捕获 Flow_Mod 消息并高质量输出消息解析报告	在帮助下能捕获 Flow_Mod 消息并输出消息解析报告，报告质量一般	不能捕获 Flow_Mod 消息并输出消息解析报告
	Packet_In\Out 消息解析	能独立捕获 Packet_In\Out 消息并高质量输出消息解析报告，帮助他人解决问题	能独立捕获 Packet_In\Out 消息并高质量输出消息解析报告	在帮助下能捕获 Packet_In\Out 消息并高质量输出消息解析报告	在帮助下能捕获 Packet_In\Out 消息并输出消息解析报告，报告质量一般	不能捕获 Packet_In\Out 消息并输出消息解析报告

4.2.3 任务实施指引

4.2.3.1 Flow_Mod 消息解析

1．控制器自动下发流表

步骤 1：登录 Floodlight 控制器，启动抓包工具 Wireshark，捕获控制器与交换机建立连接后，控制器自动发送给交换机 Flow_Mod 消息。执行以下命令：

```
$ sudo wireshark
```

步骤 2：双击 eth0 网卡，查看 eth0 网卡上数据包收发情况。

步骤 3：登录 Mininet 虚拟机，执行以下命令启动 Mininet。

```
$ sudo mn --controller=remote,ip=xxx.xxx.xxx.xxx,port=6653--switch=ovsk, protocols =OpenFlow13
```

步骤 4：登录 Floodlight 控制器，停止 Wireshark，观察数据包列表（在 Wireshark 中过滤 openflow_v4.flowmod.command 的数据包）。

（1）删除交换机中的流表项。控制器发送的第一条 Flow_Mod 消息就是删除交换机中的流表项，这条 Flow_Mod 消息中的 table-id 设为 OFPTT_ALL，表明流表项都将会被删除。Command 显示为 DELETE。

Command 表示对流表进行的操作，具体包括 5 种操作类型：ADD、DELETE、DELETE_STRICT、MODIFY 和 MODIFY_STRICT，当 Command 为 DELETE 就代表删除所有符合一定条件的流表项。

（2）添加交换机中的流表项。发送完 DELETE 类型的消息后，控制器会发送 ADD 类型的 Flow_Mod 消息来添加新的流表项。ADD 消息可以分为三部分：openflow 主体、match 和 instruction。其中，match 部分是匹配条件；instruction 部分是指令，当一个数据包满足匹配条件就会执行 instruction 中的指令。控制器发送的 add 消息中的 action 为 output，而 output 的端口是 controller，也就是让交换机将符合匹配要求的数据包都转发给控制器。

2．手动下发流表

控制器自动发送的 Flow_Mod 消息通常就是两种，也可以通过手动添加、删除流表项触发 Flow_Mod 消息。

步骤 1：登录 Floodlight 控制器，启动 Wireshark。

步骤 2：在控制器中再打开一个 Terminal，输入以下命令获取交换机 DPID。

```
$ curl http://127.0.0.1:8080/wm/core/controller/switches/json
```

说明：“127.0.0.1”是控制器所在的 IP，“8080”是 Floodlight REST API 的端口。Floodlight 控制器将自己的 API 通过 REST API 的形式向外提供，用户可以通过 Floodlight 的 REST API 来向 Floodlight 请求交换机信息，如添加、删除和查看流表项等。

步骤 3：执行以下命令添加流表项。

```
$ curl -X POST -d '{"switch":"00:00:00:00:00:00:00:01", "name":"ovs1", "cookie":"0", "priority":"34",
"in_port":"2","active":"true","actions":"output=1"}' http://127.0.0.1:8080/wm/staticflowpusher/json
$ curl -X POST -d '{"switch":"00:00:00:00:00:00:00:01", "name":"ovs2", "cookie":"0", "priority":"35",
"in_port":"1","active":"true","actions":"output=2"}' http://127.0.0.1:8080/wm/staticflowpusher/json
```

说明：switch 的值就是步骤 2 获取到的 DPID；name 是流表项的名称（name 的值

必须是唯一的）; priority 是流表项的优先级，默认值是 32767，最大值也是 32767。以第二条命令为例，可以理解为“将交换机 port1 端口接收到的数据包都从 port2 转发出去”。

步骤 4：查看 Flow_Mod 消息，从 priority 可以看出第二条流表项，Command 为 ADD。匹配条件是 in_port 为 1，对应的动作是 output 到端口 2。

步骤 5：执行以下命令删除流表项“ovs1”。

```
$ curl -X DELETE -d '{"name":"ovs1"}' http://127.0.0.1:8080/wm/staticflowpusher/json
```

步骤 6：查看对应的 Flow_Mod 消息，Command 是 DELETE_STRICT，DELETE_STRICT 类型消息表示删除某一条指定的流表项。该消息表明删除的流表项的 priority 是 34，匹配条件是 in_port 为 2。

步骤 7：执行以下命令修改流表项“ovs2”。

```
$ curl -X POST -d '{"switch":"00:00:00:00:00:00:00:01", "name":"ovs2", "cookie":"0", "priority":"35",
"in_port":"1","active":"true","actions":"output=3"}' http://127.0.0.1:8080/wm/staticflowpusher/json
```

说明：如果修改名称、优先级、匹配条件等字段，就会被认为是添加新的流表项。如果只是修改 actions，则是修改流表项。

步骤 8：查看对应的 Flow_Mod 消息，Command 是 MODIFY_STRICT，MODIFY_STRICT 类型消息用来修改某一条指定的流表项。从消息可以看出被修改的流表项的 priority 是 35，匹配条件是 in_port 为 1。

4.2.3.2 OpenFlow Packet_In\Out 消息学习

1. 实验环境检查

步骤 1：登录控制器，查看控制器 IP。

步骤 2：登录 Mininet 所在主机，查看 IP 地址。

2. 捕获数据

步骤 1：登录 Floodlight 控制器，启动服务器，并执行抓包工具 Wireshark。

```
$ cd floodlight
$java -jar target/floodlight.jar   // 运行 Floodlight controller
$ sudo wireshark
```

步骤 2：双击 eth0 网卡，查看 eth0 网卡上数据包收发情况。

步骤 3：登录 Mininet 虚拟机，启动 Mininet，通过命令创建拓扑。

```
$ sudo mn --topo linear,2 --controller=remote,ip=xxx.xxx.xxx.xx,port=6653 --switch=ovsk,protocols=
OpenFlow13
```

其中，“--topo linear,2”表示创建线型拓扑，两个 OpenFlow 交换机各连接一个主机；“--controller=remote,ip=xxx.xxx.xxx.xx,port=6653”表示连接远程控制器（IP 地址为 xxx.xxx.xxx.xx，端口号为 6653）；“--switch=ovsk,protocols=OpenFlow13”表示交换机型号为 ovsk，采用 OpenFlow1.3 协议。

步骤 4：查看 Mininet 模拟出的组网结构，执行 net 命令。

步骤 5：执行 h1 ping h2 命令，主机 1ping 主机 2。

步骤 6：登录 Floodlight 控制器，停止 Wireshark，观察数据包列表，可以看出控制器与交换机的基本交互流程。

3．Packet_In/Out 消息详解

步骤 1：登录 Mininet 主机，查看交换机 s1 的流表信息（s2 同理）：

```
$ sh ovs-ofctl -O OpenFlow13 dump-flows s1
```

第一条流表项，“dl_type=0x88cc”表示 LLDP 帧，actions=CONTROLLER 表示行动为发往控制器，意味着输入到交换机中的 LLDP 帧都会发送到控制器。

步骤 2：在控制器 Wireshark 软件中，单击第一条 Packet_Out 消息，可以看出，该控制器与主机协商的 OpenFlow 协议版本为 1.3 版本，消息类型为 Packet_Out。消息中包含 LLDP 帧，动作为从交换机的端口 1 发出（下一条 Packet_Out 消息从交换机的端口 2 发出），以此来检测网络拓扑结构。

步骤 3：在控制器 Wireshark 软件中，单击第一条 Packet_In 消息，通过展示详细信息发现，当 LLDP 帧被发送至相邻的交换机后，发现邻居交换机是一台 OpenFlow 交换机，该交换机通过 Packet_In 消息将数据包发送给控制器。而控制器在收到 Packet_In 消息后，会对数据包进行分析并在其保存的链路发现表中创建交换机之间的链接记录。

步骤 4：在控制器的 Wireshark 中，过滤 ICMP 包，可以看到 ICMP 包封装在 Packet_In 消息中，通过 Packet_In 消息封装并上传到控制器。

步骤 5：控制器对 Packet_In 消息作出响应，下发 Packet_Out 消息，指示 10.0.0.1 ping 10.0.0.2 的数据包由交换机 2 端口转发出去。

4.2.4 相关知识点

OpenFlow 消息分类

1．OpenFlow 消息分类

OpenFlow 协议支持三种消息类型，分别是 controller-to-switch（控制器到交换机消息）、asynchronous（异步消息）和 symmetric（对称消息），每一类消息又有多个子消息类型。controller-to-switch 消息由控制器发起，用来管理或获取交换机状态；asynchronous 消息由交换机发起，用来将网络事件或交换机状态变化更新到控制器中；symmetric 消息可由交换机或控制器发起。

（1）controller-to-switch 消息。这类消息包括 Features、Configuration、Modify_state、Read_state、Send_packet 和 Barrier 等，控制器通过发送这些消息来请求交换机的相关属性和状态，交换机收到消息后需要向控制器回复响应消息。

1）Features 消息。在建立传输层安全会话（Transport Layer Security Session）的时候，控制器发送 Feature 请求消息给交换机，交换机需要应答自身支持的功能。

2）Configuration 消息。用于控制器设置或查询交换机上的配置信息，交换机仅需要应答查询消息。

3）Modify_State 消息。用于控制器管理交换机的流表项和端口状态等。

4）Read_State 消息。用于控制器向交换机请求一些诸如流、数据包等统计信息。

5）Send_Packet 消息。用于控制器通过交换机指定端口发出数据包。

6）Barrier 消息。Barrier 消息用于控制交换机收到的控制器请求消息的处理顺序。

（2）asynchronous 消息。这类消息用来将网络事件或交换机状态的变化通知并更新到控制器。asynchronous 表示这类消息的触发不是由于控制器的请求，而是由交换机主

动发起的，控制器也不知道交换机什么时候会发送这类消息。SDN 是集中式管控的架构，当交换机不知道该怎样处理流量，或者它的状态发生了改变的时候，交换机会通过这类消息将相应情况上报控制器，由控制器完成决策。这类消息主要包括 Packet_In、Flow_Removed、Port_Status 和 Error 四种子类型。

1）Packet_In。当交换机收到一个数据包，在流表中没有匹配到任何流表项时，则发送 Packet_In 消息给控制器。如果交换机缓存足够多，数据包被临时放在缓存中，数据包的部分内容（默认 128 字节）和在交换机缓存中的序号也一同发给控制器；如果交换机缓存不足以存储数据包，则将整个数据包作为消息的附带内容发给控制器。

2）Flow_Removed。交换机中的流表项因为超时或修改等原因被删除掉，就会触发 Flow_Removed 消息，将流表状态的变化告知控制器。

3）Port_Status。交换机端口状态发生变化时（例如 down 掉），触发 Port_Status 消息，将端口状态的变化告知控制器。

4）Error。当交换机发生其他异常或错误时，交换机会通过 Error 消息来通知控制器。

（3）symmetric 消息。与前两类消息不同的是，symmetric 类的消息可以由控制器或者交换机中的任意一侧发起，这类消息包括 Hello、Echo、Vendor 三种子类型。

1）Hello 消息。Hello 消息交换机和控制器用来建立连接的消息。

2）Echo 消息。交换机和控制器均可以向对方发出 Echo 消息，接收者则需要回复 Echo_Reply。该消息用来测量延迟、是否连接保持等。

3）Vendor 消息。这类消息是为后续版本预留的，用于交换机提供额外的附加信息。

2．OpenFlow 若干重要消息

（1）OpenFlow 的 Flow_Mod 消息。Modify_State 消息是 OpenFlow 消息中最为重要的消息类型，控制器通过 Port_Mod 消息来管理端口状态，通过 Flow_Mod 消息增删交换机的流表项，在此针对 OpenFlow v1.0 的 Flow_Mod 消息进行详尽分析，图 4-2-1 是 Flow_Mod 消息的具体格式。

前 4 个字段是 OpenFlow 消息的通用报头。wildcard 表示匹配时 12 元组的掩码位，被掩盖掉的元组不参加匹配。

中间部分从 in_port 到 tp_dst 字段说明了流表项 12 元组的信息，其中的 pad 负责对齐占位，不代表任何意义。

cookie 字段在处理数据分组时不会用到，控制器通过 cookie 来过滤流的统计信息。

command 字段表示对流表的操作，包括增加（Add）、删除（Delete）和修改（Modify）等。

idle_time 和 hard_time 给出了该流表项的生存时间，其中 idle_time 表示当这条流表项在这段时间内没有匹配到数据分组，则该流表项失效；hard_time 表示自流表项下发后只要过了这段时间即刻失效。两者同时设置时，以先到的生存时间为准；两者同时为 0 时，流表项不会自动失效。

priority（优先级）字段的设置参考流表匹配，原则上优先级越高，所属的 Table 号就越小。

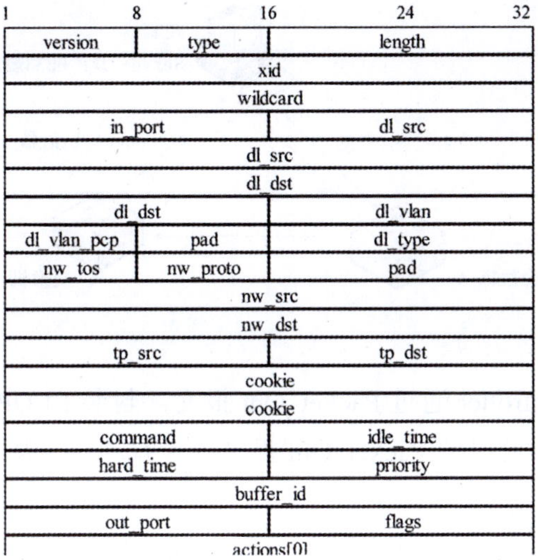

图 4-2-1　OpenFlow v1.0 中的 Flow_Mod 消息格式

buffer_id 表示对应 Packet_In 消息的 buffer_id。

out_port 仅在 command 为 DELETE 或者 DELETE STRICT 时有效，表明当某表项不仅匹配了 Flow_Mod 中给出的 12 元组，且转发动作中指定端口等于该 out_port 的动作时才予以删除，即对删除操作的一种额外限制。

flags 字段为标志位，OpenFlow v1.0 中包括三项：OFPFF_SEND_FLOW_REM（流表失效时是否向控制器发送 Flow_Removed 消息）、OFPFF_CHECK_OVERLAP（交换机是否检测流表冲突）和 OFPFF_EMERG（该流表项将被存于 Emergency Flow Cache 中，仅在交换机处于紧急模式时生效）。

消息中最后的 actions 数组是对动作表的描述，actions[0] 即代表其中第一个动作。

（2）OpenFlow 的 Packet_In\Out 消息分析。OpenFlow 建立连接过程用如图 4-2-2 所示，在连接的第四个环节——链路发现中，会密集出现 Packe_In/Out 消息，其交互流程如图 4-2-3 所示。

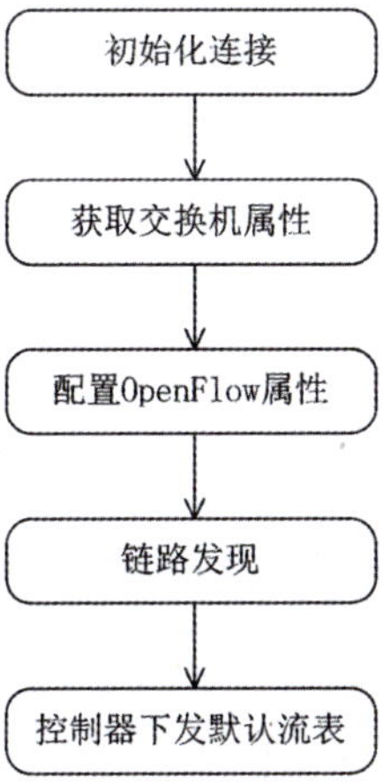

图 4-2-2　OpenFlow 建立连接的过程

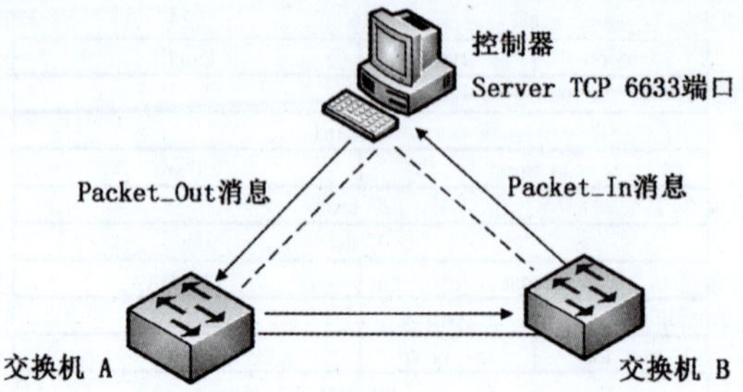

图 4-2-3　Packet_In\Out 消息交互流程

1）FloodLight Controller 通过 Packet_Out 报文，封装 LLDP 报文进 OpenFlow，分别分发给每个交换机。此时的 Packet_Out 报文中含有动作，从交换机的每个端口分发 LLDP 报文。

2）交换机 A 根据控制器的动作指令，将 LLDP 报文从交换机所有接口发出去。交换机 B 此时能收到这个报文。

3）LLDP 报文经过交换机之间的互联链路到达对端 SDN 交换机。而此时因为交换机是 SDN 无脑交换机，对于报文的处理都是上送控制器而非本地操作，因此接收到 LLDP 的对端交换机 B 会将 LLDP 报文再次封装进 Packet_In，并上送至控制器。

4）控制器收到对端 SDN 交换机（Switch B）封装的 Packet_In 报文，报文里包含本地 LLDP 报文。此时控制器就能知道所有的拓扑连接关系了。

使用 Packet_In 消息的目的是将到达 OpenFlow 交换机的数据包发送到 OpenFlow 控制器。以下两种情况即可触发 Packet_In 消息。Packet_In 消息的结构如图 4-2-4 所示，其字段说明见表 4-2-1。

- 不存在与流表项一致的项目（OFPR_NO_MATCH）。
- 匹配的流表项中的动作为“发往控制器”（OFPR_ACTION）。

<table>
<tr><td colspan="2">version（8）</td><td colspan="2">OFPT_PACKET_IN</td><td colspan="2">length(16)</td></tr>
<tr><td colspan="6">Xid(32)</td></tr>
<tr><td colspan="6">Buffer_Id(32)</td></tr>
<tr><td colspan="3">Total_Len(16)</td><td colspan="3">In_Port(16)</td></tr>
<tr><td colspan="2">Reason(8)</td><td colspan="2">Pad(8)</td><td colspan="2"></td></tr>
<tr><td colspan="6">Data（任意）</td></tr>
</table>

图 4-2-4　Packet_In 消息结构

表 4-2-1　Packet_In 消息字段说明

字段	比特数	内容
Buffer_Id	32	表示 OpenFlow 交换机中保存的数据包的缓存 id
Total_Len	16	帧的长度
In_Port	16	接受帧的端口

续表

字段	比特数	内容
Reason	8	发送 Packet_In 消息的原因
Pad	8	用于调整对齐的填充
Data	任意	包含以太网帧的数据时使用的字段

Packet_Out 消息可以用于指定某一个数据包的处理方法，也可让交换机产生一个数据包并按照 action 列表处理。Packet_Out 消息的结构如图 4-2-5 所示，字段说明见表 4-2-2。

<table>
<tr><td colspan="2">version（8）</td><td colspan="2">OFPT_PACKET_OUT</td><td colspan="2">length(16)</td></tr>
<tr><td colspan="6">Xid(32)</td></tr>
<tr><td colspan="6">Buffer_Id(32)</td></tr>
<tr><td colspan="3">In_Port(16)</td><td colspan="3">Actions_Len(16)</td></tr>
<tr><td colspan="6">动作的数组（长度可变）</td></tr>
<tr><td colspan="6">Data（任意）</td></tr>
</table>

图 4-2-5　Packet_Out 消息结构

表 4-2-2　Packet_Out 消息字段说明

字段	比特数	内容
Buffer_Id	32	表示 OpenFlow 交换机中保存的数据包的缓存 id
In_Port	16	数据包的输入端口
Actions_Len	16	行动信息的长度

4.3　课后提升

一、选择题

1. 关于 OVSDB 协议描述不正确的是（　　）。
   A. 是一种管理配置协议，负责添加、删除、更新端口和隧道
   B. 具有灵活易懂、可扩展性强的特点
   C. 控制平面可以通过 OVSDB Mgmt 远程配置 OVS 的数据库 OVSDB
   D. OVSDB 管理协议是目前为止唯一的 OpenFlow 配置协议
2. 关于 OpenFlow 的发展史说法错误的是（　　）。
   A. 2006 年，斯坦福大学 Clean Slate 计划资助的 Ethane 项目开始部署，OpenFlow 协议的雏形就诞生于这个项目
   B. 2008 年，Nick McKeown 教授的一篇重要论文“OpenFlow:Enabling Innovationin Campus Networks”使得 OpenFlow 正式进入人们的视野

C．OpenFlow 成为标准化组织 ONF（Open Network Foundation），即开放网络基金会）主推的北向接口协议

D．OpenFlow 协议还在不断地演进中

3．关于 Packet_In 消息描述不正确的是（　　）。

A．Packet_In 消息由 OpenFlow 交换机发出并发送到 OpenFlow 控制器

B．当交换机收到一个数据包后，会查找流表，如果流表中没有匹配条目，则交换机会将数据包封装在 Packet_In 消息中发送给控制器处理

C．匹配的流表项中的行动为“发往控制器”（OFPR_ACTION），此时数据包会被缓存在交换机中

D．可以通过 Packet_In/Packet_Out 发现交换机之间的链路

4．以下不属于 Flow_Mod 消息中的数据匹配字段的是（　　）。

A．dl_src　　B．out_port　　C．nw_tos　　D．dl_vlan

二、判断题

1．控制器与 OpenFlow 交换机之间相互发送 Hello 消息，用于协商双方的 OpenFlow 版本号。在双方支持的最高版本号不一致的情况下，协商的结果将以较高的 OpenFlow 版本为准。

2．用于 SDN 交换机链路发现的 LLDP 报文封装在 Packet_In/Packet_Out 消息中。

3．idle_time 表示当这条流表项在规定的时间内没有匹配到数据分组，则该流表项失效。

4．OpenFlow 控制器通过下发流表来指导数据平面流量的转发。

5．OpenFlow1.3 中每台 OpenFlow 交换机只有一张流表。

拓展阅读

锐捷网络对 SDN 的理解和思考——锐捷公司高层姚辉在一次会议上的发言①

对于 SDN，重点是移动管理、范围管理、网络接入控制。前面很多人提到了数据中心怎么来解决，今天我重点讲一下接入网络中的再教育和企业网络中的 SDN 怎么做。

我们对 SDN 的理解首先是网络设备控制面和转发面，期待用软件替代硬件的捆绑性。腾讯已经先行做这个事情了，我觉得我们要保持开放的心态，要跟服务供应商进行联合实验解决问题，希望能够降低产品研发部署成本。在我们自己内部对 SDN 的理解方面，由于希望能够降低现在研发人员的开发成本，现在搞 Java 的程序人员非常好招但是招一个设计人员非常难招，我们希望通过 SDN 在招研发人员方面能够降低一些成本。SDN 的趋势不可逆，所以我们要积极应对。从目前来看，现在每个人都会从自己的角度理解 SDN。但 SDN 到底能做什么？通过我们自己的分析，SDN 首先能够通过集中控制实现流量负载均衡。

……

① 佚名，锐捷网络姚辉：对 SDN 的理解和思考，http://www.c114.com.cn/news/4224/a817615.html。

锐捷在 SDN 方面做了什么呢？我们在数据中心交换机以及接入交换机无线方面全面支持了 OpenFlow，同时兼容锐捷和技术厂商的控制器。我们为什么一直没有对外发布？因为对于厂商来说，直接产品化的时间永远跟不上它的变化。我们跟乐视和新浪等很多同仁一直在做 SDN 的应用，明年会在大学做出一个实际的案例。锐捷在今年 9 月份成立 OpenFlow 队，我们一直在跟进这个事情。OpenFlow 协议并不复杂，要实现它并没有我们想象中的那么复杂。要实现很快能实现，但是实现以后厂商如何进行产业跟进是很头大的事情。

随手笔记

项目 5 SDN控制器应用实践

知识目标

★ 掌握SDN控制平面的工作原理及体系结构；

★ 了解主流的开源控制器和商业控制器；

★ 了解OpenDaylight（ODL）控制器的基本架构及功能；

★ 了解Ryu控制器的基本架构及功能。

能力目标

★ 掌握安装、部署OpenDaylight的方法；

★ 使用Mininet工具对L2Switch进行简单的功能验证；

★ 掌握使用OpenDaylight界面下发流表的方法；

★ 能够利用Ryu控制器进行流表的转发与控制。

素质目标

★ 培养抽象的思维能力；

★ 培养锐意进取的精神和终身学习的习惯。

思政目标

★ 培养严谨细致、精益求精的职业素养；

★ 培养学生的家国情怀。

思维导图

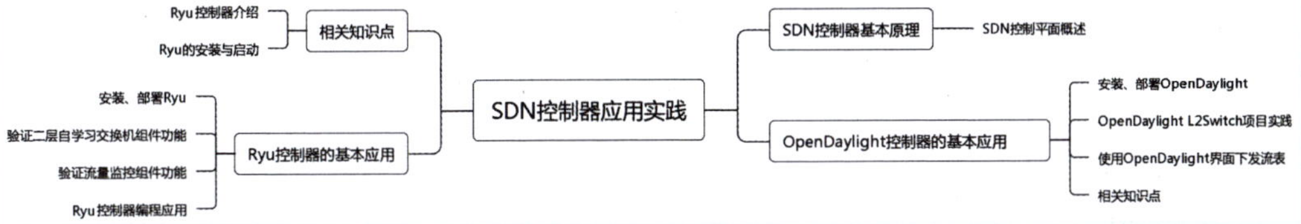

项目分析

控制器是SDN的核心，是连接底层交互设备与上层应用的桥梁，起着承上启下的作用。通过对ODL和Ryu两种控制器的实践操作，掌握SDN控制器的体系架构和工作原理，加深对SDN原理的理解，并掌握ODL和Ryu控制器的使用技能和应用场景。

5.1 认知 SDN 控制器基本原理

5.1.1 实施任务单

任务编号	5-1	任务名称	认知 SDN 控制器基本原理
任务简介	SDN 控制器是 SDN 架构的核心，是连接学习底层交互设备与上层应用的桥梁。本任务要求掌握控制平面工作的原理、SDN 控制器的体系结构与功能，了解主流的开源控制器和商业控制器		
任务目标	1. 掌握控制平面的工作原理，掌握 SDN 控制器的体系结构与功能； 2. 了解主流的开源控制器和商业控制器		
设备环境	装有 Office 或 WPS 办公软件的台式机或笔记本电脑		
实施专业		实施班级	
实施地点		小组成员	
指导教师		联系方式	
任务难度	初级	实施日期	年 月 日
实施内容	1. 画出典型的控制器体系架构； 2. 画出链路发现示意图，并作简单描述； 3. 画出流表项主动下发和被动下发图，并作简单描述		

5.1.2 实施评价单

任务编号	5-1	任务名称	认知 SDN 控制器基本原理		
评价项目			自评	小组评	教师评
课堂表现	学习态度（20 分）				
	沟通合作（10 分）				
技能操作	画出典型的控制器体系架构（20 分）				
	画出链路发现示意图，并作简单描述（30 分）				
	画出流表项主动下发和被动下发图，并作简单描述（20 分）				
学生签字		年　月　日	教师签字		年　月　日

评价标准

项目		A	B	C	D	E
课堂表现	学习态度	与老师辩论	向老师提出质疑	与老师互动交流	被动回答问题	沉默
	沟通合作	小组学习中具有很强的团队沟通合作能力	小组学习中具有良好的团队沟通合作能力	小组学习中具有较好的团队沟通合作能力	小组学习中能够参与团队沟通合作	小组学习中不能够参与团队合作
任务完成	画出典型的控制器体系架构	详细展示典型的控制器体系架构，文档精美	全面展示典型的控制器体系架构，文档较好	基本展示典型的控制器体系架构，文档较好	基本展示典型的控制器体系架构，文档一般	没能展示典型的控制器体系架构，文档较差
	画出链路发现示意图	详细展示链路发现过程，文档精美	准确展示链路发现过程，文档较好	基本展示链路发现过程，文档较好	基本展示链路发现过程，文档一般	没能展示链路发现过程，文档较差
	画出流表项主动下发和被动下发图	详细展示流表项主动下发和被动下发过程，文档精美	准确展示流表项主动下发和被动下发过程，文档较好	基本展示流表项主动下发和被动下发过程，文档较好	基本展示流表项主动下发和被动下发过程，文档一般	没能展示流表项主动下发和被动下发过程，文档较差

5.1.3 相关知识点

1．SDN 控制平面概述

SDN 控制平面概述

在 SDN 架构中，SDN 控制器是核心，它是连接底层交互设备与上层应用之间的桥梁。一方面，控制器通过南向接口协议实现对底层网络交换设备的集中管理与状态监测，为数据平面提供转发决策和流量调度；另一方面，控制器通过北向接口向上层应用开放多个层次的可编程能力，允许用户根据特定的网络应用场景灵活地定制相应的运行与管理策略，并为开发人员提供灵活的开发接口，为用户提供方便使用的操作接口。

为了实现控制器在 SDN 架构中承上启下的多种功能，控制器自身的体系结构设计采用了“层次化”架构。通常，与南向数据平面或底层设备直接关联的基础性功能位于最底层，较为核心的控制决策功能在中间层，与北向应用层业务相关的功能模块位于较上层，而且可根据功能分类进行层的纵向叠加或层内的横向扩展。图 5-1-1 给出了一种典型的控制器体系架构。该架构分为两大部分，其中左边为控制器的控制功能部分，自下而上分为 4 层，分别为协议适配层、基础网络层、内置应用层和北向接口层；右边为控制器的管理功能部分，称为配置管理层，包括用户界面管理、集群管理、软件管理等功能。

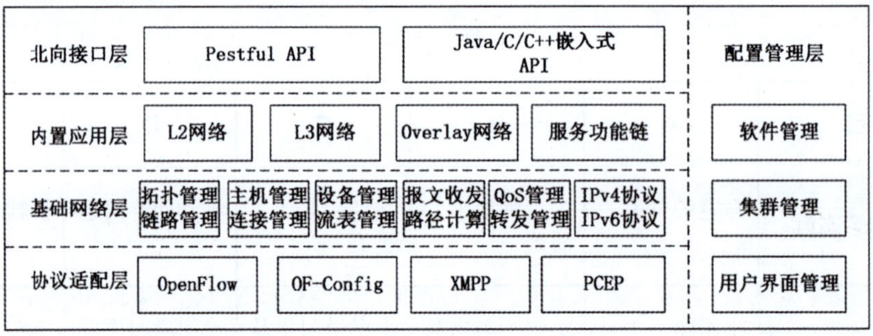

图 5-1-1　一种典型的控制器体系架构

各层主要作用的概要说明如下。

（1）协议适配层：主要实现对底层多种协议的适配，包括支持多种南向接口协议。适配层通过将协议适配服务抽象出来，不管控制器和网络设备之间使用的是何种通信协议，均能提供约定的统一服务。另外，该层还提供对东、西向协议的支持。

（2）基础网络层：是该体系模型中必不可少的核心层，用于实现关键的网络控制逻辑，包含了控制器内部的实现逻辑，例如拓扑管理、主机管理、设备管理、链路管理、路径计算等，以及一些底层的网络实现逻辑，例如 BGP、VXLAN 的实现等。

（3）内置应用层：用于提供一些常用的基础功能包，如 L2 网络、L3 网络、Overlay 网络、服务功能链等，以方便用户直接调用。

（4）北向接口层：用于提供与应用层交互的北向接口。通过北向接口，用户能够很灵活、方便地给控制器下发指令，或通过控制器获知网络运行状态。目前北向接口层能够给外界提供的接口类型主要有 REST API 接口和嵌入式 API，个别控制器如

OpenDaylight、ONOS 等也提供 RESTCONF 接口。

（5）配置管理层：该层实现包括软件管理、集群管理和用户界面（User Interface，UI）管理等功能。如在 OpenDaylight 控制器中，可以在 Karaf 中自由启用 / 删除模块，实现软件模块管理；部分控制器（如 Floodlight）也带有一个简单、易用的用户界面，通常是在 Web 界面中调用控制器的北向 API，对控制器进行配置。除此之外，集群管理配置也属于配置管理层的范畴，集群管理是指对多控制下的集群进行管理。

2．SDN 控制器的基础功能

SDN 控制器是软件定义网络的“大脑”或“中控”，全网需要借此实现网络资源的有效控制和灵活调度，以满足上层多元应用与业务的不同需求。而在 SDN 控制器的众多功能中，南向网络控制是起核心作用的基础功能，涉及链路发现、拓扑管理、策略制定和表项下发等。其中链路发现和拓扑管理是控制器利用南向接口的上行通道对底层交换设备上报信息进行统一监控和统计；而策略制定和表项下发则是控制器利用南向接口的下行通道对网络设备进行统一控制。下面对这些核心功能进行介绍。

（1）链路发现。链路发现是指控制器利用南向接口的上行通道，收集底层交换设备上报的链路状态相关信息，并经过统计和分析获得对底层链路的发现及其状态信息。链路发现是获得 SDN 全网信息的关键，是控制器实现网络地址学习、VLAN 划分、路由转发、流量工程等网络功能的基础。传统网络实现类似的网络功能也离不开链路发现，但却由各网元自主分布式完成，而在 SDN 网络中，链路发现工作由控制器统一完成。

目前，在 SDN 链路发现的技术实现上，主要采用链路层发现协议（Link Layer Discovery Protocol，LLDP）。该协议定义在 IEEE802.1ab 中，是一个二层协议，广泛应用于网络设备的发现，其中也包括 SDN 网络。LLDP 提供了一种标准的链路发现方式，可以将 SDN 控制器的主要能力、管理地址、设备标识、接口标识等信息组织成不同的 TLV，并封装在链路层发现协议数据单元（Link Layer Discovery Protocol Date Unit，LLDPDU）中，发布给直连的 OpenFlow 邻居交换机，邻居交换机收到这些信息后，将其以标准 MIB（管理信息库）的形式保存起来，以供网络管理系统查询、判断链路的通信状况。

对于控制器直连的 OpenFlow 交换机，基于 LLDP 的链路发现流程以图 5-1-2 的网络模型为例进行具体的分析与说明。从图 5-1-2 中可以看到，在执行链路发现过程中，首先控制器会向所有邻居交换机发送承载 Packet_Out 消息的 LLDP 数据包，收到该数据包的交换机 1 会将该数据包广播，若其邻居交换机（交换机 2）为 OpenFlow 交换机，则判断该交换机是否存在于自己的流表项中，若不存在，向控制器发送 Packet_In 消息，控制器根据收到的 Packet_In 消息，完成链路以及对应交换机的消息添加；交换机 2 在接收到 LLDP 数据包后也会执行同样的操作。通过这种方式不断完善网络拓扑，最终形成完整的网络拓

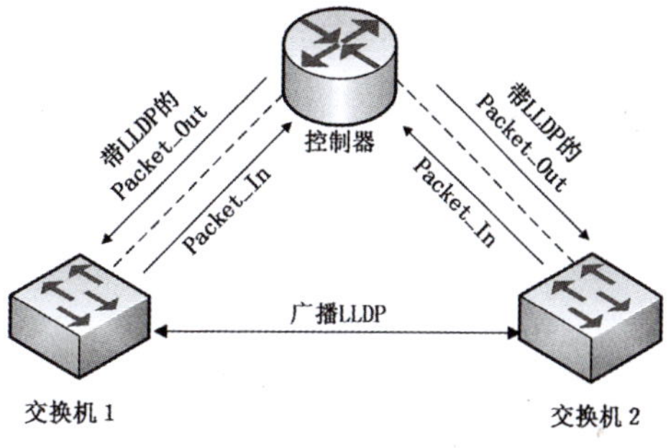

图 5-1-2 LLDP 链路发现

扑视图。基于这样的视图，控制器可以根据业务应用的流量需求，为每台交换机下发不同的流表项。

（2）拓扑管理。拓扑管理为了随时监控和采集网络中 SDN 交换机的信息，及时反馈网络的设备工作状态和链路链接状态，以形成对网络拓扑及其变化的准确认识。为了这一目标，控制器需要定时向与之相连的 SDN 交换机发送带 LLDP 数据包的 Packet_Out 消息，并根据反馈的 Packet_In 消息获取交换机信息，实现在监测交换机工作状态的同时完成对网络拓扑视图的更新。但值得注意的是，SDN 网络规模较大时，这种拓扑管理机制会导致网络收敛较慢，影响网络状态的实时反馈。

拓扑管理还有一项主要工作：在随时更新 SDN 交换机及链接状态的同时，对各种逻辑组网信息进行记录。例如，在 SDN 的云计算服务场景下实现对多租户共享网络资源的记录。在多租户情况下，网络资源被虚拟化为资源池，每个租户都可以按照自己的实际需求获得设备、端口、带宽等资源，同时还可以根据自身需求就其所获得的资源进行灵活组网。这些租户获得的网络相关资源信息都需要在拓扑管理中予以保存和展现，以反映真实的网络使用情况，实现资源调度优化。为了给不同租户提供不同的网络拓扑信息，通常是用户授权资源与应用对应的拓扑视图，SDN 控制器将为相应的网络数据通路设定访问控制列表（ACL）和服务质量（QoS）保证等，以支持租户网络在性能、安全等方面的彼此隔离，从而提供更优的租户网络体验。

（3）策略制定。南向网络控制中的核心功能之一是策略制定，交换流表生成算法是影响控制器智能化水平的关键因素。控制器需要针对不同网络层次的传输需求，制定相应的转发策略并生成对应的流表项。SDN 中，策略制定与传统网络相比有很大的优势。在传统网络中，在各台设备中执行相关算法，通常只能根据设备自身所掌握的、有限的局部网络链接情况进行数据处理决策；而 SDN 具有集中化管控的优势，控制器能够拥有全局的网络视图，因此更容易获得优化的算法执行结果。

（4）流表项下发。控制器流表生成算法的计算结果即转发策略需要通过下发流表项来告知底层交换机。流表项下发有两种方式：主动下发与被动下发。主动下发是指控制器在交换机还没收到数据包前，预先给交换机下发流表，告诉交换机如何处理到来的数据包（包括第一个数据包），如图 5-1-3 所示。这样做的好处就是可以避免交换机启动时所产生的数据流对控制器的冲击，并且可以消除数据传输过程中流表项设置延迟的问题。

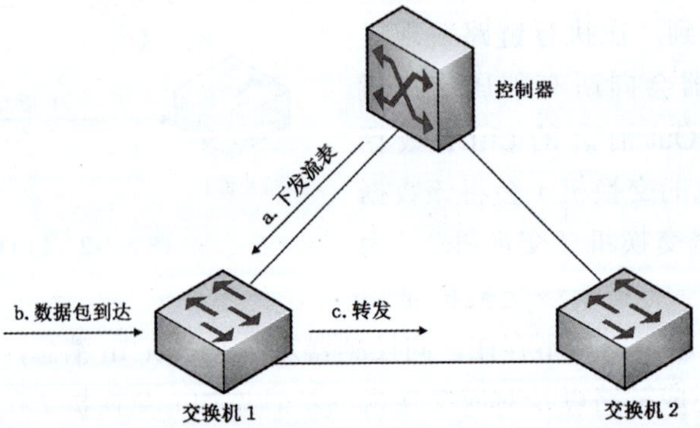

图 5-1-3　控制器主动下发流表示意图

被动下发是指控制器不主动给交换机下发流表，等到交换机有数据流来，才向控制器发送问询信息，等待下发流表，控制器在收到问询信息后，下发相应的流表，如图 5-1-4 所示。这种方式在复杂网络中会导致流表项设置延迟的问题。

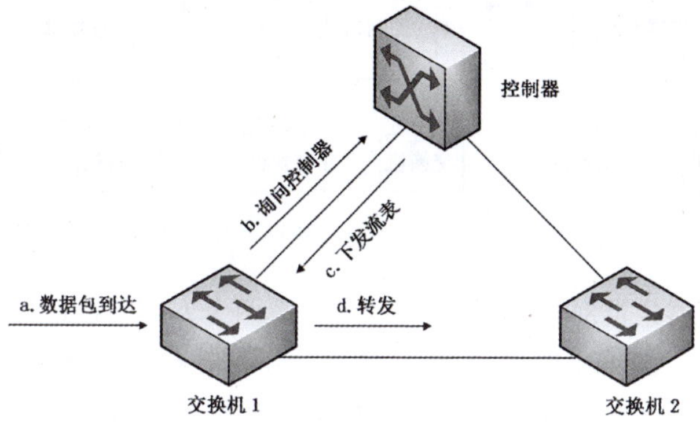

图 5-1-4　控制器被动下发流表示意图

除了南向网络控制技术之外，控制器的另一关键支持技术是通过北向接口为上层业务应用和资源管理系统提供灵活的网络资源抽象。通过北向接口，网络业务开发者可以通过软件编程的方式调用各种网络资源，同时网络资源系统可通过控制器的北向接口获得网络资源的工作状态及网络资源进度，实现资源统一交付，从而更好地支持上层应用与业务对网络资源的多样化需求。

3．SDN 控制器的扩展

控制器负责整个 SDN 网络的集中化控制，对于把握全网资源视图、改善网络资源交付具有极其重要的作用。但控制能力的集中化，也意味着控制器的可靠性与安全性成为全网的瓶颈，这也是集中计算模式相比分布式计算的主要弱点之一。而一旦控制器在可靠性与安全性上得不到保障，随之而来的是全网服务能力的降级甚至是瘫痪。另外，单一的控制器也难以应对跨多个地域的 SDN 网络。对跨多个地域的 SDN 网络，一方面由于单一的控制器所能支持的网络规模有限，如果规模过大，可能影响网络的可靠性；另一方面由于控制器与交换机可能不在同一地域，而产生较长的网络传输延迟，从而影响网络的响应性能。

鉴于控制器对整个 SDN 网络的核心作用，有必要考虑采用多个 SDN 控制器组成的分布式集群，以有效避免单一控制器节点所存在的上述性能问题，提高其可靠性与可扩展性。虽然关于多个控制器之间沟通和联系的东、西向接口目前还没有公认标准，但一些非常成熟的集群技术（如以控制器软件化为依托的服务器集群方案）可应用到 SDN 网络中来解决上述难题。

典型的基于控制器集群的 SDN 架构如图 5-1-5 所示。该架构中，控制器通过软件实现，分布运行在服务器集群上。服务器集群部署可利用现有的集群技术（例如 Hazlast）来实现。对于一个分布式的控制集群而言，最关键的是控制器之间的协作。为此，需要专门的集群通信机制用于控制器之间的信息传递，例如可以选择目前比较成熟的集群通信工具 JCroup 通信库。

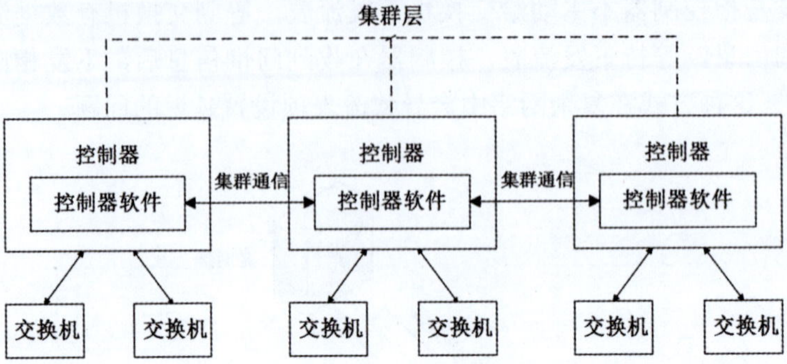

图 5-1-5　典型的基于控制器集群的 SDN 架构

为了确保控制器集群对 SDN 的有效控制，有两个方面的设计与实现非常重要。一是主控制器的选举。集群中的控制器有主控制器和副控制器两种不同角色，主控制器主要负责生成和维护全网范围内的控制器和交换机状态信息，副控制器作为主控制器的备份，一旦主控制器失效，就需要从集群的副控制器中选举一个控制器作为新的主控制器。二是控制器集群对交换机的透明化。即在 SDN 的运行过程中，交换机无须关心或知晓其当前所对话的是控制器集群中的哪个控制器发来的命令，也就是说，设计方案能够对交换机屏蔽控制器集群的内部实现，对交换机保持或呈现出与单一控制器相同的操作方式，从而保证控制器在逻辑上的集中。

集群化的控制器架构不仅能够避免单一控制器造成的 SDN 单点失效问题，同时能够提供更好的可扩展性，以应对大规模复杂网络系统的需要。例如，在具有巨大交换流量及多样服务要求的广域网环境中，多地部署的控制器可有效改善数据包的传输延迟，提升网络性能。

但对 SDN 控制器集群自身而言，还有不少问题需要进一步研究与关注。例如，控制器之间东、西向接口标准的制定将有助于为控制平面提供更好的开放性，实现控制器之间的兼容，更好地支持 SDN 部署规模的提升。

5.2 应用 OpenDaylight 控制器

5.2.1 实施任务单

任务编号	5-2	任务名称	应用 OpenDaylight 控制器
任务简介	OpenDaylight 控制器是 Linux 协会联合 18 家业内企业创立的开源控制器。其目的是构建低成本、高创新的网络自动化开源平台。本任务通过 OpenDaylight 控制器的使用，掌握 OpenDaylight 控制器的基本应用		
任务目标	1. 了解 OpenDaylight 的基本架构，对比 SDN 控制器的体系结构，更好地理解 SDN 架构； 2. 掌握安装、部署 OpenDaylight 的方法，理解 OpenDaylight 组件及其基本使用； 3. 安装 OpenDaylight 的 L2Switch 项目，使用 Mininet 工具对 L2Switch 项目进行简单的功能验证		
设备环境	装有 Office 或 WPS 办公软件、Ubuntu 虚拟机、Mininet、OpenDaylight 的台式机或笔记本电脑		
实施专业		实施班级	
实施地点		小组成员	
指导教师		联系方式	
任务难度	中级	实施日期	年 月 日
实施内容	1. 安装、部署 OpenDaylight； 2. 使用 Mininet 验证 OpenDaylight L2Switch 项目		

5.2.2 实施评价单

任务编号	5-2	任务名称	应用 OpenDaylight 控制器		
评价项目			自评	小组评	教师评
课堂表现	学习态度（20 分）				
	沟通合作（10 分）				
技能操作	安装、部署 OpenDaylight（25 分）				
	使用 Mininet 验证 OpenDaylight L2Switch 项目（45 分）				
学生签字		年　月　日	教师签字		年　月　日

评价标准						
项目		A	B	C	D	E
课堂表现	学习态度	与老师辩论	向老师提出质疑	与老师互动交流	被动回答问题	沉默
	沟通合作	小组学习中具有很强的团队沟通合作能力	小组学习中具有良好的团队沟通合作能力	小组学习中具有较好的团队沟通合作能力	小组学习中能够参与团队沟通合作	小组学习中不能够参与团队合作
任务完成	安装、部署 OpenDaylight	能独立并帮助他人解决问题，成功安装 ODL	能独立解决问题，成功安装 ODL	能通过团队合作等途径成功安装 ODL	能通过团队安装 ODL，部分功能可用	放弃安装部署 ODL
	使用 Mininet 验证 Open Daylight L2Switch 项目	能独立并帮助他人成功验证 OpenDaylight L2Switch 项目	能独立解决问题，成功验证 OpenDaylight L2Switch 项目	能通过团队合作等途径成功验证 OpenDaylight L2Switch 项目	能通过团队合作等途径部分验证 OpenDaylight L2Switch 项目	没能验证 OpenDaylight L2Switch 项目

5.2.3 任务实施指引

5.2.3.1 安装、部署 OpenDaylight

1．安装 OpenDaylight

OpenDaylight 安装有多种方法，可以下载源码编译安装，也可以直接下载编译好的 OpenDaylight 安装包进行安装。在此主要介绍如何通过下载编译好的 OpenDaylight 版本 Carbon SR1 安装包进行安装部署，Java 选择使用 JDK1.8。安装步骤如下所示。

步骤 1：安装 JDK 依赖。在 Oracle 官网下载 JDK 1.8+。以 JDK1.8.0_77 版本为例，下载 jdk-8u77-linux-x64.tar.gz 并解压。

```
# tar-xzvfjdk-8u77-linux-x64.tar.gz
#mv jdk1.8.0_77/ /usr/local
```

也可以把解压后的文件移动到常用的安装目录。

打开 /etc/profile 文件，加入 Java 运行环境相应的配置，保存并退出。

```
#vi /etc/profile
#java evironment
export JAVA_HOME=/usr/local/jdk1.8.0_77
export PATH=$JAVA_HOME/bin: $PATH
export CLASSPATH=.: $JAVA_HOME/lib/dt.jar: $JAVA_HOME/lib/tools.jar
#source /etc/profile  # 使配置生效
```

验证 JDK 是否安装成功，执行 java -version 命令，如出现如下结果则表明安装成功。

```
java-version "1.8.0_77"
```

步骤 2：在 OpenDaylight 官网下载 Carbon SR1，下载 distribution-karaf-0.6.1-Carbon.tar.gz，并解压该文件。

```
#tar -xzvf distibution-karaf-0.6.1-Carbon.tar.gz
```

2．启动 OpenDaylight 和 Wireshark

Wireshark 使用前文已有介绍，这里不再赘述。

步骤 1：运行 OpenDaylight，通过 Karaf 命令进入 OpenDaylight 的操作界面。

```
#cd /distribution-karaf.0.6.1-Carbon
#./bin/karaf
```

说明：只要执行 logout 命令退出 Karaf 控制台，控制器就会停止。这种方式的缺点是命令终端挂起，控制器进程也会跟着挂起。

后台启动 Karaf 控制台，执行以下命令以后台任务的形式启动控制器。

```
# ./bin/start
# ./bin/client -u karaf
```

说明：以后台任务的形式启动控制器可以通过 bin/client 或 SSH 访问 Karaf 控制器。利用 start 启动 OpenDaylight 以后，以 Karaf 用户身份连接 Karaf 控制器。以这种方式启动控制器，即使退出控制台，控制器进程依旧在后台运行。

步骤 2：安装功能组件。

（1）安装支持 REST API 的功能。

```
>feature:install odl-restconf
```

（2）安装 L2 交换机和 OpenFlow 功能。

```
>feature:install odl-l2switch-switch-ui
>feature:install odl-OpenFlowplugin-all
```

（3）安装 DLUX 功能。

```
>feature:install odl-mdsal-apidas
>feature:install odl-dluxapps-applications
```

步骤 3：执行以下命令列出所有 OpenDaylight 组件。

```
> feature:list
```

步骤 4：执行以下命令列出已安装的 OpenDaylight 组件。

```
> feature:list -i
```

步骤 5：执行以下命令在已安装的组件中查找某一个具体的组件，例如 odl-restconf，确认该组件是否已经安装。

```
> feature:list -i|grep odl-restconf
```

3．验证 OpenDaylight 基本功能

步骤 1：登录另一主机，执行 sudo -i 切换到 root 用户。

步骤 2：执行以下命令连接控制器，并且在 Mininet 中进行 pingall 操作，测试 OpenDaylight 控制器的基本功能。

```
# mn --switch ovs,protocols=OpenFlow13 --controller=remote,ip=xxx.xxx.xxx.xxx,port=6653
> pingall
```

其中，“xxx.xxx.xxx.xxx”是 OpenDaylight 控制器的 IP，请根据实际情况修改。

步骤 3：访问 OpenDaylight Web 界面，url 是 http://[ODL_host_ip]:8181/index.html。其中，“[ODL_host_ip]”为安装 OpenDaylight 所在的主机 IP 地址。

说明：如果没有按照安装顺序安装 OpenDaylight 组件，可能导致 Web 界面无法访问，最好的解决方式就是卸载组件，重新安装。

步骤 4：输入用户名密码，单击 Login 按钮。

说明：登录的用户名密码是“admin/admin”。

步骤 5：单击左侧 Topology 按钮查看拓扑，并利用 Wireshark 观察捕获的 OpenFlow 数据包。

4．卸载 OpenDaylight 组件

步骤 1：在主机 1 上执行 logout 命令退出 Karaf 控制台，回到 distribution-karaf.0.6.1-Carbon 目录。

步骤 2：执行如下命令删除 data 目录，清除组件并重新进入 Karaf 控制台。

```
# rm -rf data
# ./bin/karaf clean
```

步骤 3：执行以下命令查看已安装组件，确认组件是否已经删除。

```
$ feature:list -i
```

5.2.3.2　OpenDaylight L2Switch 项目实践

（1）启动 OpenDaylight，安装好组件（参考上述步骤）。

（2）验证 OpenDaylight L2Switch 的功能。

步骤 1：查看初始拓扑。

1）单击浏览器图标，打开浏览器。

2）访问 OpenDaylight Web 界面，URL 是 http://[ODL_host_ip]:8181/index.html。

3）其中“[ODL_host_ip]”为安装 OpenDaylight 所在的主机 IP 地址，“username/password”是“admin/admin”。

4）单击 Login 按钮登录，此时的拓扑界面没有任何节点。

步骤 2：使用 Mininet 创建虚拟网络。

1）选择主机 2 登录 Mininet 主机，执行如下命令，创建包含两个交换机和两个主机的线性拓扑，并将远端控制器的 IP 地址设置为 OpenDaylight 控制器的 IP。

```
$ sudo mn --controller=remote,ip=xxx.xxx.xxx.xxx --topo=linear,2 --switch=ovsk,protocols=
OpenFlow13
```

执行以上命令后，Mininet 将创建两个虚拟网桥和两个虚拟主机。

2）刷新 OpenDaylight 控制器的 Web 界面或者单击 Reload 按钮，拓扑图将出现两个交换机节点。

3）在 OpenDaylight 中，使用 HTTP 的 get 请求可查看网桥的端口信息，以网桥“openflow:1”为例说明如何查看交换机的端口信息和 MAC 地址映射表。

查看交换机端口信息的链接如下：

```
http://127.0.0.1:8080/restconf/operational/network-topology:network-topology/topology/flow:1/node/
openflow:1
```

从 OpenDaylight 响应的数据可以看出，网桥“openflow:1”共有三个端口：“openflow:1:1”“openflow:1:2”“openflow:1:LOCAL”。其中，“openflow:1:LOCAL”是逻辑端口，“openflow:1:1”和“openflow:1:2”可用于连接网络设备。

4）以“openflow:1:1”端口为例说明如何使用 HTTP 的 get 请求查看该端口的 MAC 地址学习情况，具体链接如下：

```
http://127.0.0.1:8080/restconf/operational/opendaylight-inventory:nodes/node/openflow:1/node-
connector/openflow:1:1
```

从 OpenDaylight 的响应数据可以看出，L2Switch 尚未学习到该端口对应的主机地址，这是因为主机之间还没有出现数据传输。

下面介绍使用 ping 命令使两端的主机进行通信，从而验证 L2Switch 的地址学习功能。

步骤 3：主机 1 ping 主机 2。

1）在 Mininet 的命令行中，执行 ping 命令：h1 ping h2。

运行 h1 ping h2 命令，Mininet 就会与 OpenDaylight 的 L2Switch 应用进行交互，完成 L2Switch 工作流程。

2）ping 通后，OpenDaylight 控制器的 Web 界面中可以看到拓扑图，说明 L2Switch 已经学习到网络拓扑。

3）在 OpenDaylight 中还可以使用 HTTP 的 get 请求查看交换机的某端口与 MAC 地址的映射情况，这里以网桥“openflow:1”的端口“openflow:1:1”为例，具体链接如下：

```
http://127.0.0.1:8080/restconf/operational/opendaylight-inventory:nodes/node/openflow:1/node-
connector/openflow:1:1
```

至此，验证了 L2Switch 的部分功能，主要通过 Mininet 创建虚拟网络，然后使用 ping 命令验证 L2Switch 的地址学习和包转发能力。

5.2.4 相关知识点

OpenDaylight 控制器

NOX/POX 是 SDN 控制器初期发展的典型，而 Floodlight 和 Ryu 则标志着纯 SDN 控制器进入了相对成熟期，但随着 SDN 进入大规模产业化发展阶段，如何开发能够适合多元应用场景、承载复杂上层业务、兼容多种底层网络基础设施的通用且商业化的 SDN 控制器成为重头戏。

为此，2013 年包括 Big Switch Networks、Brocade、思科等在内的 18 家著名 IT 厂商，共同发起成立了 OpenDaylight（ODL）组织。显而易见，OpenDaylight 的发起者和赞助者基本上是互联网设备与解决方案提供商，这也决定了 OpenDaylight 关于 SDN 控制器的发展目标与此前 SDN 控制器会有所不同。其目的在于推出一个通用的 SDN 控制平台，能够通过对不同底层网络基础设施的有效管控，灵活适应不同应用场景下的各种复杂上层业务需求。这样的 SDN 控制器可看成是通用的 SDN 网络操作系统，其对于 SDN 的作用就如同 Linux 和 Windows 等操作系统对于计算机系统的作用。

OpenDaylight 发展迅速，每 6 个月更新一次版本，而且它以元素周期表的元素名称与顺序作为版本号。2014 年 2 月，OpenDaylight 发布第一个版本 Hydrogen（氢），很快就得到了行业的关注，目前已经发布到了版本 Silicon（硅），并成为当下 SDN 界最受人瞩目的开源控制器。相比之下，行业对以 Ryu 和 Floodlight 为代表的功能单一的 SDN 控制器的关注度明显下降。

1．OpenDaylight 系统架构

OpenDaylight 具有高度模块化、可扩展强、易于升级、支持多协议等特性。OpenDaylight 控制器的系统架构如图 5-2-1 所示，自下而上分为南向接口与协议插件层（Southbound Interface & Protocol Plug-in）、平台层（Platform）、控制器服务 / 应用层（Controller Service/ Application）、北向接口层（Northbound Interface）和应用程序层。

（1）南向接口与协议插件层。该层实现了对多种南向协议的支持，包括 OpenFlow、NETCONF、OVSDB、BGP、PCEP、SNMP 等，通过提供支持这些协议的插件，向上屏蔽不同南向接口协议之间的实现细节，向下提供对不同数据平面网元（Data Plane Net Element），包括物理或虚拟设备单元的支持。

（2）平台层。该层是 OpenDaylight 平台的核心，是实现模型驱动的服务抽象（Mode-Driven Service Abstraction Layer，MD-SAL）。

在 OpenDaylight 中，底层网络设备和网络应用程序都表示为对象或模型，通过 YANG 语言建模。YANG 模型提供了有关设备或应用程序功能的一般描述，这样不需要知道其具体实现细节。这些模型之间的交互在 SAL 中实现。SAL 提供了 YANG 模型之间数据交换和自适应的机制。在 SAL 中，模型在交互中的角色用“消费者”和“生产者”进行定义，“生产者”模型实现一个 API 并提供 API 的数据；“消费者”模型使用 API 的数据。SAL 从其数据存储（Data Storage）中匹配生产者和消费者，并交换信息。

消费者可以找到自己感兴趣的供应商（Provider），生产者可以生成通知（Notification），消费者可以接收通知并发出 RPC 以从提供者处获取数据。

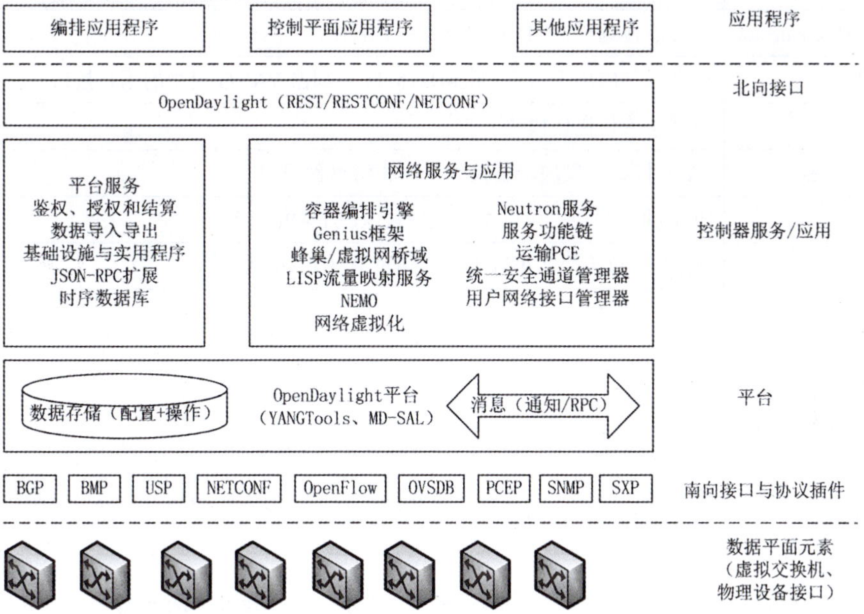

图 5-2-1　OpenDaylight 控制器系统结构图

生产者可以将数据插入 SAL 存储器；消费者可以从 SAL 存储器中读取数据。此外，在平台层，需要维护一个数据存储，包括配置和操作；提供了一个消息传送（Messaging）机制，为各种模型提供通知和通信的方式。

（3）控制器服务 / 应用层。该层提供平台服务（Platform Service）、网络服务与应用（Network Service and Application）。平台服务包括鉴权（Authentication）、授权（Authorization）和结算（Data Import/Export）、基础设施与实用程序（Accounting，AAA）、数据导入导出（Infrastructure and Utility）等；网络服务与应用包括容器编排引擎（Container or Chestration Engine）、Neutron 服务（Open Stack 网络服务组件）、Genius 框架（一种用于集成和共存多个网络服务应用程序的框架）和服务功能链（Service Function Chaining，SFC）等服务与应用组件。

（4）北向接口层。该层提供 OpenDaylight 开放接口，包括 REST API、RESTCONF 和 NETCONF 等多种接口形式

（5）网络应用层。该层是基于 OpenDaylight 北向接口层的接口所开发出的应用集合。

2．OpenDaylight 组件

OpenDaylight 提供了数量众多、特性丰富的组件模块，这也是其他控制器无法相提并论的。究其原因，一方面得益于它开放的架构，使得模块插件的开发更加系统化、规范化，所以开发新模块相对简单、高效；另一方面，OpenDaylight 众多的支持团队和开发者的努力铸造了特性丰富的 OpenDaylight。表 5-2-1 给出了 OpenDaylight 部分组件的简介。

表 5-2-1　OpenDaylight 部分组件功能介绍

组件名称	功能介绍
OpenFlowPlugin	用于支持 OpenFlow 规范的实现。目前已经支持了版本 1.0 和 1.3.2
NETCONF-connector	负责连接远程 NETCONF 设备的组件
Yang UI	提供一种应用于所有 OpenDaylight 控制器 YANG 模型的用户接口
ALTO	应用层流量优化模块
AAA Services	3A 授权认证模块，鉴权、授权和结算管理
BGP	BGP 协议模块，可以手动或通过 REST API 配置
PCEP	PCEP 协议模块，可以手动或通过 REST ARI 配置
L2Switch	二层交换模块，实现了 ARP 的处理，有环拓扑的风暴解除、主机追踪等功能
LACP	链路聚合控制协议模块
SDNi	实现了获取网络信息的接口，并完成多控制器之间的信息共享
VTN	虚拟租户网模块，向同一个控制器网络下的多租户提供虚拟网络
Cluster-deployer	提供集群能力，拥有多个节点提供容错，是离散的点对点成员机制，避免单点故障

简单来说，OpenDaylight 基于 OSGi 框架运行，以 Maven 来构建模块项目代码，采用的主要技术和工具如图 5-2-2 所示。

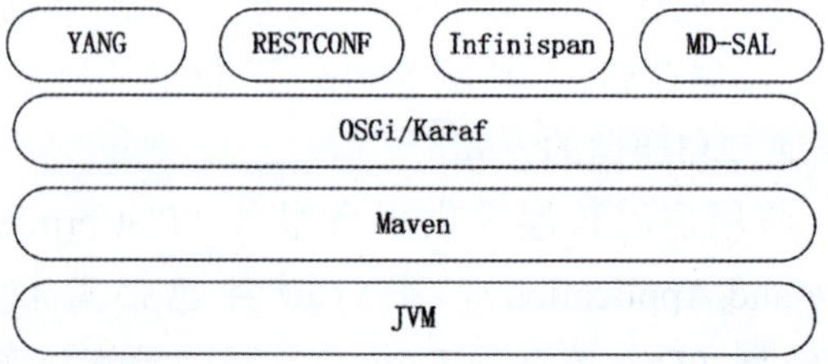

图 5-2-2　OpenDaylight 采用的主要技术和工具

Maven 是一个跨平台的项目管理工具，主要服务于基于 Java 平台的项目构建、依赖管理和项目信息管理。Maven 的项目构建能力和依赖管理能力都非常强大，能够帮助对 OpenDaylight 项目进行自动化构建过程，从清理、编译、测试到生成报告，再到打包和部署。Maven 提供了中央仓库，管理着 OpenDaylight 项目中所有依赖库和第三方的开源类库，通过 Maven 的依赖管理可以避免依赖包版本不一致、版本冲突、依赖臃肿的问题。

OSGi 是一个框架规范，方便项目中的各个模块灵活地部署安装。Karaf 是一个基于 OSGi 的运行环境。YANG 模型是一种数据建模语言，用来建模由 NETCONF 协议、NETCONF 远端过程调用、NETCONF 通知操作的配置数据和状态数据。RESTCONF 是一个和应用服务交互的接口规范。MD-SAL 是 OpenDayligth 用于对控制器平台服务层与南向接口和协议插件层之间实现交互并解耦，使两个功能层之间松耦合地进行交互。

3．OpenDaylight 的项目简介

（1）OpenDaylight 项目概述。OpenDaylight 项目众多，包含核心项目、协议项目、应用项目和服务项目，具体如下：

- 核心项目：YangTools、MD-SAL、Controller、AAA 等。
- 协议项目：BGPLS、NETCONF、OpenFlow、OVSDB、P4、SNMP4SDN 等。
- 应用项目：DluxApp、NetVirt、Neutron Northbound 等。
- 服务项目：Topology Processing Framework 等。

（2）OpenDaylight L2Switch 项目。OpenDaylight L2Switch 项目是一种基于 MD-SAL 的 OpenDaylight 控制器应用，它将某些特定的二层处理代码剥离出来，组成一个可重用的独立项目，提供基础的 L2Switch 功能和一些典型的 L2Switch 功能的服务，包括基于事件驱动的数据包处理（Packet Handle）模块、地址跟踪、最优路径计算和基本的生成树协议等。

该项目将传统 L2Switch 设备的控制层抽离到控制器上，使控制器具备 L2Switch 的处理能力，负责 MAC 地址学习、数据转发决策等。与传统 L2Switch 设备不同，OpenDaylight L2Switch 项目不直接转发数据，它是一种具备 L2Switch 控制能力的应用插件，通过向软交换机（虚拟交换机）下发流表来控制数据包的转发行为。

OpenDaylight L2Switch 项目由一系列支持 L2Switch 功能的服务模块组成，包括地址跟踪、ARP 处理器、主机跟踪、消除环路、包处理以及流表下发（主服务）等。图 5-2-3 为 OpenDaylight L2Switch 项目的架构。

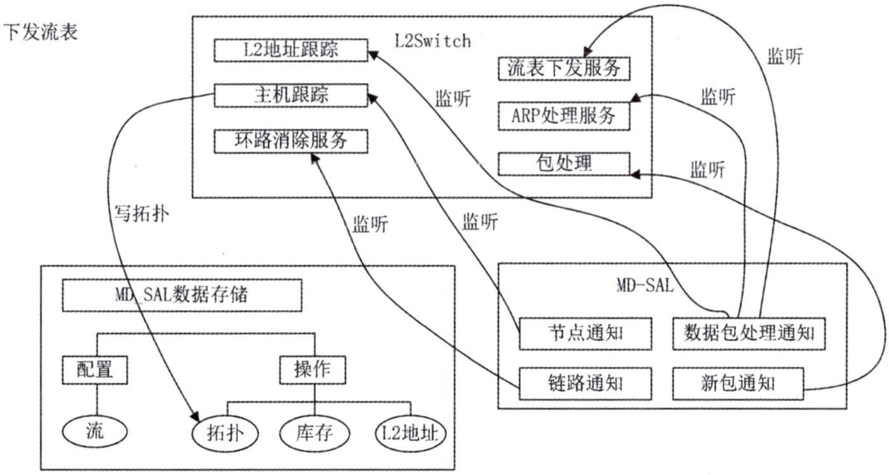

图 5-2-3　OpenDaylight L2Switch 项目架构

OpenDaylight L2Switch 应用处理 Packet_In 消息的具体流程如下。

1）当 SDN 网络中的交换机遇到无法处理的数据包时，网络交换机通过 OpenFlow 安全通道立即向 SDN 控制器发送 Packet_In 消息。

2）OpenFlowPlugin 接收 Packet_In 消息后，解析该消息并向 MD-SAL 发送新包通知。

3）包处理服务监听到新包通知后，解析新数据包。

4）包处理服务将解析后的数据包封装为相应的处理通知，并发布（Publish）给MD-SAL。

5）ARP 处理服务监听到数据包处理通知后，将 ARP 报文封装到 Packet_Out 消息。

6）ARP 处理服务将步骤 5）中的 Packet_Out 消息通过 RPC 的调用方式发送给 OpenFlowPlugin。

7）OpenFlowPlugin 将 Packet_Out 消息发送给交换机，交换机执行 Packet_Out 消息的动作，在当前网络域上广播数据包（除入端口外）。

8）经过以上步骤后，OpenDayLight L2Switch 应用将完成相应的 MAC 学习工程，在 DataStore 中存储相应的 MAC 地址映射表。当再次出现相同 MAC 地址的 Packet_In 消息时，将重复步骤 1）～4）的过程。

9）流表下发（Flow Writer）服务监听到数据包处理通知后，读取 ARP 消息。

10）流表下发服务判断地址映射表中是否包含该目的 MAC 的映射条目，如果包含，则根据源 MAC 和目的 MAC 地址生成相应的流表项，并将其添加到 MD-SAL 的 DataStore 中。

11）OpenFlowPlugin 监听到 DataStore 中流表更新，读取新添加的流表项。

12）OpenFlowPlugin 向源 MAC 和目的 MAC 设备的沿途交换机节点下发相应的流表项。

5.3 应用 Ryu 控制器

5.3.1 实施任务单

任务编号	5-3	任务名称	应用 Ryu 控制器
任务简介	RYU 控制器是一个基于 Python 语言开发、简单易用的轻量级 SDN 控制器。本任务通过 Ryu 控制器的使用，掌握 Ryu 控制器的基本应用，并利用 Ryu 控制器初步了解基本的 SDN 编程开发		
任务目标	1．能够安装部署 Ryu 控制器； 2．能够利用 Ryu 控制器进行流表转发与控制		
设备环境	装有 Office 或 WPS 办公软件、Ubuntu 虚拟机、Ryu、Mininet 的台式机或笔记本电脑		
实施专业		实施班级	
实施地点		小组成员	
指导教师		联系方式	
任务难度	中级	实施日期	年　月　日
实施内容	1．安装、部署 Ryu； 2．验证 Ryu 二层自学习交换机组件功能； 3．验证 Ryu 流量监控组件功能		

5.3.2 实施评价单

任务编号	5-3		任务名称	应用 Ryu 控制器	
评价项目			自评	小组评	教师评
课堂表现	学习态度（20 分）				
	沟通合作（10 分）				
技能操作	安装、部署 Ryu（20 分）				
	验证 Ryu 二层自学习交换机组件功能（20 分）				
	验证 Ryu 流量监控组件功能（30 分）				
学生签字		年　月　日	教师签字		年　月　日

评价标准

项目		A	B	C	D	E
课堂表现	学习态度	与老师辩论	向老师提出质疑	与老师互动交流	被动回答问题	沉默
	沟通合作	小组学习中具有很强的团队沟通合作能力	小组学习中具有良好的团队沟通合作能力	小组学习中具有较好的团队沟通合作能力	小组学习中能够参与团队沟通合作	小组学习中不能够参与团队合作
任务完成	安装、部署 Ryu	能独立并帮助他人成功安装 Ryu	能独立成功安装 Ryu	能通过团队合作成功安装 Ryu	能通过团队合作安装 Ryu，部分功能可用	放弃安装部署 Ryu
	验证 Ryu 二层自学习交换机组件功能	能独立并帮助他人成功验证 Ryu 二层自学习交换机组件功能	能独立成功验证 Ryu 二层自学习交换机组件功能	能通过团队合作成功验证 Ryu 二层自学习交换机组件功能	能通过团队合作部分验证 Ryu 二层自学习交换机组件功能	没能验证 Ryu 二层自学习交换机组件功能
	验证 Ryu 流量监控组件功能	能独立并帮助他人成功验证 Ryu 流量监控组件功能	能独立成功验证 Ryu 流量监控组件功能	能通过团队合作成功验证 Ryu 流量监控组件功能	能通过团队合作部分验证 Ryu 流量监控组件功能	不能验证 Ryu 流量监控组件功能

5.3.3 任务实施指引

5.3.3.1 安装、部署 Ryu

Ryu 的简单安装（依赖库安装）。

```
#sudo apt-get install python-dev python3-dev python-pip python-settools git -y
#git clone git://github.com/osrg/ryu.git
#cd ryu
#sudo python install ./
```

5.3.3.2 验证二层自学习交换机组件功能

步骤 1：执行 ryu 命令，启动 Ryu 控制器和 Ryu 的 simple_switch_13 交换机组件，并打印详细信息。

```
#cd ryu/ryu/app
# ryu-manager simple_switch_13.py --verbose
```

步骤 2：打开另一个 Terminal，使用 Mininet 的命令，创建 1 个 open vSwitch、2 个主机的网络拓扑，连接到 Ryu 控制器。

```
# sudo mn --topo single,2 --mac --switch=ovsk --controller=remote
```

步骤 3：观察启动 Ryu 页面的变化，该变化体现了 LLDP 链路发现过程。

步骤 4：在 Mininet 的 CLI 界面，执行以下命令：

```
h1 ping h2 -c 1
h2 ping h1 -c 1
```

步骤 5：观察 Ryu 启动界面的变化情况，可以看到控制器自己学习到 MAC 地址和对应的 Port 信息。

步骤 6：验证控制器已正常下发流表项到交换机。执行以下命令查看 ovs 交换机上的流表项。

```
# ovs-ofctl dump-flows s1
```

5.3.3.3 验证流量监控组件功能

步骤 1：执行 ryu 命令，启动 Ryu 控制器和 simple_monitor_13 流量监控组件，并打印详细信息。

```
#cd ryu/ryu/app
# ryu-manager simple_monitor_13.py --verbose
```

步骤 2：打开另一个 Terminal，使用 Mininet 的命令，创建一个树形的网络拓扑，深度和扇出都为 2，连接到 Ryu 控制器。

```
# mn --topo tree,2,2 --mac --switch=ovsk --controller=remote
```

步骤 3：观察 Ryu 页面的变化，显示控制器监测到交换机上线。

每隔 10s，控制器会主动下发请求获取交换机的流表项状态和端口状态。

步骤 4：在 Mininet 的 CLI 界面，执行以下命令：

```
# pingall
```

步骤 5：Ryu 控制器实时监控到网络流量变化情况。

网络流量变化情况如图 5-3-1 所示。

```
EVENT ofp_event->SimpleMonitor13 EventOFPPortStatsReply
datapath         in-port  eth-dst           out-port packets  bytes
---------------- -------- ----------------- -------- -------- --------
0000000000000001        1 00:00:00:00:00:03        2        1       98
0000000000000001        1 00:00:00:00:00:03        2        1       98
0000000000000001        1 00:00:00:00:00:04        2        1       98
0000000000000001        1 00:00:00:00:00:04        2        1       98
0000000000000001        2 00:00:00:00:00:01        1        2      196
0000000000000001        2 00:00:00:00:00:01        1        2      196
0000000000000001        2 00:00:00:00:00:02        1        2      196
```

图 5-3-1　网络流量变化情况

交换机端口状态监控结果如图 5-3-2 所示。

```
datapath         port     rx-pkts  rx-bytes rx-error tx-pkts  tx-bytes tx-error
---------------- -------- -------- -------- -------- -------- -------- --------
0000000000000001        1       72     6552        0      101     9894        0
0000000000000001        2       71     6466        0      102     9980        0
0000000000000001 fffffffe        0        0        0        0        0        0
```

图 5-3-2　交换机端口状态监控结果

步骤 6：在 Mininet CLI 界面输入 exit 后，Ryu 将下线的交换机从 datapath 列表中删除。

Ryu 控制器

5.3.4　相关知识点

5.3.4.1　RYU 控制器介绍

Ryu 是由日本电报电话（Nippon Telegraph&Telephone，NTT）公司在 2012 年推出的开源 SDN 控制器。NTT 公司是日本最大的电信服务提供商。Ryu 在日文中的意思与英文 Flow 相当，取此名也隐含 Ryu 控制器作为开源控制器对 OpenFlow 的支持的含义。Ryu 基于 Python 语言开发，代码风格流畅，模块清晰，可扩展性很强。作为一个简单、易用的轻量级 SDN 控制器，Ryu 得到了 SDN 初学者的青睐，成为目前主流的控制器之一。

Ryu 控制器在系统结构上分为控制层和应用层，在功能实现上采用了基于组件的模块化风格，如图 5-3-3 所示。其控制层主要包含协议支持、OpenFlow 解析 / 序列化、事件分发器、网络报文库等模块；应用层包括 Ryu 的内建应用，用户利用 Ryu 所提供的 API 自主开发网络应用以及其他支持 Ryu 和其他系统协同工作的第三方组件和模块。

南向协议方面，Ryu 支持 OpenFlow 协议 1.0 到 1.5 版本及 Nicira 公司对这些协议所做的扩展，还支持 OF-Config、OVSDB、VRRP 和 NETCONF 等其他南向协议。北向协议方面，Ryu 通过定义的北向接口，包括 REST API 和 RPC 等接口，实现与外部应用程序的通信。例如，Ryu 通过使用 OpenStack 的 Oslo 库，开发支持 OpenStack 的插件，可实现和 OpenStack 的整合部署，用户可以在 OpenStack 上与 Ryu 通信，实现对 SDN 网络的控制。此外，Ryu 可作为 OpenStack 的插件；Ryu 在北向协议中还支持与开源入侵检测系统 Snort 的协同合作，也支持使用 Zookeper 来实现高可用性的目标等。

Ryu 是一个功能特性丰富的 SDN 控制器。就内建应用而言，Ryu 源码库中已经包含了相当多的基础应用，例如简单的二层交换、常用的路由协议（最短路径优先算法及简单的防火墙）。表 5-3-1 描述了 Ryu 的主要组件及功能。

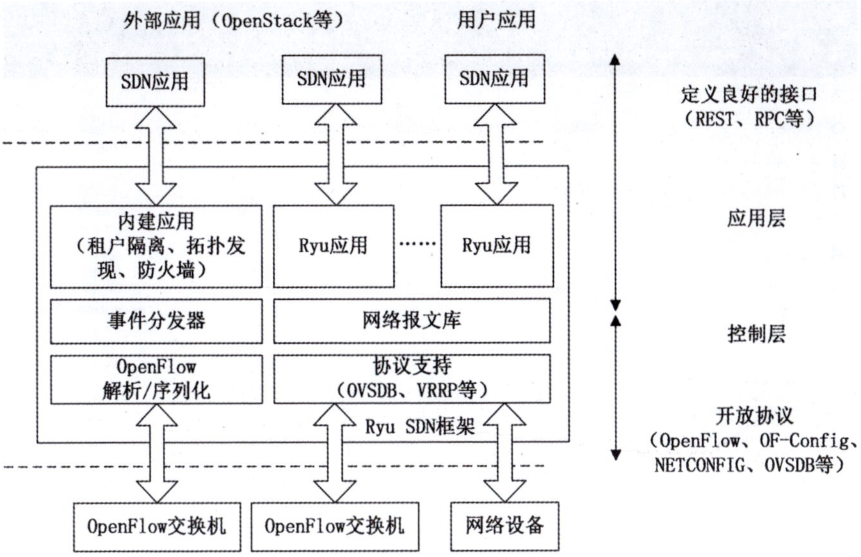

图 5-3-3　Ryu 控制器系统结构图

表 5-3-1　Ryu 的主要组件及其功能

组件名称	功能描述
base.app_manager	Ryu 的组件（模块）调度中心
cmd.*	Ryu 的命令解析模块
controller.controller	定义 OpenFlowController 类，用于描述控制器的行为
controller.ofp_event	定义 OpenFlow 的事件类型，用于完成 OpenFlow 报文到事件的转换
controller.ofp_handler	OpenFlow 报文处理的基础模块，包括 Packet_In、Packet_Out 等
lib.*	协议报文的定义库，包括 TCP/IP 和其他协议报文的定义
ofproto.ofproto_vx_x	定义了 OpenFlow 协议不同版本的静态参数及报文封装的格式
ofproto.ofproto_vx_x_parser	定义了 OpenFlow 报文的类及其解析函数和报文的序列化函数等内容
topology.*	定义了拓扑相关的事件和数据结构，向外提供对应的 API
app.rest	定义了基础的 REST API 接口
app.ofp_rest	定义了 OpenFlow 相关的 REST API
app.simple_switch	实现简单二层交换的应用

从表 5-3-1 可以看出，Ryu 已经提供了丰富的组件，利用 Ryu 内建组件可以实现许多基础网络应用。例如，Ryu 提供的交换机、路由器、防火墙等基础组件可为构建复杂业务逻辑的上层应用（如网络感知、负载均衡等）提供支撑。此外，Ryu 组件的代码结构清晰、风格优美，且模块之间逻辑边界清晰，其 App 目录下的示例应用也是初学者学习的优秀范例，为初学者在 Ryu 控制器上开发 SDN 应用程序提供了指导。

*5.3.4.2　Ryu 编程应用

1．Ryu 的代码目录结构

Ryu 的代码目录结构如图 5-3-4 所示。

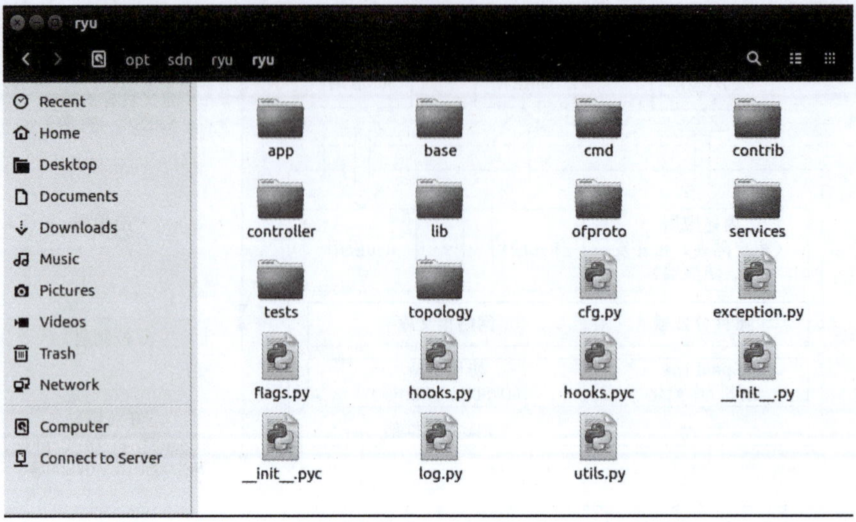

图 5-3-4　Ryu 的代码目录结构

- app 用于存放 Ryu 的内建应用及用户开发的应用代码，内建应用包括 simple_switch、rest_router、rest_frewall 和 rest_qos 等组件。
- base 用于存放应用程序管理中心的有关代码，其中包含 Ryu 组件的基类 RyuApp 的定义，RyuApp 定义了 RyuApp 的基本属性，如 name、threads 和 events 等成员，还定义了 AppManager 基类，用于管理 App。
- cmd 存放了 Ryu 框架的入口程序，它会调用 Ryu 核心组件的初始化程序。
- contrib 存放了第三方贡献的代码。
- controller 存放了事件系统的代码，用于实现控制器与交换机之间的关联与事件处理。
- lib 用于存放网络报文库的代码，包括常见的 ICMP、DHCP 和 IGMP 等协议报文。
- ofproto 包含负责 OpenFlow 协议解析的代码。
- services 包含了一些基于 Ryu 框架开发的协议，如 VRRP、BGP 和 OVSDB 等。
- tests 存放了测试代码，包括单元测试及整合测试的代码。
- topology 是有关拓扑的组件，如 switchesp 定义了交换机的数据结构，event.py 定义了 OpenFlow 中的交换事件，dumper.py 定义了网络拓扑发现事件，最后通过 pi.py 向上提供了一套调用 topology 目录中定义函数的接口。

2. Ryu 的组件运行机制

所有 Ryu 组件的运行由管理中心 ryu-manager 进行管理，图 5-3-5 给出了 Ryu 组件的运行框架与简单流程。当通过 ryu-manager 启动一个应用时，会自动生成并运行一个对应的事件循环线程（Event Loop Thread）。该线程循环运行，捕捉来自事件队列（Event Queue）的触发事件，当事件队列不为空时，事件循环线程依次从队列中取出事件，并且调用相应的事件处理器（Event Handler）或事件处理函数进行处理。事件队列由事件循环线程维护，其中的事件有两个来源：一是来自数据平面（交换机）产生的各种处理与交换请求；二是事件处理器对事件进行处理之后，可能产生新的事件，例如对

Packe_In 事件的处理，往往会触发相应的 Packet_Out 事件。

图 5-3-5 不仅明确了 Ryu 的组件运行机理，同时也提供了 Ryu 组件开发模型，即基于事件处理的编程模型。对于不同的事件或功能实现，组件开发的关键在于事件处理器。需要根据具体的需求，分析并根据事件处理或功能实现的逻辑，尽可能利用 Ryu 所提供的源代码资源，进行相应组件的编程开发。

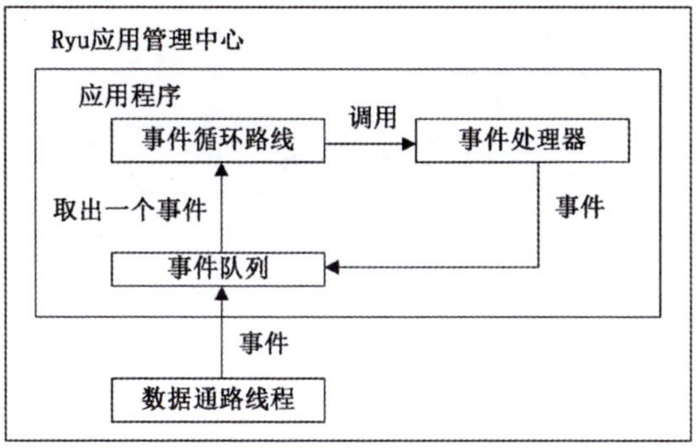

图 5-3-5　Ryu 的组件运行框架与简单流程

有了事件处理器或处理函数，对于不同类型的事件，事件循环线程就可以实现事件处理器或处理函数的准确匹配或调用。Ryu 借助 Python 语言定义的修饰器实现，对应的修饰器定义如下：

```
ryu.controller.handler.set.ev_cls(ev_cls,dispatchers=None)
```

其中，参数 ev_cls 用于指定事件类型所调用的事件处理函数，也就是说，当该指定类型的事件触发后，相应的事件处理函数被调用。参数 dispatchers 有 HANDSHAKE_DISPATCHER、CONFIG_DAPATCHER、MAIN_DISPATCHER 和 DEAD_DISPATCHER 四个取值，分别对应交换机与控制器通信过程中的 4 个不同的阶段或状态：交换 Hello 消息，在控制器与交换机建立安全连接后，双方发送 Hello 消息进行协议版本的协商；接收 Features 消息，控制器发送 Features_Request 消息获取交换机的参数，交换机回复 Features_Reply 消息将交换机的详细参数告知控制器，控制器发送 Set_Config 消息，向交换机下发配置参数；一般状态，控制器与交换机之间进入 Packet_In、Packet_Out 交互；连接中断状态，当通信完成或发生错误时，中断连接。

下面是定义 ev_els 的一个实例：

```
@set_ev_cls(ofp.event.EventOFPPacketIn，MAIN_DISPATCHER)
def _packet_in_handler(self,ev):
……
```

上面的例子中，修饰器第一个参数用于指定事件类型为 Packet_In，当该事件产生时，会调用事件处理器 packet_in_handler 对其进行处理。第二个参数指定该事件在 MAIN_DISPATCHER 状态下发生。

3. 二层自学习交换机组件开发

开发目标是实现一个二层自学习交换机组件，可提供收到数据包后向控制器发送 Packet_In 消息、学习 MAC 地址表、根据 Packet_Out 报文指示交换机将数据包泛洪等基本功能。为了完成该组件的开发，首先需要理解交换机工作原理，包括基于二层地址表的转发策略和地址表自学习算法。其次，需了解或熟悉 Ryu 的代码库。Ryu 提供了大量的自建组件和源代码可供开发者利用与借鉴，同时，Ryu 组件在运行时需要相关内建组件或目录库的支持。最后，要明确组件的运行与处理流程，相应的处理流程可参见图 5-3-6。

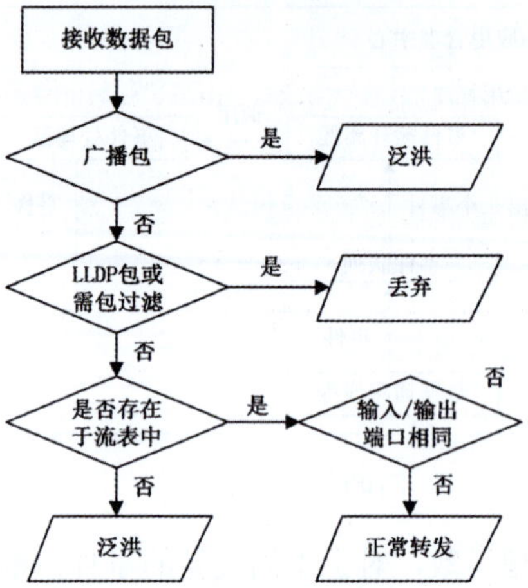

图 5-3-6　二层自学习交换机组件的数据包处理流程

首先判断数据包是否为广播数据包，若是则对其进行广播泛洪转发操作；否则判断是否为 LLDP 数据包或需包过滤的数据包，若是则对其进行丢弃操作；否则判断数据包的目的地址能否在流表中找到对应的输出端口，若不能则进行泛洪处理；若能够找到，判断输入 / 输出端口是否一致，若一致则丢弃数据包，若不一致则正常转发。

下面结合二层自学习交换机组件实现代码的分析，梳理组件开发的要点。

（1）对组件所要引用的所有依赖包进行声明。app_manager 是 Ryu 应用的管理中心，用于加载 Ryu 应用程序，接收从 App 发送过来的信息，同时也完成消息的路由。ofp_event 实现从 OpenFlow 报文生成事件，CONFIG_DIS-PATCHER、MAIN_DISPATCHER 用于描述事件发生时的交换机状态。set_ev_cls 是修饰器，packet、ethernet 和 ether_types 是网络报文库中的类，用于报文解析。具体代码如下：

```
from ryu.base import app_manager
from ryu.controller import ofp_event
from ryu.controller.handler import CONFIG DISPATCHER,MAIN_DISPATCHER
from ryu.controller.handler import set_ev_cls
from ryu.ofproto import ofproto_v1_3
from ryu.lib.packet import packet
from ryu.lib.packet import ethernet
from ryu.lib.packet import ether_types
```

（2）定义或创建一个交换机类。定义或创建该类的目的是对所要实现的二层自学习交换机进行功能抽象与封装。该类继承自 RyuApp 父类。RyuApp 是 Ryu 应用的抽象功能描述类，用于完成 Ryu 应用所需要完成的基本操作。该类的代码实现分为以下几步。

步骤 1：创建 SimpleSwitch13 类。

指定 OpenFlow 的版本为 1.3，SimpleSwitchl3 类的 mac_to_port 用于保存 MAC 地址和交换机端口的对应关系。具体代码如下：

```
class SimpleSwitch13( app_manager.RyuApp):
  OFP_VERSIONS = [ofproto_v1_3.OFP_VERSION]
  def__init__(self, *args, **kwargs):
    super( SimpleSwitch13,self).__ini__(*args, **kwargs)
    self.mac_to_port{ }    # 用于保存目的 MAC 地址和端口号的映射
```

步骤 2：定义修饰器，处理 ofp_event.EventOFPSwtichFeatures 类型事件。

当数据通路与控制器建立连接之后，通过 Features 消息回复数据通路的特性。switch_features_handler 方法通过 @set_ev_cls 装饰器注册 EventOFPSwtichFeatures 事件。当 EventOFPSwtichFeatures 事件在 CONFIG_DISPATCHER 阶段生成时，就会被分发到 switch_features_handler 方法，从而执行处理方法，完成事件处理。具体代码如下：

```
@set_ev_cls(ofp_event.EventOFPSwitchFeatures,CONFIG_DISPATCHER)
def switch_features_handler(self, ev):
  datapath = ev.msg.datapath       #datapath 存储交换机基本信息
  ofproto = datapath.ofproto
  parser = datapath.ofproto_parser
  match = parser.OFPMatch()
  actions = [parser.OFPActionOutput(ofproto.OFPP_CONTROLLER,
    ofproto.OFPCML_NO_BUFER)]
# 没有匹配任何其他流表时，发送请求给控制器
# 下发一条 table-miss 流表项至 datapath
# 用于指导交换机将匹配流表项失败的数据包以 Packet_In 的方式发送至控制器
    self.add_flow(datapath,0,match,actions)
# 定义添加流表项函数
  def add_flow(self,datapath,prorty,match,actions,buffr_id=None);
    ofproto = datapath.ofproto
    parser = datapath.ofproto_parser
    inst =[parser.OFPInstructionActions(ofproto.OFPIT APPLY_ACTIONS,actions))]
    if buffer_id:
      mod = parser.OFPFlowMod(datapath=datapath,buffer_id=buffer_id,
          priority =priorty, match=match,instructions=inst)
    else:
      mod = parser.OFPFlowMod(datapath=datapath, priority=priority,
          match=match,instructions=inst)
    datapath.send_msg(mod)
```

步骤 3：定义修饰器，处理 ofp_event.EventOFPPacketIn 事件。

packet_in_handler 方法注册 EventOFPPacketIn 事件，当 EventOFPPacketIn 事件在 MAIN_DISPATCHER 状态下产生时，就会被分发给 packet_in_handler 方法去处理。首先对数据包进行必要的解析，然后以交换机 dpid 的输入端口号为键值，将源 MAC 地址记录到 mac_to_port 字典中：mac_to_port[dpid][src]=in_port。接下来查看其目的 MAC 地址是否在 mac_to_port 字典数据项的值中，若目的 MAC 地址不在表中，则将输出端

口设置为 ofproto.OFPP_FLOOD，并通过 Packet_Out 报文指示交换机将数据包泛洪；若查询成功，则将输出端口设置为查询所得端口；最后调用 add_flow 方法将流表项下发到 datapath，从而完成二层自学习交换机应用。具体代码如下：

```
@set_ev_cls(ofp_event.EventOFPPacketIn,MAIN_DISPATCHER)
def_packet_in_handler(self,ev):
    if ev.msg.msg_len <ev.msg.total_len:    # 如果传输出错，丢弃
        self.logger.debug("packet truncated:only%s of %s bytes",
        ev.msg.msg_len,ev.msg.total_len)
        msg=ev.Msg
        datapath=msg.datapath
        ofpoto = dtapath.ofprto
        parser = datapath.ofproto_parser
        in_por = msg.match['in_port']
        pkt = packet.Packet(msg.data)
        eth = pk.get_protocols(ethernet.ethemet)[0]
    if eth.ethertype ==ether_types.ETHTYPE_LLDP:
        return   # 如果收到 LDP 包，丢弃
    dst = eth.dst
    src = eth.src
    # 获取 datapath.d，初始化 MAC 地址表
    dpid = datapath.id
    self.mac_to_port.setdefault(dpid,{})
    self.logger.info("packet in%s%s%s%s",dpid,src,dst,in_pon)
    self.mac_to_port[dpid][srce]=in_port      # 学习 MAC 地址
    if dst in self.mac_to_port[dpid]:         # 判断目的 MAC 地址是否已经学习到
        out_port = self.mac_to_port[dpid][dst]
    else:
        out_port = ofproto.OFPP_FLOOD      # 目的 MAC 地址未学习到
        actions =[parser.OFPActionOutput(out_port)]
    # 编写一个 Flow_Mod 信息
    if out_port!= ofproto.OFPP_FLOOD:
    match = parser.OFPMatch(in_port=in_port,eth_dst=dst,eth_src=src)
  if msg.buffer_id!=ofproto.OFP_NO_BUFFER:
    self.add_flow(datapath,1,match,actions,msg.buffer_id)
    return
  else:
    self.add_flow(datapath,1,match,actions)
    data = None
  if msg.buffer_id == ofproto.OFP_NO_BUFFER:
    data = msg.data
    out = parser.OFPPacketOut(datapath=datapath,buffer_id=msg.buffer_id,
    in_port=in_port,actions=actions,data=data)
    datapath.send_msg(out)  # 发送 Packet_Out 信息
```

上述的简单二层自学习交换机应用来自官方源代码，代码位于 ryu/app/simple_

switch_13.py。如果需要重新实现一个 Ryu 应用，在完成 Python 编写后需要保存到 App 目录下。由于新加了一个应用，Ryu 编译文件中并没有，所以还需对 Ryu 重新编译安装。重新安装之后，通过 ryu-manager 命令启动 Ryu 并执行新写的应用即可，具体命令如下。

```
cd ryu
sudo python setup.py install
sudo ryu-manager ryu/app/test.py        #（以 test.py 为例）
```

组件开发完成后，可通过 Mininet 连接 Ryu，并搭建测试拓扑完成对于 test.py 组件的测试验证。

4．基于 Ryu 实现网络的流量监控组件开发

该示例的开发目标是在控制器上实现一个简单的网络流量监控组件，能够定期地向交换机下发请求，获取交换机的流表项状态信息、端口状态信息；同时，当交换机状态发生变化如上线下线时，控制器能及时感知并做相应的处理。

实现网络的流量监控组件开发的实现逻辑，需要先分析该组件运行中涉及的事件，根据这些事件，编写事件处理器。本示例中涉及最主要的三个事件分别是交换机流表状态请求回应事件（EventOFPFlowStatsReply）、交换机端口状态请求回应事件（EventOFPPortStatsReply）和交换机状态变化事件（EventOFPStateChange）。需要编写的事件处理器分别是 _flow_stats_reply_handler、_port_stats_reply_handler 和 _state_change_handler。同时，为了实现对交换机流量的实时监控，需要在控制器上设置一个专门的监控线程 monitor，以便定时向交换机（线程）发出状态请求。

步骤 1：对组件所要引用的所有依赖包进行声明。定义并初始化 SimpleMonitor13 类，该类继承自 SimpleSwitch13，在该类中初始化 datapaths，该字典用于存储交换机 dpid。此外，启动一个新协程 hub.spawn(self._monitor) 用于定期发起请求。具体代码如下：

```
from operator import attrgetter
from ryu.app import simple_switch_13
from ryu.controller import ofp_event
from ryu.controller.handler import MAIN_DISPATCHER, DEAD_DISPATCHER
from ryu.controller.handler import set_ev_cls
from ryu.lib import hub

class SimpleMonitor13(simple_switch_13.SimpleSwitch13):
    def __init__(self, *args, **kwargs):
        super(SimpleMonitor, self).__init__(*args, **kwargs)
        self.datapaths = {}
        self.monitor_thread = hub.spawn(self._monitor)
```

步骤 2：编写事件处理器 _state_change_handler，实现对 EventOFPStateChange 事件的处理，当交换机的状态发生改变时，例如交换机上线下线，可以把交换机加入字典或从字典中删除。通过 ev.state 取值 MAIN_DISPATCHER 或 DEAD_DISPATCHER 判断交换机的状态。当 ev.state 取值为 MAIN_DISPATCHER 且交换机 id 不在列表时，表示有新加入的交换机；当 ev.state 取值为 DEAD_DISPATCHER 且 datapath.id 在 datapaths 列表中时，表示有掉线的交换机，即需要将掉线的交换机从 datapaths 列表中删除。对

于有交换机状态变化的情况，需要对 datapaths 列表进行更新。具体代码如下：

```
@set_ev_cls(ofp_event.EventOFPStateChange,[MAIN_DISPATCHER,DEAD_DISPATCHER])
  def _state_change_handler(self,ev):
      #first get ofprocotol info
    datapath = ev.datapath
    ofproto = datapath.ofproto
    ofp_parser = datapath.ofproto_parser
    #judge datapath`s status to decide how to operate
    if datapath.state == MAIN_DISPATCHER:        # 应该将交换机加入字典
      if datapath.id not in self.datapaths:
        self.datapaths[datapath.id] = datapath
        self.logger.debug("Regist datapath: %16x",datapath.id)
    elif datapath.state == DEAD_DISPATCHER:      # 应该将交换机从字典中删除
      if datapath.id in self.datapaths:
        del self.datapaths[datapath.id]
        self.logger.debug("Unregist datapath: %16x",datapath.id)
```

步骤 3：编写 monitor 函数。用 hub.sleep(10) 设置控制器每隔 10s 向 datapaths 列表内所有的交换机下发状态信息请求。用 _request_stats() 方法下发请求，请求内容分别为交换机的流表项状态信息（OFPFlowStatsRequest）和端口状态信息（OFPPortStatsRequest）。具体代码如下：

```
def _monitor(self):
  while True:
    for dp in self.datapaths.values():
      self._request_stats(dp)
    hub.sleep(10)
def _request_stats(self,datapath):
  self.logger.debug('send stats request: %016x', datapath.id)
  ofproto = datapath.ofproto
  parser = datapath.ofproto_parser
  req = parser.OFPFlowStatsRequest(datapath)
  datapath.send_msg(req)
  req = parser.OFPPortStatsRequest(datapath, 0, ofproto.OFPP_ANY)
  datapath.send_msg(req)
```

步骤 4：编写事件处理器 _flow_stats_reply_handler，实现对 EventOFPFlowStatsReply 事件的处理。该事件监听交换机回复的流表项状态信息，并对信息进行打印输出。打印的输出信息包括 datapath（交换机序号）、in-port（流量输入端口）、eth-dst（以太网地址）、out-port（输出端口）、packets（数据包个数）和 bytes（数据大小）信息。具体代码如下：

```
@set_ev_cls(ofp_event.EventOFPFlowStatsReply, MAIN_DISPATCHER)
def _flow_stats_reply_handler(self,ev):
  body = ev.msg.body
  self.logger.info('datapath         '
                'in-port  eth-dst          '
                'out-port packets  bytes')
  self.logger.info('---------------- '
```

```
                   '-------- ---------------- '
                   '-------- -------- --------')
    for stat in sorted([flow for flow in body if flow.priority == 1],
                       key=lambda flow: (flow.match['in_port'],
                                         flow.match['eth_dst'])):
        self.logger.info('%016x %8x %17s %8x %8d %8d',
                         ev.msg.datapath.id,
                         stat.match['in_port'],stat.match['eth_dst'],
                         stat.instructions[0].actions[0].port,
                         stat.packet_count, stat.byte_count)
```

步骤 5：编写事件处理器 _port_stats_reply_handler，实现对 EventOFPPortStatsReply 事件的处理。该事件监听交换机回复的端口状态信息，并对信息进行打印输出。打印的输出信息包括 datapath（交换机序号）、port（交换机端口）、rx-pkts（接收数据包个数）、rx-bytes（接收数据包大小）、rx-error（接收错误数）、tx-pkts（发送数据包个数）、tx-bytes（发送数据包大小）和 tx-error（发送错误数）。具体代码如下：

```
@set_ev_cls(ofp_event.EventOFPPortStatsReply,MAIN_DISPATCHER)
def _port_stats_reply_handler(self,ev):
    body = ev.msg.body
    self.logger.info('datapath         port     '
                     'rx-pkts  rx-bytes rx-error '
                     'tx-pkts  tx-bytes tx-error')
    self.logger.info('---------------- -------- '
                     '-------- -------- -------- '
                     '-------- -------- --------')
    for stat in sorted(body, key=attrgetter('port_no')):
        self.logger.info('%016x %8x %8d %8d %8d %8d %8d %8d',
                         ev.msg.datapath.id, stat.port_no,
                         stat.rx_packets, stat.rx_bytes, stat.rx_errors,
                         stat.tx_packets, stat.tx_bytes, stat.tx_errors)
```

5.4 课后提升

一、选择题

1．OpenDaylight 的版本命名策略是（　　）。

A．元素周期表顺序　　B．英文 26 个字母顺序

C．不同城市的名称　　D．没有具体策略

2．下面关于 OpenDaylight 的说法错误的是（　　）。

A．OpenDaylight 控制器基于 Python 语言开发，采用了 OSGi 体系结构

B．OpenDaylight 控制器主要包括开放的北向 API、控制器平面、南向接口和协议插件

C．OpenDaylight 引入了 MD-SAL，可以自动适配包括 OpenFlow 交换机等底层不同的设备

D．OpenDaylight 项目的成立代表了传统网络芯片设备商对于 SDN 这个颠覆性技术的跟进与支持

3．以下 OpenDaylight 的众多项目中，不属于核心项目的是（　　）。

A．YangTools　　B．MD-SAL

C．TopologyProcessingFramework　　D．Controller

4．使用 OpenDaylight 界面下发流表时使用的操作类型是（　　）。

A．GET　　B．PUT　　C．POST　　D．DELETE

5．关于 YANG，描述正确的是（　　）。

A．YANG 是一种数据建模语言，用于对应用程序、远程过程调用（RPC）以及消息通知的配置和状态数据进行建模

B．MD-SAL 中的 M 就是通过 YANG 实现的

C．模块是 YANG 中定义的基本单位，它定义了一个单一的数据模型

D．以上都对

二、判断题

1．SDN 通过控制器对网络实现集中控制。

2．ON.Lab 发布了首款开源 SDN 网络操作系统 OpenDaylight。

3．OpenDaylight 默认启动的监听端口号是 6634。

4．从氢版本开始，OpenDaylight 就采用 Karaf 作为其后台框架。

5．Karaf 是一个基于 OSGi 的运行环境的开源项目，Karaf 提供了一个轻量级的 OSGi 容器。

拓展阅读

浪潮瞄准 SDN 技术助力强国建设[①]

党的十九大报告提出建设网络强国，并对网络强国建设的一系列重大问题做出战略部署。从“网络大国”到“网络强国”一字之变，预示着中国互联网进入全新的发展时期。浪潮作为中国信息化建设的参与者和见证者，积极助力政企客户加速网络基础设施的部署，推动数字化转型，助力“网络强国”建设。

通过与思科的战略合作，一方面使浪潮在原有计算、存储的优势基础上，加入了网络产品，提升在云数据中心领域的整体解决方案能力；另一方面，利用浪潮的本地化优势，也将为中国本土用户带来更加贴合其需求的定制化网络产品和解决方案。短短一年时间内，浪潮网络产品已经在浪潮的本土化优势和深厚的市场基础上取得了突破性进展，成功服务众多行业用户并得到高度认可。

① SDNLAB 君，浪潮思科发布创新驱动网络战略，SDN 研发取得突破，https://www.sdnlab.com/20133.html。

浪潮思科网络 CEO 张海涛透露，公司未来将继续坚持本地研发、本地制造、本地服务和本地定制的四大基本原则，发展三个“100+”目标，深耕政企领域，下沉至地市级市场，努力发展合作伙伴实现共赢，抓住网络市场发展的新机遇，助力浪潮以云数据中心、云服务、大数据、智慧城市和智慧企业等领域领先的技术，推动中国信息化的发展建设。

当前，以 SDN 为代表的新一代网络技术成为发展趋势，也是浪潮思科网络技术发展的方向之一。浪潮将基于多年来在中国市场的深耕实践，在思科全数字化网络架构（DNA）的基础上，以 SDN 研发为突破，制造出符合中国客户要求的网络产品和解决方案。会议现场，浪潮思科网络 CTO 周牧还带来最新基于 SDN 技术的研究成果——浪潮智能云引擎 SDN 控制器。未来，浪潮将打造智能融合的网络架构平台，在 SDN 层面实现网络资源的自动部署，为中国客户提供高效敏捷的运维方案。

随手笔记

项目 6

SDN 北向接口应用实践

知识目标

★ 理解 SDN 北向接口的概念，理解其作用和分类；

★ 理解 RESTful 和 RESTCONF 接口的概念；

★ 了解常见的开源控制器的北向接口函数；

★ 理解 Linux 的 curl 命令，学会使用此命令调用控制器的北向接口。

能力目标

★ 会使用 OpenDaylight 有关流表的北向接口函数；

★ 掌握使用 Postman 调用北向接口的方法；

★ 会使用 curl 命令调用 Floodlight 北向接口的方法。

素质目标

★ 培养分析问题、解决问题的能力；

★ 培养团队协作能力和意识。

思政目标

★ 培养专业认同感和职业精神；

★ 培养信息安全与国家安全意识。

思维导图

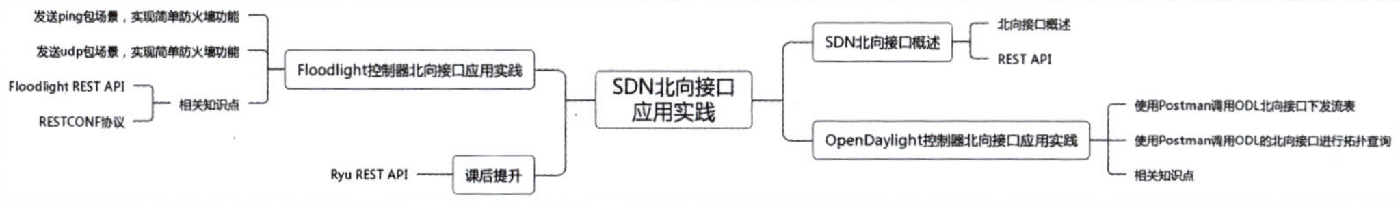

项目分析

通过 Postman 工具的使用，掌握 SDN 北向接口的概念、分类和 OpenDaylight 控制器下的网络拓扑查询、流表的下发和删除，并理解 RESTful API、RESTCONF 等实用的北向接口协议。

6.1 认知 SDN 北向接口基本原理

6.1.1 实施任务单

任务编号	6-1	任务名称	认知 SDN 北向接口基本原理
任务简介	北向接口是 SDN 控制器向应用层开放的接口，是 SDN 网络架构不可或缺的重要部分。本任务通过介绍 SDN 北向接口的概念、实用的 RESTful API、RESTCONF 等北向接口，使同学认识北向接口		
任务目标	1．理解 SDN 北向接口的概念； 2．理解 RESTful API 和 RESTCONF 接口的概念及作用		
设备环境	装有 Office 或 WPS 办公软件的台式机或笔记本电脑		
实施专业		实施班级	
实施地点		小组成员	
指导教师		联系方式	
任务难度	初级	实施日期	年　月　日
实施内容	1．写出 REST 架构的软件设计遵循的设计准则； 2．画出 RESTCONFIG 协议与 NETCONF 协议的对比图		

6.1.2 实施评价单

任务编号	6-1	任务名称	认知 SDN 北向接口基本原理		
评价项目			自评	小组评	教师评
课堂表现	学习态度（20 分）				
	沟通合作（10 分）				
技能操作	写出 REST 架构的软件设计遵循的设计准则（30 分）				
	画出 RESTCONFIG 协议与 NETCONF 协议的对比图（40 分）				
学生签字		年　月　日	教师签字		年　月　日

评价标准

项目		A	B	C	D	E
课堂表现	学习态度	与老师辩论	向老师提出质疑	与老师互动交流	被动回答问题	沉默
	沟通合作	小组学习中具有很强的团队沟通合作能力	小组学习中具有良好的团队沟通合作能力	小组学习中具有较好的团队沟通合作能力	小组学习中能够参与团队沟通合作	小组学习中不能够参与团队合作
任务完成	写出 REST 架构设计准则	详细展示 REST 架构设计准则，文档精美	准确展示 REST 架构设计准则，文档较好	基本展示 REST 架构设计准则，文档较好	基本展示 REST 架构设计准则，文档一般	没能展示 REST 架构设计准则，文档较差
	画出 RESTCONFIG 协议与 NETCONF 协议的对比图	详细展示对比图，文档精美	准确展示对比图，文档较好	基本展示对比图，文档较好	基本展示对比图，文档一般	没能展示对比图，文档较差

6.1.3 相关知识点

6.1.3.1 北向接口概述

SDN 北向接口概述

SDN 的核心是实现网络的可编程控制，推动网络业务的创新，而北向接口恰恰是这一趋势的最关键推动力。通过北向接口，用户能以软件编程的形式调用各种网络资源，上层的网络资源管理系统可以全局把控整个网络的资源状态，并对资源进行统一调度。北向接口是直接为业务应用服务的，网络业务又具有复杂多样性，因此其设计必须能够描述业务意图，具有良好的可操作性，且应是灵活的、可扩展的，以满足复杂多变的业务创新需求。同时，北向接口的设计是否合理、便捷，是否能够被业务应用广泛调用，也会直接影响到 SDN 控制器厂商的市场前景。

与南向接口方面已有 OpenFlow 等国际标准不同，北向接口方面还缺少业界公认的标准。其主要原因是北向接口直接为业务应用服务，其设计须密切联系业务应用需求，具有多样化的特征，很难统一。目前，SDN 市场上各种各样的控制器，如 OpenDaylight、Floodlight、ONOS 等，都会对外提供各自的北向接口，用于上层应用开发和资源编排。这些北向接口的开放层次参差不齐，或者从用户角度出发、或者从运营角度出发，或者从产品能力角度出发提出了很多方案，无法形成统一的、标准的北向接口，给上层应用带来了很大困扰，学习成本也很高。因此，北向接口的标准制定成为当前 SDN 领域竞争的焦点。

1．北向接口的发展历程

开放、可编程是 SDN 网络的显著特征。SDN 网络中，开放关注的焦点逐渐上移，从关注具体的底层网络实现到聚焦真正用户业务需求，不断提升 SDN 的价值，主要经历了三个阶段。

第一阶段：关注设备开放接口。在这一阶段，网络开放关注于基础设施层的设备开放接口，通过设备开放接口，直接实现对现有网络设备的控制域编程。根据 ONF 中定义的 OpenFlow 协议标准，通过 [match, action] 的模型方式，直接生成并下发网络基础设备（如交换机、路由器及网络芯片）的转发表项，实现对数据报文转发行为的控制。在这一阶段，应用层和控制器层之间的边界是模糊的，应用层业务的开发需要感知底层物理网络的细节，并且需要构造复杂表项实现业务开发，给新业务的开发带来极大困难。

第二阶段：关注控制器能力开放接口。在这一阶段，网络开放关注于控制器的能力开放，通过控制器的开放接口，可以实现特定的功能型、特定场景或技术方案的网络控制能力。在 ONF 的 North Bound Interface Work Group 中，定义了大量的不同功能的开放接口，如 Topology、L2VPN、L3VPN、Tunnel 等，这些接口从具体的、独立的网络能力角度，隐藏了具体网络设备的转发表项细节。此阶段的控制能力开放接口具备了一定的抽象特性，简化了使用流程，利用这些功能接口的组合可以部署常见业务，但使用者仍需具备丰富的网络知识和相关技术背景，同时，网络应用和技术实现互相绑定，随着网络功能的不断创新，面向新功能的北向接口也需要不断地增加或扩展。

第三阶段：关注系统能力开放接口。在这一阶段，网络开放关注于系统能力的开放接口，更注重于网络整体能力的抽象和开放，提供面向网络操作意图的网络操作接口。使用这类用户意图的声明式接口，网络用户、应用只需描述想要“What”，而无须关心“How”去实现，向用户隐藏了网络相关的技术信息，大大降低了网络用户、服务的网络操作难度，使得网络更容易被操作和使用。尽管面向用户网络操作意图北向接口（Intent NBI）日益成为业界关注的热点，但现阶段大家对 Intent 的概念以及 Intent NBI 的描述形式和内容难以达成统一，源于 Intent NBI 的目标用户群尚未明确。同时，这种面向用户意图的北向接口势必会为控制器实现的“智能化”、服务质量的保障等带来更多的挑战。

2. 北向接口的发展现状

在 SDN 体系结构中，北向接口是应用平面与控制平面之间的交互接口。通过该接口，可以软件编程的方式实现对底层各种网络资源的调用，开发满足不同上层应用与业务需要的各种网络应用程序。尽管 SDN 北向接口未形成统一的标准，但从北向接口的功能立足点来看，主要有两种类型的接口：功能型北向接口（Functional NBI）和基于意图的北向接口（Intent-Based NBI）。

（1）功能型北向接口。此类接口基于自下而上的网络视角和方法，重点在网络资源抽象及控制能力的开放，关注的是“网络能提供什么”，可将底层网络的类型与特性抽象为不同类型的网络资源或逻辑功能。典型的技术方案相关接口有 L2VPN、L3VPN、IP-TE 等。

功能型北向接口主要面向具体的网络功能，与具体的网络实现技术方案相关。它主要对网络功能模型与网络管理模型进行抽象，网络功能模型主要在控制器上实现，侧重于业务下发与流量统计等功能；网络管理模型主要在运行支撑系统（Operational Support System，OSS）上实现，侧重于告警、性能监测和日志统计等功能。

（2）基于意图的北向接口。此类接口基于自上而下的网络视角和方法，重点在满足上层应用与业务实现逻辑和服务质量的需求，关注的是“应用需要什么”，通过对用户或业务需求的意图分析与洞察，定义与抽象其所需要的连接服务、资源需求、访问控制、流处理和策略逻辑等内容。

基于意图的北向接口提出了一种与网络实现技术无关的北向接口，这是一种新的设计思想，它自顶向下地从需求视角对网络对象与能力进行抽象，并通过声明式的表达体现使用者的意图，也就是关注“应用想做什么”，而不关注如何去做。基于意图的北向接口有利于实现以应用为中心、意图驱动的智能网络，逐步成为业界关注的热点，吸引了众多运营商及服务提供方的关注与参与。目前，典型的 Intent 接口有 NEMO、GBP、SUPA 等。

总之，两种技术观点站在不同的视角上，对 SDN 的发展方向进行诠释。目前，两者一方面通过各个标准组织对北向接口的分类、框架、协议等进行标准化定义；另一方面由各开源平台推动，力图通过支持更多网络应用落地，促成事实标准。总之，SDN 北向接口标准的制定在标准及开源组织中都有了长足的发展。

3. 标准领域的发展

ONF和IETF是对SDN进行标准化的最重要的两大标准组织，也成为北向接口竞争的重要战场。

（1）ONF（Open Networking Foundation）。ONF是SDN技术重要的标准化组织之一，致力于创新和发展新型网络架构。目前，ONF的会员数已经超过150家公司，其推动的SDN技术标准涵盖SDN技术的各个方面，主要包括SDN架构、南向接口、北向接口、转发模型、无线网络等，并成功制定了大名鼎鼎的SDN南向接口协议OpenFlow。在北向接口的制定方面，ONF也做出了重要的贡献。

2013年10月，ONF成立北向接口工作组（North Bound Interface Working Group），致力于建立SDN中北向接口的原型及其信息模型，为应用开发者设计一个统一的、层次清晰、功能完善的北向接口。目前，针对北向接口中SFC、VPN等技术方案相关的标准还在进一步讨论中，同时基于Intent的北向接口的信息模型、数据模型和应用实例等也都在积极地进行中。

（2）IETF（Internet Engineering Task Force）。IETF是全球互联网最具权威的技术标准化组织，主要任务是负责互联网相关技术规范的研发和制定，重点是定义设备间的协议及技术规范。随着SDN技术理念被业界广泛接受，IETF也成立相应的工作组全面开展标准化工作。其研究更注重重用现有的协议和架构，立足于以演进的方式实现集中控制和网络的可编程。在北向接口标准的制定方面，IETF也取得了很多进展。

IETF前期侧重于制定技术方案接口类北向接口，早期IETF成立ALTO（Application-Layer Traffic Optimization）工作组，主要通过为应用层提供更多的网络信息，完成应用层的流量优化。2013年IETF成立SFC工作组，其主要职责是定义如何将多个业务功能通过业务链串接起来形成不同的业务功能集合，以满足不同场景的需求和部署。目前，已经发布SFC架构RFC，并在努力制定相应的数据模型。2015年IETF成立OPS域的网络级技术接口的工作组L3SM，旨在制定统一L3VPN部署的数据模型，以L3VPN为目标，探索IETF定义网络级业务统一接口的可行性。

随着Intent的概念被不断热议，IETF也开始成立专门的工作组来制定Intent接口标准。2014年年底，华为推动成立IB-NEMO讨论组，聚焦Intent-Based Network Modeling相关工作的讨论，旨在将现有网络操作意图抽象成Intent统一模型，实现对网络资源的灵活操作与控制。

2015年，华为推动成立SUPA（Simplified Use of Policy Abstractions）工作组，主要目标是制定通用的Policy模型，并且将Intent Policy作为其中重要的研究内容。目前，已经提交了关于Intent Policy的信息模型、数据模型及应用场景实例等多篇草稿。

4. 开源领域的发展

目前，已经有许多开源社区致力于推动SDN在网络的应用，造成了极大的影响力。其中，从参与度和影响力上，OpenStack、OpenDaylight和ONOS比较值得关注。

（1）OpenStack。OpenStack是一个由NASA（美国国家航空航天局）和Rackspace合作研发并发起的，以Apache许可证授权的自由软件和开放源代码项目。OpenStack是目前最活跃的一个开源云计算管理平台项目。作为SDN控制器的一个重要应用，其由多个组件组成，与网络相关的组件有 Neutron、GBP、congress 组件。在此，简单讨论一下 Neutron 组件。

Neutron 为 OpenStack 提供了“网络即服务”的功能，租户在云中能够自定义地构建起一套虚拟网络环境，互联其虚拟机，并提供网络服务，真正构建起一个属于租户的虚拟 DC。Neutron 将网络抽象为网络 Network、子网 subnet、端口 port、路由器 router 等，之后启动的虚拟机就可以直接挂在这个网络上。子网是由一组 IP 地址组成的地址池，OpenStack 可从中向虚拟机分配 IP 地址。端口是虚拟机和路由器或交换机挂接网络的附着点，一个虚拟机实例可通过此端口将它的网络适配器附加到一个虚拟网络。

Neutron 典型的网络结构如图 6-1-1 所示。从 Neutron 的网络抽象可以看出，这是一个典型的适用于云计算环境的北向抽象，没有网络拓扑的概念，以虚拟机为中心对网络的抽象。该抽象只能描述虚拟机之间的互通与隔离，不能描述大部分的网络业务，例如 SLA、QoS 和 ServiceChain 等，虽然现在 Neutron 也在扩展，但只是针对某个业务需求而实现的扩展，没有一个通用的模型来支撑。

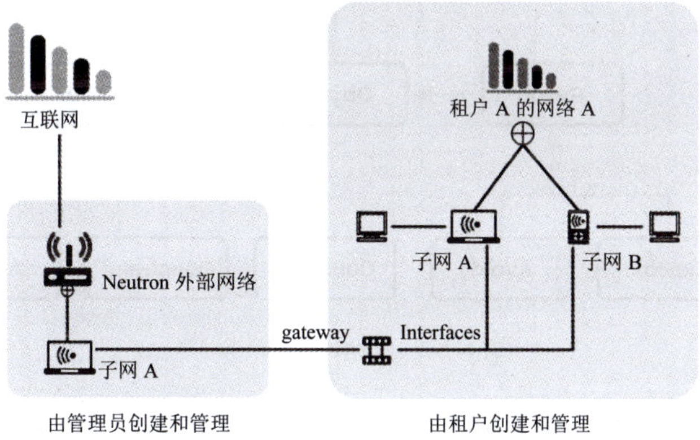

图 6-1-1　Neutron 典型的网络结构

（2）ONOS。ONOS（Open Network Operating System）是由斯坦福、伯克利等知名大学联合运营商、设备制造商发起的非营利性开源社区组织，对 SDN 的发展有着重要影响力。其目标是创建一个开源的 SDN 网络操作系统，满足运营商对网络性能的电信级要求，满足运营商网络迁移到 SDN 网络的需求。

ONOS 架构中有两个强大的北向接口层：意图框架和全局网络视图。意图框架屏蔽服务运行的复杂性，允许应用向网络请求服务而不需要了解服务运行的具体细节，这就意味着网络运营商和应用开发者只需提出操作意图就可以进行高级编程。目前，ONOS 的 Intent Framework 中已经提出了集中类型的 Intent、HostToHost、PathIntent 等。目前，ONOS 许多项目还处于起步阶段，需要进一步的追踪。

（3）OpenDaylight。2014 年，IBM、Cisco、Brocade、Juniper 等厂商发起 OpenDaylight 项目（简称 ODL），旨在打造一个统一的开放 SDN 平台，以推动 SDN 技术的创新。ODL 项目自成立以来就受到业界的广泛关注，目前已拥有会员，并完成 14 次发布。作为极具影响力的开源社区，ODL 吸引了许多关注北向接口的项目的参与。例如 2014 年年底，由 HP 提交了新的项目 NIC（Network Intent Composition），目的是提供一种通用的抽象的策略语法，让用户很方便地描述自己的意图。除了在 OpenStack 的贡献之外，GBP 也在 ODL 中提交了开源项目。ODL 中的 GBP 将策略作用的最底层抽象命名为 endpoint，可以对应物理网络中的特定设备，如虚拟机接口、物理接口或其他网络设备。将具有相同策略的 endpoint 组合成为 group。contract 是 group 之间的契约。契约由一些规则组成，每个规则规定了两个 group 之间的流量行为，例如重定向。用户只需指定 EPG 的范围以及 EPG 之间的通信规则，即可完成底层网络规则的自动部署。

（4）华为的 Intent NBI 实践。2015 年，华为公司提交了 NEMO 项目，目的是将现有网络操作意图抽象成一系列的网络操作元语。通过这些元语的灵活组合即可灵活地操作网络资源，编排网络处理逻辑，形成丰富的网络应用。NEMO 项目提出的 Intent 模型如图 6-1-2 所示。

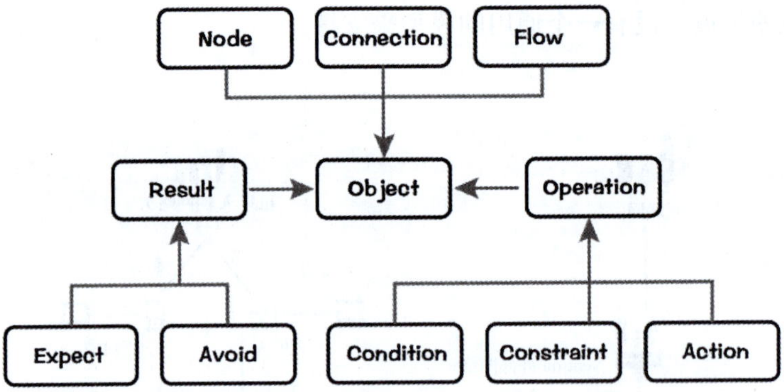

图 6-1-2　NEMO Intent 模型

NEMO 将用户关注的网络操作意图抽象为网络资源和网络行为，网络资源抽象为 Object，用于描述网络业务模型的主体，主要包括面向用户的节点（Customer Facing Node，CFN）、连接（Connection）和业务流（Service Flow）。对网络行为的操作抽象为 Operation（指定完成动作），用于描述用户期望的行为，可以用“在某个条件下，做某个动作，同时遵守某种约束（Constraint）”的模式来表述。例如，在满足带宽、延时等网络条件下，在匹配哪些节点不可互通等限制下，标记优先级，实现转发操作。Result（指定达到的最终目标）用于描述用户希望达到的状态，包括期待结果和避免结果两类，可以用“期望达到某一状态”或者“避免达到某一状态”的子句来表述。例如，预期保证带宽利用率大于 80%、避免端到端延时大于 100ms 等。Intent 可表示为“Object+Operation”“Object+Result”等。目前，NEMO 项目实现了常见网络应用场景。

华为提出的 NEMO 项目一直引领着 Intent NBI 的实践，提供了一套完整的基于意图的实现。NEMO 项目开发了一种面向网络服务的编程语言作为一种新的 SDN 北向接口形式，打破了传统上“烟囱式”基于场景逐一定义接口的方式，基于 Intent 的表述模型总结出一套面向网络服务的原语，通过灵活地组合实现任意场景应用的描述与部署，并通过 15 种简单的语句替代了传统上成百上千的 API。NEMO 语言以更加自然和直接的方式表达用户的意图，网络应用和开发者在使用 NEMO 语言描述网络服务时，只需要告诉控制器做什么，而不需要指明如何去做。

NEMO 的 Intent 执行引擎实现了一个网络中间件，隐藏网络实现和部署的复杂性，将高层次的服务级别的 Intent 转化成真正的网络部署，并通过软件自动化的方式解决网络中资源和策略的冲突。其创新地提出的三层映射架构简化了 Intent 到网络部署的转换，使得每层映射功能清晰，第三方模块和新的算法功能可以快速地集成。

业务定制与业务创新一直备受运营商的关注。NEMO 抓住了运营商的需求，面向不同行业用户的意图，基于通用的网络操作模式和以应用为中心的网络模型，为运营商的业务设计人员提供了一种简单易用的网络业务模板定制方式。使用 NEMO 语言可以快速地捕捉行业用户的意图，方便在应用中描述其对网络的需求，而将网络实现层面的复杂性留给 SDN 控制器，并通过优化的软件系统，自动实现资源的分配、网络性能的监控、资源与策略的冲突解决，极大地简化了运营商的设计工作并加速了业务创新和新业务的布放。

此外，NEMO 还提供了一系列的支撑工具，例如沙箱，为测试、仿真和部署提供了便利，为网络应用提供了一套集成开发环境。

总之，北向接口在决定 SDN 发展方向与价值上具有举足轻重的意义，在开源和标准上势必存在更加激烈的竞争，但最终标准的制定还需要经过更多市场的考验。

6.1.3.2 REST API

从已经实现的 SDN 控制器来看，目前北向接口的实现以 REST API 为主，已经成为 SDN 北向接口的事实标准。包括 Ryu、Floodlight、OpenDaylight 等主流开源控制器及思科 DNA-C 等商业控制器都提供了对 REST API 的支持。除了 SDN 领域外，在 Web 开发、云计算领域中的很多应用，也使用了 RESTful 的设计思想。

REST API

1．REST API 的含义

REST API 包含了“API”和“REST”两个关键词。其中，API 通常包含了一组预先定义好的函数，供应用程序或编程开发人员访问调用，REST（Representational State Transfer）为表述化的状态转移，是罗伊•托马斯•菲尔丁（Roy Thomas Fielding）于 2000 年在博士论文中提出的一种万维网软件架构风格，目的是便于不同软件 / 程序在网络（例如互联网）中互相传递信息。需要注意的是，REST 是设计风格而不是标准，通常基于使用 HTTP、URI、XML 及 HTML 这些现有的广泛流行的协议和标准。REST 本质上是一组 Web 架构的约束条件和原则，满足 REST 约束条件和原则的设计规范或者架构风格就称为 RESTful，遵循 RESTful 设计的 API 就是 REST API。

RESTful 是针对 Web 应用中 HTTP 使用中的问题提出的。长期以来，在 Web 应用中，HTTP 协议的使用很不规范、非常随意，甚至很混乱。例如，要删除一个 ID 号为 10 的学生信息，URL 有多种写法，至少有下面三种比较普遍的写法。

```
/student/delete/id=10
/student/id=10&method=delete
/deleteStudentById?id=10
```

如果用 RESTful 设计，上面的例子可以统一写成以下形式：

```
DELETE /students/10
```

通过对比可以看出，这种以“HTTP 动作 +URI”的书写形式非常规范和简洁。为实现 HTTP 使用的规范与约束，REST 架构风格中引入了几个重要的概念。

（1）资源（Resource）：资源是对信息（包括所有数据或功能）的抽象。任何能够被命名的信息都能够作为资源。例如，在 Web 开发中，资源可以是一份文档或者一张图片，或者是一个超文本引用指向的目标；在普通的博客应用中，资源可能是用户、博文或者评论等；而在 SDN 中，资源可能是链路、交换机或者流表等。资源对于 REST 是一个非常重要的概念，因为 REST 是面向资源的设计。

（2）资源标识符（Resource Identifier）：用以标识组件之间交互的特定资源，在 Web 中的实例就是统一资源标识符（Uniform Resource Identifier，URI），包括统一资源定位符（Uniform Resource Locator，URL）和统一资源名称（Uniform Resource Name，URN）两种形式。URI、URL 和 URN 是有区别的，URI 是一个标准，它提供了一个简单、可扩展的资源标识方式；URL 和 URN 都是 URI 的一个子集（或者说一种实现方式），URL 不仅标识了 Web 资源，还指定了操作或者获取方式，同时指出了主要访问机制和网络位置；URN 用特定命名空间的名字标识资源，使用 URN 可以在不知道其网络位置及访问方式的情况下标识资源。对于 REST API 来说，一个资源一般对应一个唯一的 URI。简单来讲，就是 REST 通过 URI 来标识资源。因此，URI 设计的合理性和规范性十分重要。

（3）表述（Representation）：用于捕获一个资源当前或预期的状态，在组件之间传递该表述，表述由数据、描述数据的元数据以及描述元数据的元数据组成（通常用来验证消息的完整性）。一个特定的表述可能表示的是被请求资源当前的状态或预期的状态。以 Web 为例，典型的表述包括 HTML 文档、JPEG 图片等。

（4）元数据（Meta Data）：用于描述数据的数据，分为表述元数据和资源元数据。表述元数据是用于描述表述的数据，如媒体类型、最后修改时间等；资源元数据是用于描述资源的数据，如源链接、alternates 标签和 vary 标签等。

REST 给出的重要约束有 5 个，分别为客户 - 服务器（Client-Server）、无状态（Stateless）、缓存（Cache）、统一接口（Uniform Interface）和分层系统（Layered System）。此外，还有一个可选约束：按需代码（Code-on-Demand）。下面结合 Web 的例子，具体解释这些约束。

（1）客户 - 服务器：要求客户端用户接口和服务器端数据存储之间实现分离与解耦，从而允许客户端和服务器端分组优化，彼此之间不受影响，既提高了客户端的便捷性，也增强了服务器的可伸缩性。

（2）无状态：要求来自客户端的每一个请求必须包含服务器处理该请求所需要的所有信息。由于每个请求都被单独考虑，因此提高了服务器的可见性和可靠性。同时由于服务器是无状态的，能够很方便地实现水平扩展，因此提高了服务器的可扩展性。

（3）缓存：要求一个请求响应中的数据标记为是否可缓存，客户端可以重用相同请求的响应数据，这样可减少客户端和服务器端的交互次数，提高了效率。

（4）统一接口：强调组件之间的交互或通信应有一个统一的接口。以 Web 客户和服务器之间的通信为例，统一接口要求其方法必须是统一的，使用标准的 HTTP 动作，如 GET、POST、PUT 和 DELETE 等。

（5）分层系统：通过将架构分为若干等级的分层，限制组件的行为。例如，允许服务器和客户端之间的中间层，例如反向代理、API 网关等组件，代替服务器对客户端的请求进行回应，而这对于客户端来说都是透明的。它只关心接收到的 HTTP 响应，并不关心与它通信的组件是谁。分层系统提高了系统的可扩展性，但也增加了系统的复杂性。

2．REST API 的设计规范

一个 REST API 请求可以表示为“HTTP 动词 +URI”的形式。其中，“HTTP 动词”描述操作，“URI”标识资源。下面介绍 REST API 的具体设计规范。

（1）HTTP 动词。在 REST API 中，比较常用的是以下 6 个 HTTP 动词，见表 6-1-1。

表 6-1-1　HTTP 动词及其功能描述

HTTP 动词	功能描述
HEAD	获取某个资源的头部信息
GET	获取资源
POST	创建资源
PATCH	部分更新资源
PUT	完整更新资源
DELETE	删除资源

（2）资源的命名规范。资源的原型主要有文档（Document）、集合（Collection）、仓库（Store）和控制器（Controller）几种。资源标识符需要遵循一定的命名规范，具体命名规范如下。

- 文档：单一资源的表现形式，可以理解为一个对象，或者数据库中的一条记录，用名词单数命名。
- 集合：资源的一个容器或目录，可以向集合里面添加资源或文档，用名词复数命名。
- 仓库：由客户端管理的一个资源库，客户端可以向仓库中新增资源或者删除资源，也可以从仓库中获取资源，用名词复数命名。
- 控制器：可以执行一个方法，支持参数输入并返回结果，用包含动词的词语命名。

（3）URI 的设计规范。URI 的格式规范主要包括下面几点。

1）分隔符“/”的使用。分隔符“/”一般用来对资源层级进行划分，但不能出现在 URI 的末尾。

2）URI 中尽量使用连字符“-”代替下划线“_”。连字符“-”一般用来分割 URI 中出现的字符串，以提高 URI 的可读性。例如 http://api.example.org/mark-masse/this-is-my-first-post。

3）URI 中统一使用小写字母。

4）URI 中不要包含文件（或脚本）的扩展名。例如，不要出现“.php”或者“.json”之类的后缀名。

5）增删改查（CRUD）的操作不能出现在 URI 中。以对 ID 为 123 的 user 进行相关操作为例，GET/deleteUser?id=123、DELETE/deleteUser/123、POST/users/123/delete 等都在 URI 中出现了删除操作，这些写法都是错误的；而 GET/users/123、POST/users/123、DELETE/users/123 则是规范的，简洁且可读性好。

6）可以设置过滤参数作为资源列表分页标识使用。例如，请求 GET/users?pageSize=25 &pageStarIndex=50，通过设置 pageSize 和 pngeStarlndex，获取指定页的用户。

（4）HTTP 的响应状态码。在 RESTful 设计中，需要正确使用 HTTP 的响应状态码。REST API 相关的响应状态码以三位长度的十进制表示，包括以下四类：

- 2xx：以 2 开头，表示操作成功。
- 3xx：以 3 开头，表示重定向，资源位置发生了变化。
- 4xx：以 4 开头，表示客户端错误。
- 5xx：以 5 开头，表示服务器错误。

（5）元数据的设计。RESTful 设计中包括元数据的设计。可以在 HTTP 头部设置元数据字段，HTTP 头部的常用元数据字段如下。

1）ConentType：表示 body 的数据格式，例如 Content-Type 设置为 aplication/json，表示类型是 application，数据格式是 json。

2）Content-Length：表示 body 数据体的大小。

3）Last-Modified：表示资源最后被修改的时间戳。

RESTCONF 协议

6.1.3.3 RESTCONF 协议

1. RESTCONF 概述

随着网络规模的增大、复杂性的增加，自动化运维的需求日益增加，NETCONF 提供基于 RPC 机制的应用编程接口已无法满足网络发展中对设备编程接口提出的新要求，希望能够提供支持 Web 应用访问和操作网络设备的标准化接口。RESTCONF 是在融合 NETCONF 和 HTTP 协议的基础上发展而来的。RESTCONF 以 HTTP 协议的方法提供了 NETCONF 协议的核心功能，编程接口符合 IT 业界流行的 RESTful 风格，为用户提供高效开发 Web 化运维工具的能力。

从协议 RESTCONF 的名称可以看出，其包含了两个关键字：REST 和 Config，这是一个基于 REST 模式、用于网络配置与管理的协议，为 Web 应用提供获取配置数据、状态数据、通知事件的标准机制。该协议以 HTTP 作为传输协议，使用 YANG 语言来定义数据结构，并使用 NETCONF 定义数据存储。其中，数据存储可以通过文件系统、数据库、闪存或者它们的互相结合来实现。

在 NETCONF 协议中，定义了配置数据存储和一系列的创建（Create）、获取（Retrieve）、更新（Update）和删除（Delete）操作（简称 CRUD），这些操作可用于访问数据。YANG 是一种数据建模语言。它定义了数据存储内容、操作数据、协议操作、通知事件的语法和语义等。RESTCONF 是基于 YANG 来定义的标准数据模型，用于创建针对 NETCONF 数据存储的 CRUD 操作。RESTCONF 协议与 NETCONF 协议对比表见表 6-1-2。

表 6-1-2 RESTCONF 协议与 NETCONF 协议对比表

项目	NETCONF	RESTCONF
传输通道（协议）	传输层首选 SSH 协议，XML 信息通过 SSH 协议承载	基于 HTTP 协议访问设备资源，提供的编程接口符合 IT 业界流行的 RESTful 风格
报文格式	采用 XML 编码	采用 XML 或 JSON 编码
操作特点	操作复杂，支持增、删、改、查，支持多个配置数据库及回滚等。需要两阶段提交（先提交参数，再 commit 参数）	操作简单，支持增、删、改、查操作，仅支持 <running/> 配置数据库。无需两阶段提交，操作直接生效
客户端	NETCONF client	HTTP client
配置格式约定	YANG module / XSD	YANG module
交互方式	RPC	HTTP
服务端	NETCONF server	HTTP server

RESTCONF 协议的出现并非是为了取代 NETCONF 协议，而是提供一种额外的简易接口，其遵循 RESTHul 原则并且与面向资源的设备抽象兼容。与 NETCONF 协议相比，RESTCONF 协议提供的功能较简单，有一些功能它是不提供的，例如不提供对数据库的加锁操作、不支持数据库备份。因此，当需要提供复杂功能时，仍然需要使用 NETCONF 协议。目前，RESTCONF 协议被应用于 ODL 之中。

2. 资源模型

RESTCONF 协议的操作对象是基于层次结构的资源。首先，它的每个资源代表设备中的一个可管理组件，由概念数据集合和允许操作该数据的方法集组成。每个资源有它自己的媒体类型标识符，用 HTTP 响应头中的“Content-Type”字段表示。RESTCONF 协议定义了一些与应用相关的媒体类型，用于标识每个可用的资源类型，见表 6-1-3。

表 6-1-3 RESTCONF 协议定义的资源与媒体类型

资源	媒体类型
API 资源	application/vnd.yang.api
数据存储资源	application/vnd.yang.datastore
数据资源	application/vnd.yang.data
事件资源	application/vnd.yang.event
操作资源	application/vnd.yang.operation
补丁资源	application/vnd.yang.patch

3．消息

RESTCONF 协议以 HTTP 作为传输协议，采用 HTTP 报文实体表示消息。一个 HTTP 消息对应一个单独的协议方法或操作，大部分消息可以在一个单独的资源上执行一个单独的任务，例如获取资源或编辑资源。但有关 PATCH 方法的消息例外，如果采用 YANG Patch 格式，可以利用一个消息编辑多个数据仓库。RESTCONF 消息的一般格式如图 6-1-3 所示。

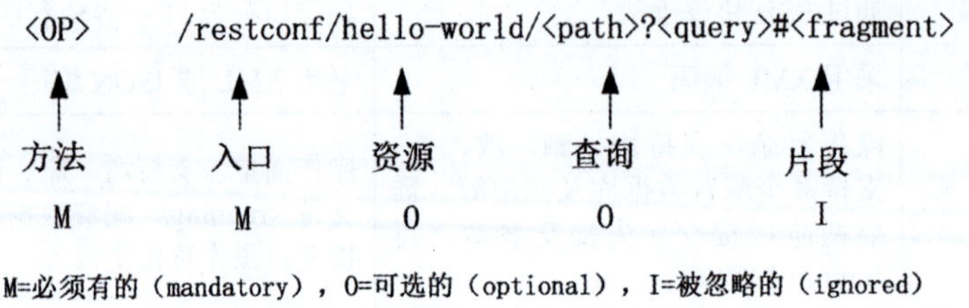

图 6-1-3　RESTCONF 消息格式

（1）方法（Method）：必需部分，表示消息所涉及的资源操作方法，如 GET、PUT 等 HTTP 方法名。

（2）入口（Entry）：必需部分，表示为每一台 HTTP 服务器上配置的 RESTCONF 入口，例如“/.well-known/restconf”。

（3）资源（Resource）：可选部分，表示将要被访问的资源，以路径表达式的形式表示。如果这个域为空，表明目标资源就是 API 本身，媒体类型为“application/vnd.yang.api”。

（4）查询（Query）：可选部分，表示 RESTCONF 消息携带的参数以键值对的形式出现。

（5）片段（Fragment）：该域目前尚未用于 RESTCONF 协议。

上述 RESTCONF 消息报文作为 HTTP 报文实体，封装在 HTTP 报文中进行传输。为此，一些典型的 HTTP 报文消息头可用于 RESTCONF 消息，包括请求和应答两种类型。

4．操作

RESTCONF 协议使用 HTTP 中的动词来为特别资源的请求定义 CRUD 操作，涉及 GET、POST、PUT 和 DELETE 等基本操作。

6.2 应用 OpenDaylight 控制器北向接口

6.2.1 实施任务单

任务编号	6-2	任务名称	使用 Postman 调用 ODL 北向接口
任务简介	Postman 是一个用于 API 开放的协作平台，OpenDaylight 提供了多个模块的北向接口。本任务使用 Postman 工具，调用 ODL 控制器的北向接口，实现网络拓扑查询、流表的下发和删除		
任务目标	1．理解 OpenDaylight 有关流表的北向接口； 2．掌握使用 Postman 调用北向接口的方法		
设备环境	装有 Ubuntu 虚拟机、Open vSwitch、OpenDaylight、Postman 的台式机或笔记本电脑		
实施专业		实施班级	
实施地点		小组成员	
指导教师		联系方式	
任务难度	中级	实施日期	年　　月　　日
实施内容	1．使用 Postman 调用 OpenDaylight 的北向接口进行流表管理； 2．使用 Postman 调用 OpenDaylight 的北向接口进行拓扑查询		

6.2.2 实施评价单

任务编号	6-2	任务名称	使用 Postman 调用 ODL 北向接口

评价项目		自评	小组评	教师评
课堂表现	学习态度（20 分）			
	沟通合作（10 分）			
技能操作	使用 Postman 调用 OpenDaylight 的北向接口进行流表管理（35 分）			
	使用 Postman 调用 OpenDaylight 的北向接口进行拓扑查询（35 分）			

学生签字		年　月　日	教师签字		年　月　日

评价标准						
项目		A	B	C	D	E
课堂表现	学习态度	与老师辩论	向老师提出质疑	与老师互动交流	被动回答问题	沉默
	沟通合作	小组学习中具有很强的团队沟通合作能力	小组学习中具有良好的团队沟通合作能力	小组学习中具有较好的团队沟通合作能力	小组学习中能够参与团队沟通合作	小组学习中不能够参与团队合作
任务完成	使用 Postman 调用 ODL 的北向接口进行流表管理	能独立并帮助他人成功使用 Postman 调用 ODL 的北向接口进行流表管理	能独立成功使用 Postman 调用 ODL 的北向接口进行流表管理	能通过团队成功使用 Postman 调用 ODL 的北向接口进行流表管理	能通过团队使用 Postman 调用 ODL 的北向接口进行流表管理，部分功能可用	不能完成任务
	使用 Postman 调用 ODL 的北向接口进行拓扑查询	能独立并帮助他人成功使用 Postman 调用 ODL 的北向接口进行拓扑查询	能独立成功使用 Postman 调用 ODL 的北向接口进行拓扑查询	能通过团队成功使用 Postman 调用 ODL 的北向接口进行拓扑查询	能通过团队使用 Postman 调用 ODL 的北向接口进行拓扑查询，部分功能可用	不能完成任务

6.2.3 任务实施指引

6.2.3.1 使用 Postman 调用 ODL 北向接口下发流表

1. 检查实验环境

步骤 1：登录虚拟机，启动 ODL 控制器。

步骤 2：另开启一个终端，执行 sudo mn --controller=remote -x 命令，建立 1 个交换机、2 个主机和连接本地 ODL 控制器的 Mininet 的开发环境。

步骤 3：执行 ovs-vsctl show 命令，查看交换机与控制器的连接情况。

步骤 4：登录控制器，查看控制器 IP。

2. 删除 ODL 自动下发的流表

在实验过程中需要验证两个不能通信的主机，通过 REST 北向接口下发流表，使得两个主机能够通信，所以需要删除原先的默认通信流表。

步骤 1：登录交换机，执行 ovs-ofctl del-flows -O OpenFlow13 s1 命令删除流表。

步骤 2：执行 ovs-ofctl dump-flows -O OpenFlow13 s1 命令查看是否删除成功。

步骤 3：登录其中一个主机，查看主机间的网络连通情况，此时主机间无法进行通信。

3. 下发流表

步骤 1：登录控制器，打开浏览器，输入 URL“http://[controller_ip]:8181/index.html”，输入用户名：admin，密码：admin，单击“登录”按钮。登录后，单击 Nodes 菜单，获取交换机 node id。

步骤 2：进入另一个超级终端打开 Postman 应用。

步骤 3：输入 URL“http://[controller-ip]:8181/restconf/config/opendaylight-inventory:nodes/node/[node-id]/table/0/flow/100”。

[controller-ip] 为当前控制器的数据层的 IP，[node-id] 即步骤 1 中获得的 node id，请求类型选择 PUT。一个页面需要输入用户名和密码，同样，用 Postman 发送请求也需要一定的权限。单击 Authorization 选项，type 项选择 basic auth。输入用户名和密码（均为 admin）。选择 raw → “XML（application/xml）”选项为 Body 选择类型。

步骤 4：输入 Body 内容如下。

```
<?xml version="1.0" encoding="UTF-8" standalone="no"?>
<flow xmlns="urn:opendaylight:flow:inventory">
  <flow-name>add-flow</flow-name>
  <table_id>0</table_id>
  <id>100</id>
  <installHw>false</installHw>
  <strict>false</strict>
  <priority>1</priority>
  <instructions>
    <instruction>
      <order>0</order>
      <apply-actions>
        <action>
```

```
            <order>0</order>
            <output-action>
    <output-node-connector>FLOOD</output-node-connector>
            </output-action>
          </action>
        </apply-actions>
      </instruction>
    </instructions>
    <match>
    </match>
  </flow>
```

注意：输入时须注意大小写。

步骤 5：单击 Send 按钮。

步骤 6：输入 URL“http://[controller-ip]:8181/restconf/config/opendaylight-inventory:nodes/node/[node-id]/table/0/”。[controller-ip] 为当前控制器 IP，[node-id] 即“下发流表”步骤 1 获得的 node id，请求类型选择 GET。单击 Authorization 选项，type 选择 basic auth，输入用户名和密码（都是 admin）。

步骤 7：单击 Send 按钮。可以看到，此流表为之前通过 REST 北向接口下发的流表。

步骤 8：登录其中一个主机，查看主机间的网络通信情况，此时主机间能够进行通信。

4．使用 Postman 删除流表

步骤 1：输入 URL“http://[controller-ip]:8181/restconf/config/opendaylight-inventory:nodes /node/[node-id]/table/0/flow/[flow-id]”。

请求类型选择 DELETE。访问一个页面需要输入用户名和密码，单击 Authorization 选项，type 项选择 basic auth。输入用户名和密码（用户名和密码都是 admin）。单击 Send 按钮。

步骤 2：登录交换机，切换至 root 用户。执行命令 ovs-ofctl dump-flows -O OpenFlow13 br-sw，可验证流表已删除。

6.2.3.2 使用 Postman 调用 ODL 的北向接口进行拓扑查询

步骤 1：登录控制器所在 VM，打开 Postman。

步骤 2：输入 URL“http://[controller-ip]:8181/restconf/operational/network-topology:network-topology/”。[controller-ip] 为当前控制器的 IP，请求类型选择 GET。访问一个页面需要输入用户名和密码，同样，用 Postman 发送请求也需要一定的权限。

单击 Authorization 选项，type 项选择 basic auth。输入用户名和密码（用户名和密码都是 admin）。

步骤 3：单击 Send 按钮查看结果。本次实验主要是查看 flow 拓扑、当前拓扑中的 node 节点、node 节点中的 port 信息以及 node 节点之间的连接信息。

6.2.4 相关知识点

1．Postman 工具简介

在使用接口的开发过程中，无论是写还是读，都得提前测试一下，这就非常需要一个给力的 HTTP 请求模拟工具。Postman 是 Google 开发的一款功能强大的网页调试与发送网页 HTTP 请求，并能运行测试用例的 Chrome 插件，非常适合这种场合。其主要功能如下。

（1）模拟各种 HTTP 请求。Postman 可模拟从常用的 GET、POST 到 RESTful 的 PUT、DELETE 等的 HTTP 请求，甚至还可以发送文件、送出 header。

（2）Collection 功能（测试集合）。Collection 是 Requests 的集合，可以把 Request 存到特定的 Collection 里面，供重复使用。一个 Collection 可以包含多条 Request，如果把一个 Request 当成一个 Test Case，Collection 就可以看成一个 Test Suite。通过 Collection 的归类，可以分类测试软件所提供的 API。

（3）Response 整理。Postman 可以针对 Response 内容的格式自动美化，可将 JSON、XML 或 HTML 整理成可以阅读的格式。

（4）内置测试脚本语言。Postman 支持编写测试脚本，可以快速地检查 Request 的结果，并返回测试结果。

（5）设定变量与环境。Postman 可以自由设定变量与环境，并且把变量保存在不同的环境中，这样不用修改测试脚本，就能测试不同的环境。

2．OpenDaylight 的 RESTful API 接口操作

（1）OpenDaylight 控制器的北向接口。OpenDaylight 提供了多个模块的北向接口，主要可以分为三大类，分别为网络服务类、平台服务类和拓展类。常用的有 Topology（获取拓扑、用户配置链路）、Host Tracker（探测所得的主机信息）、Flow programmer（提供查看流的信息以及流编程）、Statistics（各种统计信息）和 Switch Manager（获取交换机管理信息）。

OpenDaylight 的拓扑 RESTful API 对应的子资源点有两个，分别为 CONFIG 和 OPERATIONAL，CONFIG 主要是拓扑的配置信息，OPERATIONAL 主要是运行时的拓扑信息。每种类型的拓扑中包含两个模块的拓扑信息：flow 模块和 ovsdb 模块，在 OpenDaylight 没有安装 ovsdb 模块时，ovsdb 拓扑是不展示的。OpenDaylight 控制器的北向接口拓扑 API 见表 6-2-1。

表 6-2-1　OpenDaylight 控制器运行时的北向接口 API

URI	描述	示例
/restconf/operational/network-topology:network-topology	当前所有拓扑结构	http://[controller-ip]:8181/restconf/operational/network-topology:network-topology
/restconf/operational/network-topology:network-topology/topology/TopologyID（flow:1）	当前指定拓扑结构	http://[controller-ip]:8181/restconf/operational/network-topology:network-topology/topology/flow:1
/restconf/operational/opendaylight-inventory:nodes	当前所有拓扑结构中的所有交换机节点的信息	http://[controller-ip]:8181/restconf/operational/opendaylight-inventory:nodes

续表

URI	描述	示例
/restconf/operational/opendaylight-inventory:nodes/node/ 交换机 ID（openflow:52242899592）	当前指定拓扑结构中的指定交换机节点的信息	http://[controller-ip]:8181/restconf/operational/opendaylight-inventory:nodes/node/openflow:52242899592
/restconf/operational/opendaylight-inventory:nodes/node/ 交换机 ID/opendaylight-inventory:node-connector/ 连接 ID（openflow:1:2）	当前指定拓扑结构中的指定交换机节点中指定端口连接的信息	http://[controller-ip]:8181/restconf/operational/opendaylight-inventory:nodes/node/openflow:1/opendaylight-inventory:node-connector/openflow:1:2
/restconf/operational/opendaylight-inventory:nodes/node/ 交换机 ID/table/Flow Table 的 ID	当前指定拓扑结构中的指定交换机节点中单个 Flow Table 的信息	http://[controller-ip]:8181/restconf/operational/opendaylight-inventory:nodes/node/openflow:52242899592/table/0
/restconf/operational/opendaylight-inventory:nodes/node/ 交换机 ID/table/Flow Table 的 ID/flow/FlowID	当前指定拓扑结构中的指定交换机节点中单个 Flow Table 中指定 flow 的信息	http://[controller-ip]:8181/restconf/operational/opendaylight-inventory:nodes/node/openflow:52242899592/table/0/flow/L2switch-0

在 OPERATIONAL 类型中，flow 模块包含 node 和 link 信息，ovsdb 模块包含 ovsdb 的配置信息和端口的流量信息，ovsdb 的配置信息中包含当前连接的控制器信息、控制器通信的 OpenFlow 协议版本信息和 bridge 配置信息等。

启动 OpenDaylight 控制器、基本网络和 Postman，在 Postman 主界面中输入 URL 网址“http://[controller-ip]:8080/restconf/operational/network-topology:network-topology/”，[controller-ip] 为当前控制器的 IP。选择 GET 请求类型，输入用户名和密码（用户名和密码都是 admin），单击 Authorization 选项，type 选择 basicauth，单击 Send 按钮就能查看到结果。

在 Postman 返回数据的窗口中能查看 flow 拓扑，主要查看当前拓扑中的 node 节点、node 节点的 port 信息和 node 节点之间的连接信息。

（2）使用 Postman 下发流表。在传统网络设备中，交换机和路由器的数据转发需要依赖设备中保存的二层 MAC 地址转发表或者三层的 IP 地址路由表，SDN 交换机中使用的流表也是如此，不过在它的表项中整合了网络中各个层次的网络配置信息，从而在进行数据转发时可以使用更丰富的规则。

在使用 RESTCONF 下发流表时，需要请求消息的 Body 结构，xml 格式实例如下：

```
<?xml version="1.0" encoding="UTF-8" standalone="no"?>
<flow xmlns="urn:opendaylight:flow:inventory">
  <flow-name>add-flow</flow-name>
   <table_id>0</table_id>
  <id>100</id>
   <strict>false</strict>
 <priority>1</priority>
```

```
<instructions>
  <instruction>
    <order>0</order>
    <apply-actions>
      <action>
        <order>0</order>
        <output-action>
<output-node-connector>FLOOD</output-node-connector>
        </output-action>
      </action>
    </apply-actions>
  </instruction>
</instructions>
<match>
</match>
</flow>
```

Body 中定义了流表名称（flow-name）、flow 所在的 table（table_id）、flow 的 id（id）、是否严格匹配（strict）、匹配字段（match fields）、优先级（priority）、指令（instructions）、超时（timeouts）和 cookie 等值。

建立基本网络，启动 OpenDaylight 控制器，登录控制器，打开浏览器，输入 URL“http://[controller_ip]:8181/index.html”，输入用户名：admin，密码：admin，单击“登录”按钮。登录后，单击 Nodes 菜单，获取交换机 node id。在启动 Postman 后，删除 ODL 自动下发流表的操作中，需要删除原先的默认通信流表，然后在 Postman 中输入 URL“http://[controller-ip]:8181/restconf/config/opendaylight-inventory:nodes/node/[node-id]/table/0/flow/100”，输入 Body 内容。

*6.3 应用 Floodlight 等控制器北向接口

6.3.1 实施任务单

任务编号	6-3	任务名称	应用 Floodlight 等控制器北向接口
任务简介	Floodlight、Ryu 等控制器自带丰富的 REST API 接口，Linux 系统中 curl 命令是一款功能强大的 HTTP 文件命令行传输工具。本任务实现使用 curl 命令调用 Floodlight 控制器的北向接口，实现简单防火墙功能及调用 Ryu 控制器		
任务目标	1. 掌握 curl 命令的使用方法； 2. 掌握调用 Floodlight 北向接口的方法； 3. 理解调用 Ryu 北向接口的方法		
设备环境	装有 Office 或 WPS 办公软件、Ubuntu 虚拟机、Floodlight、Mininet 的台式机或笔记本电脑		
实施专业		实施班级	
实施地点		小组成员	
指导教师		联系方式	
任务难度	中级	实施日期	年 月 日
实施内容	1. 学习 curl 命令的在北向接口的使用方法； 2. 调用 Floodlight 北向接口增、删、查防火墙规则		

6.3.2 实施评价单

任务编号	6-3	任务名称	应用 Floodlight 等控制器北向接口		
评价项目			自评	小组评	教师评
课堂表现	学习态度（20 分）				
	沟通合作（10 分）				
技能操作	掌握 curl 命令的使用方法（30 分）				
	掌握调用 Floodlight 北向接口增删查防火墙规则的方法（40 分）				
学生签字		年 月 日	教师签字		年 月 日

评价标准						
项目		A	B	C	D	E
课堂表现	学习态度	与老师辩论	向老师提出质疑	与老师互动交流	被动回答问题	沉默
	沟通合作	小组学习中具有很强的团队沟通合作能力	小组学习中具有良好的团队沟通合作能力	小组学习中具有较好的团队沟通合作能力	小组学习中能够参与团队沟通合作	小组学习中不能够参与团队合作
任务完成	掌握 curl 命令的使用方法	能独立并帮助他人解决问题，熟练掌握 curl 命令的使用方法	能独立解决问题，较好地掌握 curl 命令的使用方法	能通过团队合作等途径基本掌握 curl 命令的使用方法	能通过团队合作等途径普通掌握 curl 命令的使用方法	放弃掌握 curl 命令的使用方法
	掌握调用 Floodlight 北向接口增、删、查防火墙规则的方法	能独立解决问题并帮助他人，成功实现发送 ping 包场景和发送 udp 场景下的防火墙功能	能独立解决问题，成功实现发送 ping 包场景和发送 udp 场景下的防火墙功能	能通过团队合作等途径成功实现发送 ping 包场景和发送 udp 场景下的防火墙功能	能通过团队合作等途径部分实现发送 ping 包场景和发送 udp 场景下的防火墙功能	没能实现发送 ping 包场景和发送 udp 场景下的防火墙功能

6.3.3 任务实施指引

1．发送 ping 包场景

步骤 1：打开一个 Terminal 启动 Floodlight。

```
# java -jar target/floodlight.jar
```

步骤 2：打开另一个 Terminal，使用以下命令查看防火墙状态。

```
# curl http://localhost:8080/wm/firewall/module/status/json
```

步骤 3：如果步骤 2 的防火墙状态为 disabled，则调用打开防火墙的 REST API。

```
# curl http://127.0.0.1:8080/wm/firewall/module/enable/json -X PUT -d ''
```

步骤 4：打开一个 Terminal，使用 Mininet 创建网络拓扑并连接到 Floodlight 控制器，尝试 pingall，确认防火墙起作用。

```
# mn --controller=remote --mac --topo=single,3
# pingall
```

步骤 5：调用 Floodlight 的北向接口创建新的防火墙规则，使得 h2 和 h3 可以 ping 通，h1 和 h2/h3 仍然 ping 不通。

```
# curl -X POST -d '{"src-ip": "10.0.0.2/32", "dst-ip": "10.0.0.3/32", "nw-proto":"ICMP", "action": "DENY" }' http://localhost:8080/wm/firewall/rules/json
# curl -X POST -d '{"src-ip": "10.0.0.3/32", "dst-ip": "10.0.0.2/32", "nw-proto":"ICMP", "action": "ALLOW" }' http://localhost:8080/wm/firewall/rules/json
# curl -X POST -d '{ "dl-type":"ARP", "action": "ALLOW" }' http://localhost:8080/wm/firewall/rules/json
```

步骤 6：查询防火墙当前所有规则。

```
# curl http://localhost:8080/wm/firewall/module/storageRules/json
```

步骤 7：尝试 pingall。

步骤 8：删除步骤 5 所添加的所有规则的命令，调用删除规则的北向接口。

先调用以下北向接口查询 ruleid。

```
# curl http://localhost:8080/wm/firewall/module/storageRules/json
```

再调用删除规则的北向接口。

```
# curl -X DELETE -d '{"ruleid":"1310082051"}'  http://localhost:8080/wm/firewall/rules/json
```

步骤 9：查询防火墙当前所有规则。

```
# curl http://localhost:8080/wm/firewall/module/storageRules/json
```

2．发送 udp 包场景

步骤 1：打开一个 Terminal 启动 Floodlight。

```
# java -jar target/floodlight.jar
```

步骤 2：打开另一个 Terminal，使用以下命令查看防火墙状态。

```
# curl http://localhost:8080/wm/firewall/module/status/json
```

步骤 3：如果步骤 2 的防火墙状态为 disabled，则调用打开防火墙的 REST API。

```
# curl http://127.0.0.1:8080/wm/firewall/module/enable/json -X PUT -d ''
```

步骤 4：在 Mininet CLI 界面，打开 h1 和 h2 的 xterm，并使用 iperf 发送 udp 包。

在 h2 的 xterm 界面执行以下命令：

```
# iperf -s -i 1 -u
```

在 h1 的 xterm 界面执行以下命令：

```
# iperf -c 10.0.0.2 -u -b 20M -t 10
```

打开防火墙后，h1 和 h2 之间无法正常发送 udp 包。

步骤 5：调用 Floodlight 的北向接口创建新的防火墙规则，使得 h1 和 h2 之间可以正常发送 udp 包，h3 和 h1/h2 无法正常发送 udp 包。

```
#curl -X POST -d '{"src-ip": "10.0.0.1/32", "dst-ip": "10.0.0.2/32", "dl-type":"ARP" }'
http://localhost:8080/wm/firewall/rules/json
#curl -X POST -d '{"src-ip": "10.0.0.2/32", "dst-ip": "10.0.0.1/32", "dl-type":"ARP" }'
http://localhost:8080/wm/firewall/rules/json
#curl -X POST -d '{"src-ip": "10.0.0.1/32", "dst-ip": "10.0.0.2/32", "dl-type":"UDP" }'
http://localhost:8080/wm/firewall/rules/json
#curl -X POST -d '{"src-ip": "10.0.0.2/32", "dst-ip": "10.0.0.1/32", "dl-type":"UDP" }'
http://localhost:8080/wm/firewall/rules/json
```

步骤 6：查询防火墙当前所有规则的命令。

```
# curl http://localhost:8080/wm/firewall/module/storageRules/json
```

步骤 7：使用 iperf 验证步骤 5 添加的防火墙规则起作用，并开启 Wireshark 抓包，结合抓包结果验证 h1 和 h2 之间可以正常发送 udp 包，h3 和 h1/h2 无法正常发送 udp 包。

在 h2 的 xterm 界面执行以下命令：

```
# iperf -s -i 1 -u
```

在 h1 的 xterm 界面执行以下命令：

```
# iperf -c 10.0.0.2 -u -b 20M -t 10
```

同理，可以在 h3 的 xterm 界面执行以下命令进行验证：

```
#iperf -s -i 1 -u
```

在 h1/h2 的 xterm 界面执行以下命令：

```
#iperf -c 10.0.0.3 -u -b 20M -t 10
```

步骤 8：添加一条防火墙的规则，将源 IP 地址是 h2、目的 IP 地址是 h1、源端口是 5001 的 udp 包进行 DENY 操作。

```
# curl -X POST -d '{"src-ip": "10.0.0.2/32", "dst-ip": "10.0.0.1/32", "nw-proto":"UDP", "tp-src":"5001",
"action":"DENY" }' http://localhost:8080/wm/firewall/rules/json
```

步骤 9：使用 iperf 命令验证步骤 8 添加的防火墙规则是否生效，并在 h1 和 h2 上开启 Wireshark 抓包，结合抓包文件说明步骤 8 添加的防火墙规则生效。

在 h2 的 xterm 界面执行以下命令：

```
# iperf -s -i 1 -u
```

在 h1 的 xterm 界面执行以下命令：

```
# iperf -c 10.0.0.2 -u -b 20M -t 10
```

结合 Wireshark 抓包结果来看，h1 发给 h2 的 udp 包都正常接收了，但是 h2 发给 h1 的响应被 DENY 了，所以 h1 的抓包文件中没有接收到响应。

6.3.4 相关知识点

6.3.4.1 Floodlight REST API

Floodlight 控制器的北向接口提供了丰富的 REST API，除了模块管理器等控制器内部的功能模块外，Floodlight 中的应用模块，如虚拟网络过滤器（Virtual Network Filter）模块、静态流表项推送（Static Flow Entry Pusher）模块、防火墙模块、学习交换机（Learning Switch）模块等都提供了 REST API，可以供上层应用调用。下面以 Linux 下的工具 curl 为例，介绍 Floodlight 的 REST API 调用方法。

1．curl 命令简介

在 Linux 中，curl 命令用于在没有用户交互的情况下工作，是一个利用 URL 规则在命令行下工作的功能强大的 HTTP 文件传输工具，支持文件的上传和下载，同时支持 HTTPS 等众多协议，提供了大量有用的技巧，例如代理支持、用户身份验证、FTP 上传、HTTP post、SSL 连接和文件断点续传等。其基本语法如下：

```
curl [option] [url]
```

通过 curl -h 命令可以获取到所有 curl 的命令以及其用法描述，在此主要讨论使用与 Floodlight 的 REST API 相关的选项和方法。

```
curl -X POST --header "Content-Type:application/json" --data '{}' url
```

表示使用 post 模拟 json 格式请求接口，其中“--header”指定请求头部信息，“--data”指定 json 请求体数据内容，json 串内层参数需要符合 json 格式规范，表示在 POST 请求中向 HTTP 服务器发送指定的数据，与浏览器在用户填写 HTML 表单并单击 submit 按钮时所做的相同，示例如下：

```
curl http://www.linux.com
```

执行后，www.linux.com 的 html 就会显示在屏幕上了。由于安装 Linux 的很多时候是没有安装桌面的，也意味着没有浏览器，因此这个方法也经常用于测试一台服务器是否可以到达一个网站。

例如，“curl -X POST -d '{"src-ip":"10.0.0.1/32","dst-ip":"10.0.0.2/32","action":"deny"}' http://<controller_ip>:8080/wm/acl/rules/json”，表示创建一条源地址是 10.0.0.1/32、目的地址是 10.0.0.2 32、动作为 deny 的 ACL 规则。在这条命令中，“-X POST”声明了请求方法为 POST，URL 中无法添加的参数，通过“-d+ 参数”的方式来传递，而最后一行的 URL 则表明了资源的位置。这条语句在发送 HTTP 请求的时候将“-d”后的参数以 json 的格式添加到 HTTP 请求报文中。大多数的 REST API 都是通过这种方式来传递更多的参数的，也可通过“-H”或“--header”来设置头部，以使用其他格式的数据结构传递数据或者设置更多头部内容达到目的。

2．Floodlight 利用 REST API 接口基本开发步骤

步骤 1：确定应用所需的网络服务信息。

步骤 2：从 Floodlight REST API 列表中选择满足服务需求的 REST API。若发现有合适的接口，根据 REST API 语法输入参数和必要的选型信息。若没有现成的接口，相关服务和信息已由 Floodlight 提供，但未封装为接口，须自主开发相关接口。若

Floodlight 当前也不能实现相关服务，则需要基于 Java 自主开发控制器模块或应用模块。

步骤 3：利用所有可以用的 REST API 调用、设计、实现、测试应用。

3．常用的 Floodlight REST API 使用示例

常见的 Floodlight REST API 的 URI、方法、功能及参数见表 6-3-1。

表 6-3-1 常用的 Floodlight REST API 列表

URI	方法	功能	参数
/wm/core/switch/all/<statType>/json	GET	检索所有交换机的聚合统计信息	statType：port，queue，flow，aggregate，desc，table，features
/wm/core/switch/<switchId>/<statType>/json	GET	检索单个交换机的统计信息	switchId: Valid Switch DPID (XX:XX:XX:XX:XX:XX:XX:XX) statType: 同上
/wm/core/controller/switches/json	GET	连接到控制器的所有交换机 DPID 的列表	none
/wm/topology/links/json	GET	列出所有交换机间链路拓扑。仅适用于连接到同一控制器的交换机	none
/wm/topology/switchclusters/json	GET	列出连接到控制器的所有交换机	none
/wm/staticflowentrypusher/json	POST/DELETE	增加或删除流表	HTTP POST data (add flow)，HTTP DELETE (for deletion)

关于 Floodlight 静态流表 REST API 的列表见表 6-3-2。

表 6-3-2 Floodlight 静态流表 REST API 的列表

URI	功能	参数
/wm/staticflowentrypusher/json	增加或删除流表	HTTP POST data (add flow)，HTTP DELETE (for deletion)
/wm/staticflowentrypusher/list/<switch>/json	列出一个交换机或所有交换机的静态流表	switch: Valid Switch DPID (XX:XX:XX:XX:XX: XX:XX:XX) or "all"
/wm/staticflowentrypusher/clear/<switch>/json	清除一个交换机或所有交换机的静态流表	switch: Valid Switch DPID (XX:XX:XX:XX:XX:XX:XX:XX) or "all"

利用静态流表 REST API 北向接口对流表进行操作的示例如下。

步骤 1：使用 curl 命令在交换机 1 上下发从端口 1 获取数据包、从端口 2 输出的流表，命令如下。

```
curl -d '{"switch": "00:00:00:00:00:00:00:01", "name":"flow-mod-1", "priority":"32768", "ingress-port":
"1","active":"true", "actions":"output=2"}' http://<controller_ip>:8080/wm/ staticflowentrypusher/json
```

步骤 2：显示交换机 1 的流表命令如下。

```
curl http://<controller_ip>:8080/wm/core/switch/1/flow/json;
```

步骤 3：删除名为 flow-mod-1 静态流表命令如下。

```
curl -X DELETE -d '{"name":"flow-mod-1"}' http://<controller_ip>:8080/wm/staticflowentrypusher/json
```

在对流表进行操作的过程中，涉及流表的很多属性，主要流表项属性见表 6-3-3。

表 6-3-3　流表项属性

键名	值	说明
Switch	<switch ID>	交换机 ID 号，形式：xx:xx:xx:xx:xx:xx:xx:xx
Name	<string>	表项名，必须唯一，不能重复
Actions	<key>=<value>	可以多个动作，若没定义动作，数据包将被丢弃
Priority	<number>	缺省值是 32767，最大值是 32767
Active	<boolean>	True/False
ingress-port	<number>	接收数据包的交换机端口，可以是十六进制（前导 0x）或十进制
src-mac	<mac address>	xx:xx:xx:xx:xx:xx
dst-mac	<mac address>	xx:xx:xx:xx:xx:xx
vlan-id	<number>	可以是十六进制（前导 0x）或十进制
vlan-priority	<number>	可以是十六进制（前导 0x）或十进制
ether-type	<number>	可以是十六进制（前导 0x）或十进制
tos-bits	<number>	可以是十六进制（前导 0x）或十进制
Protocol	<number>	可以是十六进制（前导 0x）或十进制
src-ip	<ip address>	xx.xx.xx.xx
dst-ip	<ip address>	xx.xx.xx.xx
src-port	<number>	可以是十六进制（前导 0x）或十进制
dst-port	<number>	可以是十六进制（前导 0x）或十进制

关于“动作”字段的动作类型和参数见表 6-3-4。

表 6-3-4　“动作”字段的动作类型和参数

键名	值	说明
Output	<number>、all、controller、local、ingress-port、normal、flood	没有 drop 选项
Enqueue	<number>:<number>	首个 number 是端口号，第二个 number 是队列号； 可以是十六进制（前导 0x）或十进制
set-vlan-id	<number>	可以是十六进制（前导 0x）或十进制
set-vlan-priority	<number>	可以是十六进制（前导 0x）或十进制
set-src-mac	<mac address>	xx:xx:xx:xx:xx:xx
set-dst-mac	<mac address>	xx:xx:xx:xx:xx:xx
set-src-ip	<ip address>	xx.xx.xx.xx

续表

键名	值	说明
set-dst-ip	<ip address>	xx.xx.xx.xx
set-src-port	<number>	可以是十六进制（前导 0x）或十进制
set-dst-port	<number>	可以是十六进制（前导 0x）或十进制

关于 Floodlight 的防火墙 REST API 操作见表 6-3-5。

表 6-3-5 Floodlight 的防火墙 REST API 操作

URI	方法	参数	数据	数据字段	功能
/wm/firewall/module/<op>/json	GET	op:status，enable，disable，storageRules，subnet-mask	None	None	查询防火墙的状态、启用和禁用防火墙
/wm/firewall/rules/json	GET	None	None	None	以 json 格式列出所有规则
	POST	None	{"<field 1>": "<value 1>", "<field 2>": "<value 2>", ...}	“字段：值”对的顺序可任意排列组合： "switchid":"<xx:xx:xx:xx:xx:xx:xx>", "src-inport":"<short>", "src-mac":"<xx:xx:xx:xx:xx:xx>", "dst-mac":"<xx:xx:xx:xx:xx:xx>", "dl-type": "<ARP or IPv4>", "src-ip": "<A.B.C.D/M>", "dst-ip": "<A.B.C.D/M>", "nw-proto":"<TCPorUDP or ICMP>", "tp-src": "<short>", "tp-dst": "<short>", "priority": "<int>", "action": "<ALLOW or DENY>" 注意：除了特定的 ARP 类型 src ip/dst ip 外，任何基于 ip 的 nw 协议将自动把 dl 类型设置为与 IPv4 匹配	创建新的防火墙规则
	DELETE	None	{"<ruleid>": "<int>"}	"ruleid": "<int> 注意：ruleid 是 rules 创建成功时返回的一个随机数	通过 ruleid 删除 rule

假设控制器在本地主机上运行，Floodlight 的防火墙 REST API 操作示例如下。

步骤 1：显示防火墙的状态是启用还是禁用。

```
curl http://localhost:8080/wm/firewall/module/status/json
```

步骤 2：除非有明确的允许规则，默认情况下，防火墙拒绝所有流量。启用防火墙命令如下：

```
curl http://localhost:8080/wm/firewall/module/enable/json
```

步骤 3：为交换机 00:00:00:00:00:00:00:01 所有流量添加允许规则。

```
curl -X POST -d '{"switchid": "00:00:00:00:00:00:00:01"}' http://localhost:8080/wm /firewall/rules/json
```

步骤 4：为 IP 10.0.0.3 的主机和 10.0.1.7 之间的所有流量添加允许规则。

```
curl -X POST -d '{"src-ip": "10.0.0.3/32", "dst-ip": "10.0.0.7/32"}' http://localhost:8080 /wm /firewall/
rules/json
```

步骤 5：为 IP 主机 MAC 地址 00:00:00:00:00:0a 和主机 MAC 地址 00:00:00:00:00:0b 之间的所有流量添加允许规则。

```
curl -X POST -d '{"src-mac": "00:00:00:00:00:0a", "dst-mac": "00:00:00:00:00:0a"}'
http://localhost:8080/wm/firewall/rules/json
curl -X POST -d '{"src-mac": "00:00:00:00:00:0b", "dst-mac": "00:00:00:00:00:0b"}'
http://localhost:8080/wm/firewall/rules/json
```

步骤 6：添加允许 ping 命令在 IP 主机 10.0.0.3 和 10.0.0.7 之间工作的规则。

```
curl -X POST -d '{"src-ip": "10.0.0.3/32", "dst-ip": "10.0.0.7/32", "dl-type":"ARP" }'
http://localhost:8080/wm/firewall/rules/json
curl -X POST -d '{"src-ip": "10.0.0.7/32", "dst-ip": "10.0.0.3/32", "dl-type":"ARP" }'
http://localhost:8080/wm/firewall/rules/json
curl -X POST -d '{"src-ip": "10.0.0.3/32", "dst-ip": "10.0.0.7/32", "nw-proto":"ICMP" }'
http://localhost:8080/wm/firewall/rules/json
curl -X POST -d '{"dst-ip": "10.0.0.7/32", "dst-ip": "10.0.0.3/32", "nw-proto":"ICMP" }'
http://localhost:8080/wm/firewall/rules/json
```

步骤 7：添加允许 UDP（如 iperf）在 IP 主机 10.0.0.4 和 10.0.0.10 之间工作的规则，然后阻塞端口 5010。

```
curl -X POST -d '{"src-ip": "10.0.0.4/32", "dst-ip": "10.0.0.10/32", "dl-type":"ARP" }'
http://localhost:8080/wm/firewall/rules/json
curl -X POST -d '{"dst-ip": "10.0.0.10/32", "dst-ip": "10.0.0.4/32", "dl-type":"ARP" }'
http://localhost:8080/wm/firewall/rules/json
curl -X POST -d '{"src-ip": "10.0.0.4/32", "dst-ip": "10.0.0.10/32", "nw-proto":"UDP" }'
http://localhost:8080/wm/firewall/rules/json
curl -X POST -d '{"src-ip": "10.0.0.10/32", "dst-ip": "10.0.0.4/32", "nw-proto":"UDP" }'
http://localhost:8080/wm/firewall/rules/json
curl -X POST -d '{"src-ip": "10.0.0.4/32", "dst-ip": "10.0.0.10/32", "nw-proto":"UDP", "tp-src":"5010",
"action":"DENY" }' http://localhost:8080/wm/firewall/rules/json
curl -X POST -d '{"src-ip": "10.0.0.10/32", "dst-ip": "10.0.0.4/32", "nw-proto":"UDP", "tp-src":"5010",
"action":"DENY" }' http://localhost:8080/wm/firewall/rules/json
```

6.3.4.2 Ryu REST API

Ryu 提供了三类 REST API 作为控制器的北向接口：第一类是面向运营商的北向接口，可以通过 Ryu 控制器中的组件配置管理 SDN 网络；第二类是面向 OpenStack 平台的 REST API，主要为 Openstack 平台的 Quantum 组件提供服务，使得网络资源、计算资源和存储资源被统一交付给用户，实现全资源的池化和按需调度；第三类是面向用户的自定义 REST API，Ryu 使用 WSCI Web 服务器来创建 REST API，使得用户可以使用 REST 或 RPC 定义自己的应用。WSGI 风格的 Web 服务器如图 6-3-1 所示，Web 服务器网关接口（Web Server Gateway Interface，WSGI）是为 Python 语言定义的 Web

服务器和 Web 应用程序或框架之间的一种简单而通用的接口。

图 6-3-1　WSGI 风格的 Web 服务器

Ryu 中使用 REST API 的方式与 Floodlight 相似，其 REST API 定义在所属模块的文件内。如果希望在 Ryu 中使用 REST API，需要提前使用 ryu-manager 加载一些与之相关的 REST 模块。这些模块在 ryu/ryu/app 目录下，主要包括 ofctl_rest.py、rest_topology.py、rest_firewall.py 等类型的 REST 模块。具体有哪些 REST API 可以使用，可以查看源代码中位于开头的注释，这些注释表明了该模块中可以使用的 REST API。下面以 ofctl_rest 为例进行简单介绍。

ryu.app.ofctl_rest 提供的部分 REST API 见表 6-3-6，用于查询和更新交换机的各种统计信息，能帮助调试应用程序。

表 6-3-6　ryu.app.ofctl_rest 提供的部分 REST API

URI	方法	功能	备注
/stats/switches	GET	获取所有交换机的列表	
/stats/desc/<dpid>	GET	获取交换机的性能统计数据	
/stats/flow/<dpid>	GET	获取交换机的流状态数据	
/stats/flow/<dpid>	POST	获取由字段过滤的交换机流的状态数据	
/stats/table/<dpid>	GET	获取该交换机的流表数据	
/stats/port/<dpid>[/<port>]	GET	获取交换机的端口数据	端口号可选
/stats/flowentry/add	POST	添加流表项	
/stats/flowentry/modify	POST	修改所有匹配的流表项	
/stats/flowentry/modify_strict	POST	严格匹配通配符，修改流表项、优先级	
/stats/flowentry/delete	POST	删除所有匹配的流表项	
/stats/flowentry/clear/<dpid>	DELETE	删除交换机中的所有流表项	

下面给出一个 Ryu REST API 应用的简单示例。

（1）开启 Ryu 控制器。

```
# 除了使用 REST API 之外，还要保证 Ryu 控制器能正常处理交换机逻辑
ryu-manager ofctl_rest.py simple_switch_13.py --observe-links --verbose
```

（2）开启 Mininet。

```
sudo mn --controller=remote --mac --topo=tree,2,2
```

（3）使用 curl 命令发送 URL 请求。

1）获取到所有交换机。

```
$ curl -X GET http://localhost:8080/stats/switches
```

2）获取在 URI 中使用数据路径 ID 指定的交换机的数据统计数据。

```
$ curl -X GET http://localhost:8080/stats/desc/1
```

REST API 在被广泛应用的同时，也存在着一些缺点。例如容易受限于控制器所能提供的接口能力，在一些复杂业务操作场合下执行效率低等。为此，有一些控制器可对外提供更加丰富的北向接口形式，如 Java 接口等，供不同需求的网络应用开发人员使用。

6.4　课后提升

一、选择题

1．对平台 REST 设计概念和准则描述不正确的是（　　）。

A．网络上的所有事物都被抽象为资源

B．一个资源对应一个唯一的资源标识

C．所有的操作都是有状态的

D．通过通用的连接器接口对资源进行操作

2．Postman 中 GET 方法实现的功能是（　　）。

A．请求数据　　B．删除数据

C．发送数据　　D．上传数据

3．通过 Postman 发送某条 RESTCONF 消息后，会返回状态码，下列（　　）状态码表示消息成功发送。

A．400　　B．200　　C．404　　D．308

4．RESTCONF 支持的 HTTP 请求方法不包括（　　）。

A．GET　　B．SET　　C．UT　　D．DELETE

5．URL 的含义是（　　）。

A．信息资源在网上的业务类型和如何访问的统一的描述方法

B．信息资源的网络地址的统一的描述方法

C．信息资源在网上的位置及如何定位寻找的统一的描述方法

D．信息资源在网上的位置和如何访问的统一的描述方法

二、判断题

1．SDN 的北向接口指的是控制平面和数据转发平面之间的接口。

2．SDN 北向接口是通过控制器向上层业务应用开放的接口，其目标是使得业务应用能够便利地调用底层的网络资源和能力。

3．RESTful API 是基于 HTTP 协议的。

4．REST 架构是针对 Web 应用而设计的，其目的是降低开发的复杂性，提高系统的可伸缩性。

5．RESTCONF 描述了一种 RESTful 协议。此协议提供 HTTP 上的编程接口，用于访问 YANG 定义的数据，使用 NETCONF 定义的数据存储。

拓展阅读

华为携手运营商跨越 SDN 商用裂谷①

华为基于广泛的商用实践和标准贡献，提炼归纳出 SDN 规模商用必须解决的七大问题并给出解决之道，携手运营商等合作伙伴跨越 SDN 商用裂谷。华为总结的七大问题包括传统网络 SDN 如何演进、新业务如何快速上线、跨域多厂家的业务如何生成、跨域多厂家的网络如何互联、如何保证 SDN 网络安全、如何保障 SDN 网络电信级可靠性和如何保证 SDN 业务体验。华为之所以能够率先发现 SDN 商业化进程中的瓶颈并予以解决，不仅得益于其丰厚的商用项目经验，也与之在技术上的持续领跑有关。

华为是 SDN 主要的技术贡献者，全面参与、积极推进着 SDN 的标准化进程。在 ONF、IETF、ETSI-NFV 等标准组织中，华为是关键文稿贡献最大的厂商并承担着多个工作组的重要职位。同时，华为还是 SDN 产业联盟的发起成员和 ONOS 控制器开源项目的创始成员。

北向接口方面，华为在 IETF 主导成立了 SUPA 工作组，标准化 Intent 和 Policy 北向接口；主导成立 L3SM 工作组，推动基于 YANG 的北向接口标准化；在 OPNFV 立项 MOVIE 项目，开发 OPNFV 基于 NEMO 的北向接口；在 ONF 领导 Intent 接口标准化。南向接口方面，华为是 ONF OP-PI 技术主要的贡献者和推动者；是 P4LC OF-PI 高层编程语言的发起成员；在 IETF 领导 I2RS 标准化工作。

在业务领域，华为在 ONF 主导了 L4-L7 业务标准定义；在 IETF 推动成立 I2NSF 工作组，定义 SDN 安全业务。在安全领域，华为在 ONF 主导安全威胁分析、安全架构和安全机制的标准化。在 NFV 硬件加速方面，华为在 ETSI 主导成立 NFV 硬件加速专题组；在 OPNFV 亦为 DPACC 开源项目的主要参与者。

① 佚名，华为携手运营商跨越 SDN 商用裂谷 156 个项目引领产业发展，https://carrier.huawei.com/cn/technical-topics/fixed-network/agile-network-sdn。

随手笔记

项目7 SDN基本应用实践

知识目标

★ 理解数据中心作用；

★ 掌握负载均衡的概念与原理；

★ 深入理解 Mininet、Postman 和 OpenDaylight 的使用原理。

能力目标

★ 能利用 Mininet 构建简易的数据中心网络并测试性能；

★ 能使用 SDN 技术构建简易负载均衡网络；

★ 能使用命令行实现简易防火墙功能；

★ 能使用 Postman 实现简易防火墙功能。

素质目标

★ 培养文本编辑、PPT 制作、口头表达能力；

★ 培养基本的专业思维和职业规范的意识。

思政目标

★ 培养从多角度分析问题、解决问题的能力，体现方法论的内涵；

★ 培养学生认真细致的工作态度和精益求精的工匠精神。

思维导图

项目分析

数据中心、负载均衡、防火墙等都是 SDN 能充分发挥作用的应用场景。通过编写 Python 脚本，调用 Mininet 的开放 API，搭建测试网络拓扑，实现数据中心、负载均衡、防火墙的功能，并使用多种网络测试工具验证相应的结果，掌握 SDN 技术的基本应用方法和技能。

7.1 SDN实现数据中心网络

7.1.1 实施任务单

任务编号	7-1	任务名称	SDN实现数据中心网络
任务简介	通过计算机网络技术中常见的数据中心案例应用，加强对SDN的理解。能够利用Mininet工具构建数据中心网络，使用iperf测试不同主机之间的通信性能和带宽质量		
任务目标	1．理解数据中心作用，掌握Mininet构建数据中心网络的方法； 2．利用Mininet自带的iperf性能测试工具测试不同主机之间的通信性能和带宽质量； 3．基于Mininet操作命令实现全自动化测试主机连通性和带宽		
设备环境	装有Office或WPS办公软件的台式机或笔记本电脑		
实施专业		实施班级	
实施地点		小组成员	
指导教师		联系方式	
任务难度	中级	实施日期	年 月 日
实施内容	1．写出数据中心的作用及构成的拓扑图； 2．编写Python脚本，创建数据中心网络拓扑； 3．编写Python脚本，实现全自动化测试主机连通性和带宽		

7.1.2 实施评价单

<table>
<tr><th colspan="2">任务编号</th><th>7-1</th><th>任务名称</th><th colspan="3">SDN 实现数据中心网络</th></tr>
<tr><th colspan="4">评价项目</th><th>自评</th><th>小组评</th><th>教师评</th></tr>
<tr><td rowspan="2">课堂表现</td><td colspan="3">学习态度（20 分）</td><td></td><td></td><td></td></tr>
<tr><td colspan="3">沟通合作（10 分）</td><td></td><td></td><td></td></tr>
<tr><td rowspan="2">技能操作</td><td colspan="3">编写 Python 脚本，创建数据中心网络拓扑并手动进行网络性能测试（30 分）</td><td></td><td></td><td></td></tr>
<tr><td colspan="3">编写 Python 脚本，实现全自动化测试主机连通性和带宽（40 分）</td><td></td><td></td><td></td></tr>
<tr><td>学生签字</td><td></td><td>年　月　日</td><td>教师签字</td><td></td><td colspan="2">年　月　日</td></tr>
</table>

<table>
<tr><th colspan="7">评价标准</th></tr>
<tr><th colspan="2">项目</th><th>A</th><th>B</th><th>C</th><th>D</th><th>E</th></tr>
<tr><td rowspan="2">课堂表现</td><td>学习态度</td><td>与老师辩论</td><td>向老师提出质疑</td><td>与老师互动交流</td><td>被动回答问题</td><td>沉默</td></tr>
<tr><td>沟通合作</td><td>小组学习中具有很强的团队沟通合作能力</td><td>小组学习中具有良好的团队沟通合作能力</td><td>小组学习中具有较好的团队沟通合作能力</td><td>小组学习中能够参与团队沟通合作</td><td>小组学习中不能够参与团队合作</td></tr>
<tr><td rowspan="2">任务完成</td><td>编写 Python 脚本，创建数据中心网络拓扑并手动进行网络性能测试</td><td>能独立完成任务并主动帮助其他同学解决问题</td><td>能独立完成任务，记录过程并梳理成文档</td><td>能通过团队协作等方式完成任务</td><td>能通过团队协作等方式完成部分任务</td><td>放弃完成任务</td></tr>
<tr><td>编写 Python 脚本，实现全自动化测试主机连通性和带宽</td><td>能独立完成任务并主动帮助其他同学解决问题</td><td>能独立完成任务并记录过程梳理成文档</td><td>能通过团队协作等方式完成任务</td><td>能通过团队协作等方式完成部分任务</td><td>放弃完成任务</td></tr>
</table>

7.1.3 任务实施指引

本节主要介绍数据中心场景组网应用。

1．任务要求

（1）利用 fattree.py 脚本创建一个数据中心的网络拓扑。

（2）手动测试不同主机之间的性能，主要包括同一交换机内的主机、同一聚合交换机内的主机、同一核心交换机内的主机。

（3）通过 fulfattree.py 脚本实现创建网络拓扑、测试网络性能的过程，实现全自动化测试主机连通性和带宽。

2．检查实验环境

步骤 1：登录控制器，查看控制器 IP，执行以下命令。

```
$ ifconfig
```

步骤 2：启动 Floodlight 并确认，执行以下命令。

```
$ cd floodlight
$ java -jar target/floodlight.jar
$ ps -ef|grep floodlight
```

3．创建数据中心网络

步骤 1：登录主机 1，打开命令终端，查看主机 1 的 IP 地址。

步骤 2：测试主机 1 与 Floodlight 控制器之间的连通性，在主机 1 中向控制器发送 5 个 ping 包。

步骤 3：编写 Python 程序 fattree.py 脚本，用于定义包含两个数据中心的网络拓扑。fattree.py 脚本程序如下所示。

```
#!/usr/bin/python
# 创建网络拓扑
"""Custom topology example
Adding the 'topos' dict with a key/value pair to generate our newly defined topology enables one to
   pass in '--topo=mytopo' from the command line.
"""
from mininet.topo import Topo
from mininet.net import Mininet
from mininet.node import RemoteController,CPULimitedHost
from mininet.link import TCLink
from mininet.util import dumpNodeConnections
class MyTopo( Topo ):
   "Simple topology example."
   def __init__( self ):
      "Create custom topo."
 # 初始化拓扑，L1 是核心交换机个数，L2 是聚合交换机个数，L3 是边缘交换机个数
      Topo.__init__( self )
      L1 = 2
      L2 = L1 * 2
      L3 = L2
      c = []
```

```
    a = []
    e = []
    # 添加核心交换机
    for i in range( L1 ):
        sw = self.addSwitch( 'c{}'.format( i + 1 ) )
        c.append( sw )
    # 添加聚合交换机
    for i in range( L2 ):
        sw = self.addSwitch( 'a{}'.format( L1 + i + 1 ) )
        a.append( sw )
    # 添加边缘交换机
    for i in range( L3 ):
        sw = self.addSwitch( 'e{}'.format( L1 + L2 + i + 1 ) )
        e.append( sw )
    # 创建核心交换机与聚合交换机之间的链路
    for i in range( L1 ):
        sw1 = c[i]
        for sw2 in a[i/2::L1/2]:
                    self.addLink( sw2, sw1 )
    # 创建聚合交换机和边缘交换机之间的链路
    for i in range( 0, L2, 2 ):
        for sw1 in a[i:i+2]:
          for sw2 in e[i:i+2]:
            self.addLink( sw2, sw1 )
    # 添加主机，并且连接到对应的边缘交换机上
    count = 1
    for sw1 in e:
        for i in range(2):
          host = self.addHost( 'h{}'.format( count ) )
          self.addLink( sw1, host )
          count += 1
topos = { 'mytopo': ( lambda: MyTopo() ) }
```

步骤 4：启动 Mininet，利用脚本生成自定义拓扑。

```
$ sudo mn --custom fattree.py --topo mytopo --controller=remote,ip=X.X.X.X,port=6653
```

4．网络性能测试

场景一：手动测试。

步骤 1：创建网络后，可以在 Mininet 中使用 iperf 工具测试主机之间的性能。测试同一交换机内部的主机间的性能，即测试 h1、h2 之间的带宽。执行下面命令，从结果可以看出 h1、h2 之间的带宽。

```
Mininet>iperf h1 h2
```

步骤 2：测试相同聚合交换机、但不隶属于同一交换机的主机之间的带宽，即测试 h1 和 h3 之间的带宽。执行以下命令，从结果可以看出 h1、h3 之间的带宽。

```
Mininet>iperf h1 h3
```

步骤 3：测试同一核心交换机、但不属于同一聚合交换机的主机之间的性能，即测

试 h1 和 h5 之间的带宽。执行以下命令，从结果可以看出 h1、h5 之间的带宽。

```
Mininet>iperf h1 h5
```

步骤 4：执行以下命令。

```
Mininet>exit
```

结束测试。

*** 场景二：自动化测试。**

步骤 1：应用 Mininet 的操作命令编写测试脚本可以实现全自动化测试主机间连通性及带宽，在代码 fattree.py 中添加相关的测试代码构成 fullfattree.py 脚本。fullfattree.py 脚本中不仅包含了自定义拓扑和测试主机性能的代码，还添加了连接控制器的过程，实现了 Mininet 和控制器的连接。命令如下。

```
$ sudo vim fullfattree.py
```

打开 fullfattree.py 脚本，内容如下：

```
#!/usr/bin/python
"""Custom topology example
Adding the 'topos' dict with a key/value pair to generate our newly defined topology enables one to
   pass in '--topo=mytopo' from the command line.
"""
from mininet.topo import Topo
from mininet.net import Mininet
from mininet.node import RemoteController,CPULimitedHost
from mininet.link import TCLink
from mininet.util import dumpNodeConnections
from mininet.log import setLogLevel

class MyTopo( Topo ):
   "Simple topology example."
   def __init__( self ):
      "Create custom topo."
      Topo.__init__( self )
      L1 = 2
      L2 = L1 * 2
      L3 = L2
      c = []
      a = []
      e = []
      for i in range( L1 ):
            sw = self.addSwitch( 'c{}'.format( i + 1 ) )
            c.append( sw )
      for i in range( L2 ):
            sw = self.addSwitch( 'a{}'.format( L1 + i + 1 ) )
            a.append( sw )
      for i in range( L3 ):
            sw = self.addSwitch( 'e{}'.format( L1 + L2 + i + 1 ) )
            e.append( sw )
      for i in range( L1 ):
```

```
            sw1 = c[i]
            for sw2 in a[i/2::L1/2]:
                        self.addLink( sw2, sw1 )
        for i in range( 0, L2, 2 ):
            for sw1 in a[i:i+2]:
                for sw2 in e[i:i+2]:
                    self.addLink( sw2, sw1 )
        count = 1
        for sw1 in e:
            for i in range(2):
                host = self.addHost( 'h{}'.format( count ) )
                self.addLink( sw1, host )
                count += 1

def simpleTest():
    "Create and test a simple network"
    topo = MyTopo()
    net = Mininet( topo,controller=none,host=CPULimitedHost,link=TCLink )
    net.addController('c0',controller=RemoteController,ip='x.x.x.x',port=6653)
    net.start()
    print "Dumping host connetions"
    dumpNodeConnections(net.hosts)
    print "Testing network connectivity "
    net.pingAll()
    print "Testing bandwidth beteen h1 with h2,h3,h5 "
    h1,h2 = net.get('h1','h2')
    net.iperf(( h1, h2))
    h1,h3 = net.get('h1','h3')
    net.iperf(( h1, h3))
    h1,h5 = net.get('h1','h5')
    net.iperf(( h1, h5))
    net.stop()
if __name__ == '__main__':
    setLogLevel('info')
simpleTest()
```

步骤 2：运行 fullfattree.py 脚本，执行以下命令。

```
$ sudo ./fullfattree.py
```

从测试结果可以看出 h1、h2 之间、h1、h3 之间以及 h1、h5 之间的带宽。

5. 实验结论

无论是手动测试还是自动化测试，从测试结果都能够看出同一交换机下的主机间的带宽最大，同一聚合交换机下（但不属于同一交换机）的主机间带宽次之，而同一核心交换机下（不同聚合交换机）的主机间的带宽最小。

Mininet 创建网络拓扑的代码中，可以通过改变代码中定义的 L1 变量来设置核心交换机的数量，并通过添加额外的交换机和链路来构成更复杂的数据中心网络拓扑。随着边缘交换机的增加，主机个数也随之增长，利用 Mininet 的易用性和扩展性，可以创建基于多种数据中心场景下的网络拓扑，达到更好更全面的实验效果。

7.1.4 相关知识点

数据中心场景组网

1．数据中心简介

数据中心不仅是一个网络概念，还是一个服务概念。它构成了网络基础资源的一部分，提供了一种高端的数据传输服务和高速接入服务。数据中心提供给用户综合全面的解决方案，为政府上网、企业上网、企业信息管理提供了专业服务，使得企业和个人能够迅速借助网络开展业务，把精力集中在其核心业务策划和网站建设上。

2．基于 SDN 的数据中心构造

搭建一个真实的基于不同数据中心的网络拓扑需要很多 OpenFlow 设备，包括控制器、交换机、功能虚拟化等一系列设备。在没有 OpenFlow 硬件设备下，通过 Mininet 仿真平台模拟不同网络数据中心拓扑，并且可以分析网络的总流量。

基于 SDN 数据中心中的拓扑主要是基于胖树（Fat-Tree）拓扑创建网络，具有一个多层次的树状拓扑结构固有的容错能力。基于 SDN 数据中心的拓扑的每层具有不同的级别，具体分为核心层、汇聚层、边缘层，每一层都只含有交换机，这样，一个简单的交换机 / 主机层网络就可以由核心交换机、汇聚交换机、边缘交换机及主机组成，也可以根据扇出大小来配置不同的数据中心网络拓扑。在该拓扑中，一个或多个核心交换机构成根；汇聚交换机的一层或多层位于树的中间；终端主机连接至顶端交换机，形成了树的叶子（边缘）。一个简单的基于两个数据中心的网络拓扑如图 7-1-1 所示。

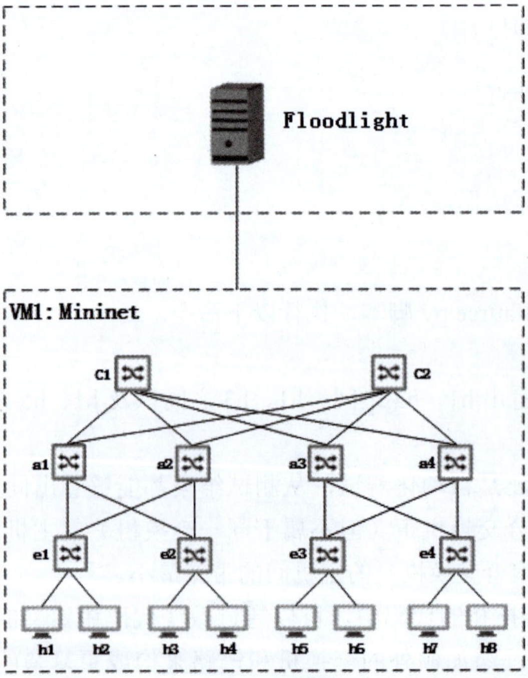

图 7-1-1 简单的基于两个数据中心的网络拓扑

数据中心构造结束后，主要测试及验证交换机下挂主机间的连通性以及主机间通信收发数据包的速度。实现过程如下：主机间发送消息上报给交换机，交换机对收到的报文信息进行分析判断，如果交换机中存在此消息相对应的流表，则交换机直接下发流表，将报文消息转发给目的主机；如果交换机中没有相对应的流表，交换机将此发送消息给控制器，控制器根据消息分析关键字段内容，进行流表下发决策，交换机再将消息发送给目的主机，实现主机间通信的目的。

用 Mininet 模拟仿真测试，主要是用 Mininet 中的 OpenFlow 交换机和平台提供的控制器进行测试。Mininet 中自带的 iperf 性能测试工具可以测试不同主机间通信的性能带宽质量。在此实验中，主要是对相同边缘交换机下的主机间、相同聚合交换机下不同边缘交换机间、相同核心交换机不同聚合交换机下的主机间进行测试。有了 Mininet 平台，只需要通过一行命令就可以创建一个支持 SDN 的任意拓扑的网络结构，并可以灵活地进行相关测试，在验证了设计的正确后，又可以轻松部署到真实的硬件环境中。

使用 Mininet 通过 Python 自定义拓扑编写脚本创建两个数据中心的网络拓扑，拓扑创建代码完成后，可以在 Mininet 命令行操作界面通过 ping 操作和 iperf 命令进一步验证主机间的连通性及分析性能带宽，也可以通过编写测试脚本应用 Mininet 的操作命令进行连通性及带宽质量的全自动化测试。

*7.2 SDN 实现简易负载均衡

7.2.1 实施任务单

任务编号	7-2	任务名称	SDN 实现简易负载均衡
任务简介	负载均衡是高可用网络基础架构的关键组件，通常用于将工作负载分布到多个服务器来提高网站、应用、数据库或其他服务的性能和可靠性。本任务通过使用 SDN 技术实现负载均衡，加强学生对 SDN 应用的理解		
任务目标	1．理解负载均衡的原理，掌握利用 SDN 搭建测试负载均衡环境； 2．掌握使用控制器编程实现负载均衡		
设备环境	装有 Ubuntu 虚拟机、OpenDaylight、Mininet 的台式机或笔记本电脑		
实施专业		实施班级	
实施地点		小组成员	
指导教师		联系方式	
任务难度	中级	实施日期	年　月　日
实施内容	1．列举流量负载均衡的方法； 2．利用时间轮片法实现流量负载均衡		

7.2.2 实施评价单

任务编号	7-2	任务名称	SDN 实现简易负载均衡		
评价项目			自评	小组评	教师评
课堂表现	学习态度（20 分）				
	沟通合作（10 分）				
技能操作	列举流量负载均衡的方法（30 分）				
	利用时间轮片法实现流量负载均衡（40 分）				
学生签字		年　月　日	教师签字		年　月　日

评价标准						
项目		A	B	C	D	E
课堂表现	学习态度	与老师辩论	向老师提出质疑	与老师互动交流	被动回答问题	沉默
	沟通合作	小组学习中具有很强的团队沟通合作能力	小组学习中具有良好的团队沟通合作能力	小组学习中具有较好的团队沟通合作能力	小组学习中能够参与团队沟通合作	小组学习中不能够参与团队合作
任务完成	列举流量负载均衡的方法	能独立完成任务并主动帮助其他同学解决问题	能独立完成任务，记录过程并梳理成文档	能通过团队协作等方式完成任务	能通过团队协作等方式完成部分任务	放弃完成任务
	利用时间轮片法实现流量负载均衡	能独立完成任务并主动帮助其他同学解决问题	能独立完成任务，记录过程并梳理成文档	能通过团队协作等方式完成任务	能通过团队协作等方式完成部分任务	放弃完成任务

7.2.3 任务实施指引

本节介绍基于 SDN 的负载均衡应用。

1. 任务要求

通过在以 OpenFlow 为代表的 SDN 架构中实施服务器负载均衡策略，以期提高网络性能。建立模拟负载均衡的拓扑图，如图 7-2-1 所示，该项目采用基于时间的轮询来达到负载均衡的目的，即 h2 ～ h4 按照时间来向 h1 提供服务。同时设置 h2 的 IP 地址为虚拟 IP 地址，用于表示所有服务提供方，在 s1 上对虚拟 IP 以及虚拟 MAC 进行相应的替换来访问真实提供服务的主机。

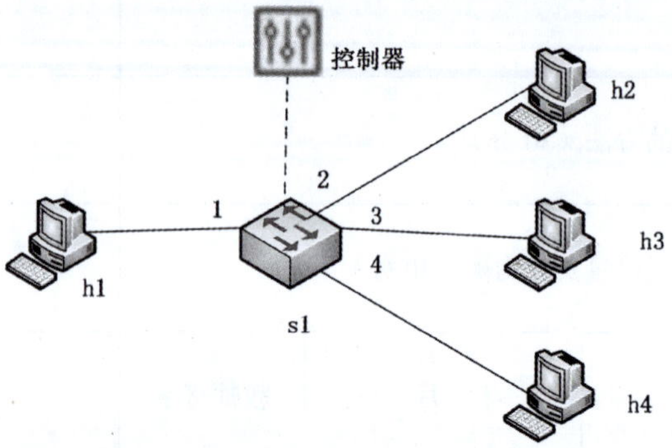

图 7-2-1 拓扑结构

2. 操作过程

步骤 1：登录控制器，查看控制器的 IP 地址。

步骤 2：启动 ODL 控制器。

步骤 3：登录 Mininet 主机，打开命令行操作窗口，执行命令切换到 root 用户，可以通过三种方法创建图 7-2-1 所示的拓扑结构，其中的 Python 编程方式如下所示。

```
#cd
#vi topo.py
```

脚本内容如下：

```
from mininet.net import Mininet
from mininet.cli import CLI
from mininet.node import RemoteController,Controller
import os
net=Mininet(controller=RemoteController
odl_contrlller=net.addController('ODL_controller',controller=RemoteController,ip='x.x.x.x',port=6633)
#ip 地址为实际环境中控制器的 IP 地址
s1=net.addSwitch('s1')
h1=net.addHost('h1',mac="00:00:00:00:00:01")
h2=net.addHost('h2',mac="00:00:00:00:00:02")
h3=net.addHost('h3',mac="00:00:00:00:00:03")
h4=net.addHost('h4',mac="00:00:00:00:00:04")
net.addLink(s1,h1)
net.addLink(s1,h2)
```

```
net.addLink(s1,h3)
net.addLink(s1,h4)
h1.setIP('10.0.0.1',24)
h2.setIP('10.0.0.2',24)
h3.setIP('10.0.0.3',24)
h3.setIP('10.0.0.4',24)
net.start()
CLI(net)
```

该脚本通过 Mininet 模拟出 1 台虚拟交换机和 4 台虚拟主机，设置主机的 IP 地址、MAC 地址以及主机与交换机的链路连接，设置交换机与远端控制器连接。

步骤 4：执行如下命令，模拟基础网络。

```
#python topo.py
```

步骤 5：查看网络设备信息。

（1）在 Mininet 中查看虚拟交换机和主机的基础信息。

```
mininet>nodes
mininet>links
mininet>h1 ifconfig h1-eth0
mininet>h2 ifconfig h2-eth0
mininet>h3 ifconfig h3-eth0
mininet>h4 ifconfig h4-eth0
```

（2）查看交换机是否与控制器连接成功。

```
mininet>sh ovs-vsctl show
```

（3）查看控制器初始下发的流表。

```
mininet>sh ovs-vsctl dump-flows s1
```

（4）执行如下命令登录主机 1 和主机 2。

```
mininet>xterm h1
mininet>xterm h2
mininet>xterm h3
mininet>xterm h4
```

（5）在 h2、h3、h4 上执行命令 wireshark，打开 h2-eth0、h3-eth0、h4-eth0 端口，筛选 ICMP 报文。

（6）在 h1 上执行命令：ping10.0.0.2，查看 Wireshark 上的抓包情况。

（7）查看此时控制器下发的流表。

```
mininet>sh ovs-vsctl dump-flows s1
```

可以看到在没有对控制器做任何处理时，h1 一直访问 h2。

步骤 6：开发控制器应用程序。

（1）登录控制器主机，打开新的命令行操作窗口，编写控制器应用开发程序。

```
#vi load_balance.py
```

程序内容示例如下：

```
#coding uf-8

import time
```

```
import math
import os
from threading import Timer
from datetime import datetime
import json
import base64
import httplib

time_start= time.time()

def flow_put(switch_id,port,ip,mac):
 try:
#-------------------------------s1----------------------------------------------------
url= "/restconf/config/opendaylight-inventory:nodes/node/"+switch_id+"/flow-node-inventory:table/
     0/flow/1"
    flow_set={
     'id':'1',
     'flow-name':'1',
     'table_id':0,
     'prionty':"200"
    }
#match
    ethernet_match = {'ethernet-type':{'type':"2048"}}
    match_set= {'ethernet-match':ethernet_match,'ipv4-destination':'10.0.0.2/32'}
#action
# 修改目的 MAC 地址
    action_mod_mac = {'order':"0",'set-dl-dst-action':{'address':mac}}
# 修改目的 IP 地址
    action_mod_ip =  {'order':"1",'set-nw-dst-action':{'ipv-address':ip}}
    action_set = {'order':"2",'output-action':{"output-nodeconnector":switch_id+':'+port}}

    instruc_set= {
      "instruction": [{
        "order":"0",
        "apply-actions": {
          "action":[action_mod_mac,action_mod_ip,action_set]
        }
      }]
    }
    flow_set ['match'] = match_set
    flow_set['instructions'] = instruc_set
    body = json.dumps({"flow":flow_set})
    auth = base64.b64encode('admin:admin'.encode())
    headers={"Authorization": "Basic"+auth,"Content-Type":"application/json"}
    conn=httplib.HTTPConnection('127.0.0.1:8181', timeout=3)
    conn.request("PUT", url, body, headers)

    response = conn.getresponse()
```

```
        ret = response.read()

    #if response.status not in [200,201]:
    #    print 'add flow error!
    #else:
    #    print 'success'
    except Exception as e:
        import traceback
        traceback.print_exc()

    def flow_delete(switch_id):
        url_in = "/restconf/config/opendaylight-inventory:nodes/node/"+ switch_id+"/flow-node-
            inventory:table/0/flow/1"
        auth = base64.b64encode('admin:admin'.encode())
        headers={"Authorization":"Basic"+auth,"Content-Type":"applicationjson"}
        conn= httplib.HTTPConnection('127.0.0.1:8181', timeout=3)
        try:
            conn.request("DELETE",url_in,json.dumps({}), headers)
        except:
            import traceback
            traceback.print_exc()

    def flow_change(s1_node_id):
        time_now= time.time()                          # 当前的时间
        time_interval= time_now-time_start             # 和开始的时间的时差
        interval_num = time_interval / 30
        port_flag=math.floor(interval_num%3)
        if port_flag == 0:
            port='2'
            ip = '10.0.0.2/32'
            mac = '00:00:00:00:00:02'
        elif port_flag == 1:
            port ='3'
            ip='10.0.0.3/32'
            mac = '00:00:00:00:00:03'
        elif port_flag == 2:
            port='4'
            ip= '10.0.0.4/32'
            mac = '00:00:00:00:00:04'
    # 先清空流表再下发，避免多次下发相同 id 的流表到 ODL，ODL 不主动下发到交换机
        flow_delete(s1_node_id)
        flow_put(s1_node_id,port,ip,mac)
        print 'backend server is:host%s'% port
        t= Timer(5,flow_change,(s1_node_id,))
        t.start()

    if __name__ == '__main__':
```

```
s1_node_id = 'openflow:1'
flow_change(s1_node_id)
```

该控制程序中包含三个重要的函数：flow_change 函数、flow_delete 函数、flow_put 函数。flow_change 函数每隔 30s 重新切换路由转发路径，执行过程中先调用函数 flow_delete 删除交换机 s1 上的流表，再调用 flow_put 函数下发 s1 上的流表，flow_put 指定参数交换机的 node_id、端口号、主机的 IP 地址、MAC 地址，首先在 s1 上下发一条流表，该流表将发往 10.0.0.2/32 主机的流量，通过 action_mod_mac 和 action_mod_ip 字段修改目的 MAC 地址和目的 IP 地址，第一次即将发往 h2 的流量转发到 h2，第二次即将发往 h2 的流量转发到 h3，第三次即将发往 h2 的流量转发到 h4，以此循环，每隔 30s 改变路由路径。

（2）执行以下命令，启动控制器应用开发程序。

```
#python load_balance.py
```

步骤 7：验证流量负载均衡程序。

（1）启动控制器初期，控制器日志信息显示 h1 访问地址为 host2。

（2）登录 Mininet 主机，查看 h1ping h2 时 Wireshark 上的抓包情况。

（3）查看此时控制器下发的流表。

```
mininet>sh ovs-vsctl dump-flows s1
```

（4）等待 30s，查看控制器日志，信息显示 h1 访问地址为 host3。

（5）登录 Mininet 主机，查看 h1 ping h2 时 Wireshark 上的抓包情况。

（6）查看此时控制器下发的流表。

```
mininet>sh ovs-vsctl dump-flows s1
```

（7）等待 30s，查看控制器日志，信息显示 h1 访问地址为 host4。

（8）登录 Mininet 主机，查看 h1ping h2 时 Wireshark 上的抓包情况。

（9）查看此时控制器下发的流表。

```
mininet>sh ovs-vsctl dump-flows s1
```

（10）如此循环可知，每隔 30s 路由路径会发生改变，从而达到负载均衡的目的。

7.2.4 相关知识点

SDN 实现简易负载均衡

1. 服务器负载均衡产生背景

随着 Internet 的快速发展和业务量的不断提高，基于网络的数据访问流量迅速增长，特别是对数据中心、大型企业以及门户网站等的访问，其访问流量甚至达到了 10Gb/s 的级别；同时，服务器网站借助 HTTP、FTP、SMTP 等应用程序，为访问者提供了越来越丰富的内容和信息，服务器逐渐被数据淹没；另外，大部分网站（尤其是电子商务等网站）都需要提供不间断的 24 小时服务，任何服务中断或通信中的关键数据丢失都会造成直接的商业损失。所有这些都对应用服务提出了高性能和高可靠性的需求。但是，相对于网络技术的发展，服务器处理速度和内存访问速度的增长却远远低于网络带宽和应用服务的增长，网络带宽增长的同时带来的用户数量的增长也使得服务器资源消耗严重，因而服务器本身的性能成为网络瓶颈，如

图 7-2-2 所示。传统的单机模式也往往成为网络故障点。

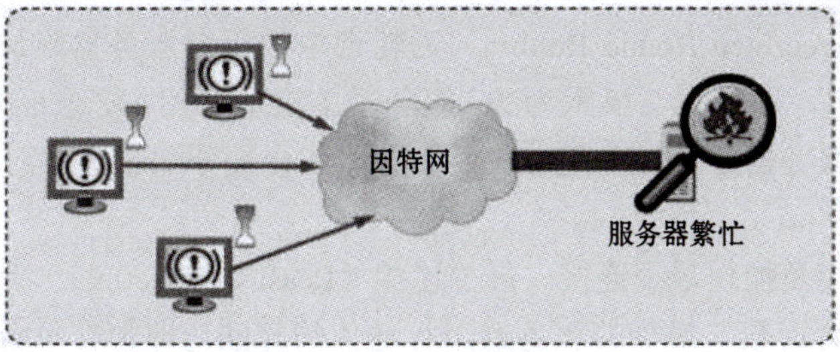

图 7-2-2　网络瓶颈

针对以上情况，有两种解决方案，具体如下。

（1）对服务器进行硬件升级，采用高性能服务器替换现有低性能服务器。

（2）组建服务器集群，利用负载均衡技术在服务器集群间进行业务均衡。

服务器硬件升级方案有如下弊端。

（1）高成本：高性能服务器价格昂贵，需要高额成本投入，而原有低性能服务器被闲置，造成资源浪费。

（2）可扩展性差：每一次业务量的提升都将导致一次硬件升级的高额成本投入，性能再卓越的设备也无法满足当前业务量的发展趋势。

（3）无法完全解决网络中面临的问题：如单点故障问题、服务器资源不够用问题等。

多台服务器通过网络设备相连组成一个服务器集群，每台服务器都提供相同或相似的网络服务，可以按需进行设备横向扩展，节约了成本。另外，通过集群的方式可以解决单点故障的问题，服务器集群前端部署一台负载均衡设备，负责根据已配置的均衡策略将用户请求在服务器集群中分发，为用户提供服务，并对服务器的可用性进行维护。负载均衡产生的背景如图 7-2-3 所示。

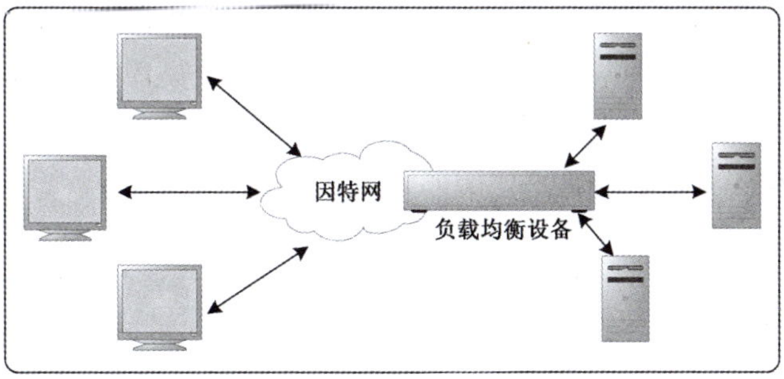

图 7-2-3　负载均衡产生的背景

2．负载均衡算法介绍

（1）随机算法。随机算法也称为 Random 随机，即按权重设置随机概率。调用量越大分布越均匀，而且按概率使用权重后也比较均匀，有利于动态调整提供者权重。

（2）轮询及加权轮询。轮询（Round Robbin）中按公约后的权重设置轮询比率。当服务器群中各服务器的处理能力相同，每笔业务处理量差异不大时，最适合使用这种算法。服务器处理能力不同时，轮询存在累积请求问题，假如某台机器很慢，当请求调到该台时就会卡住，累计后所有请求都卡在该台机器上。

加权轮询（Weighted Round Robbin）为轮询中的每台服务器附加一定权重。例如服务器1权重为1，服务器2权重为2，服务器3权重为3，发送6次请求，服务器1会被分配1次，服务器2会被分配2次，服务器3会被分配3次，则顺序为1-2-2-3-3-3-1-2-2-3-3-3……

（3）最少连接及加权最少连接。最少连接（Least Connections）是在多个服务器中与处理连接数（会话数）最少的服务器进行通信的算法。即使在每台服务器处理能力各不相同、每笔业务处理量也不相同的情况下，该算法也能够在一定程度上降低服务器的负载。

加权最少连接（Weighted Least Connections）是为最少连接算法中的每台服务器附加权重的算法，该算法事先为每台服务器分配处理连接的数量，并将客户端请求转至连接数最少的服务器上。

（4）哈希算法。此处主要介绍一致性哈希算法，即相同参数的请求总是发到同一提供者。当某一台提供者宕机时，将原本发往该提供者的请求平摊到其他提供者，这样不会引起剧烈变动。

（5）IP地址散列。IP地址散列通过管理发送方IP和目的IP地址的散列，将来自同一发送方的分组（或发送至同一目的地的分组）统一转发到相同服务器。当客户端有一系列业务需要处理而必须和一个服务器反复通信时，该算法能够以流（会话）为单位，保证来自相同客户端的通信能够一直在同一服务器中处理。

（6）URL散列。URL散列通过管理客户端请求URL信息的散列，将发送至相同URL的请求转发至同一服务器。

3．基于SDN的流量负载均衡

在复杂多变的网络环境下保证网络服务的稳定性和效率是负载均衡机制解决的一个重要问题。由于传统网络架构自身存在的缺点，负载均衡很难有大的突破。随着新型网络体系SDN的提出，可以从另一种思路出发，为负载均衡机制的改进提出新的突破。

SDN技术旨在实现控制层与数据层面的分离，而控制层是物理上集中的一系列控制器，这些控制器通过开发一系列应用能够检测和管理网络行为，实现网络可编程化。具体地讲，对于负载均衡，SDN控制器可以通过改变数据平面（交换机）的流表项，将受影响的数据流调整到冗余路径上传输，从而避免网络资源被过度占用。本任务采用的是基于时间的轮询方法，通过在以OpenFlow为代表的SDN架构中实施服务器负载均衡策略，以期提高网络性能。

7.3 SDN 实现简易防火墙

基于 SDN 的防火墙

7.3.1 实施任务单

任务编号	7-3	任务名称	SDN 实现简易防火墙
任务简介	防火墙为企业内部网络提供了坚实的安全屏障，SDN 新架构的引入为网络安全领域的创新提供了巨大的想象空间。本任务实践调用 OpenDaylight 控制器的北向接口，实现简单防火墙功能		
任务目标	1. 掌握命令行实现简易防火墙的方法； 2. 掌握 Postman 调用 ODL 北向接口实现简易防火墙的方法		
设备环境	装有 Office 或 WPS 办公软件、Ubuntu 虚拟机、OpenDaylight、Mininet、Postman 的台式机或笔记本电脑		
实施专业		实施班级	
实施地点		小组成员	
指导教师		联系方式	
任务难度	中级	实施日期	年　月　日
实施内容	1. 使用命令行实现简易防火墙功能； 2. 使用 Postman 调用 ODL 北向接口实现简易防火墙		

7.3.2 实施评价单

任务编号	7-3	任务名称	SDN 实现简易防火墙			
评价项目				自评	小组评	教师评
课堂表现	学习态度（20 分）					
	沟通合作（10 分）					
技能操作	掌握使用 OVS 命令下发流表到交换机实现简易防火墙功能（30 分）					
	掌握使用 Postman 工具调用 ODL 控制器北向接口实现简易防火墙功能（40 分）					
学生签字		年　月　日	教师签字		年　月　日	

评价标准						
项目		A	B	C	D	E
课堂表现	学习态度	与老师辩论	向老师提出质疑	与老师互动交流	被动回答问题	沉默
	沟通合作	小组学习中具有很强的团队沟通合作能力	小组学习中具有良好的团队沟通合作能力	小组学习中具有较好的团队沟通合作能力	小组学习中能够参与团队沟通合作	小组学习中不能够参与团队合作
任务完成	掌握使用 OVS 命令下发流表到交换机实现简易防火墙功能	能独立完成任务并主动帮助其他同学解决问题	能独立完成任务，记录过程并梳理成文档	能通过团队协作等方式完成任务	能通过团队协作等方式完成部分任务	放弃完成任务
	掌握使用 Postman 工具调用 ODL 控制器北向接口实现简易防火墙功能	能独立完成任务并主动帮助其他同学解决问题	能独立完成任务，记录过程并梳理成文档	能通过团队协作等方式完成任务	能通过团队协作等方式完成部分任务	放弃完成任务

7.3.3 任务实施指引

1. 使用命令行实现简易防火墙功能

步骤 1：登录 OpenDaylight 控制器所在的虚拟机，启动 OpenDaylight 控制器，在 Karaf 控制台安装对应插件。

（1）安装 OVSDB 相关的组件。

```
>feature:install odl-ovsdb-all
>feature:install odl-ovsdb-southbound-api odl-ovsdb-southbound-impl odl-ovsdb-southbound-impl-rest odl-ovsdb-southbound-impl-ui  odl-openflowplugin-adsal-compatibility-all
```

（2）安装支持 REST API 的功能。

```
>feature:install odl-restconf
```

（3）安装 L2 交换机和 OpenFlow 功能。

```
>feature:install odl-l2switch-switch
> feature:install odl-openflowplugin-all
```

（4）安装 DLUX 功能。

```
>feature:install odl-dlux-all
>feature:install odl-mdsal-all
```

步骤 2：登录安装了 Mininet 的虚拟机，使用 Mininet 创建网络拓扑连接到步骤 1 启动的 OpenDaylight 控制器，并使用 ovs-vsctl show 命令查看控制器与交换机之间的连接是否正常。

```
# mn --controller=remote, ip={ODL 所在 VM 的 IP},port=6633 --switch=ovsk
# ovs-vsctl show
```

步骤 3：使用命令行下发流表，使 h1 与 h2 不能 ping 通。

（1）查看 h1 与 h2 的连通情况。默认情况下 h1 能够 ping 通 h2。

（2）登录 OVS 交换机，执行如下命令下发流表。

```
#ovs-ofctl add-flow s1
priority=120,ip,in_port=1,nw_src=10.0.0.1,nw_dst=10.0.0.2,actions=drop
```

（3）执行如下命令查看流表是否下发成功。

```
# ovs-ofctl dump-flows s1
```

（4）验证互通。执行 h1 ping h2 -c 1 命令，执行结果显示不通。

步骤 4：使用命令行删除相应的流表，使 h1 与 h2 相互 ping 通。

（1）执行如下命令删除流表项。

```
# ovs-ofctl del-flows ovs-ofctl del-flows s1 nw_src=10.0.0.1,nw_dst=10.0.0.2
```

（2）执行如下命令确认流表项删除成功。

```
# ovs-ofctl dump-flows s1
```

（3）验证互通情况。

```
# h1 ping h2 -c 1
```

步骤 5：在 h1 搭建一个 Web 服务器。

（1）在 Mininet CLI 界面输入如下命令，在 h1 搭建一个 Web 服务器。其中，SimpleHTTPServer 是 Python 2 自带的一个模块，是 Python 的 Web 服务器。

```
# xterm h1
# python -m SimpleHTTPServer 80
```

（2）在 Mininet CLI 界面输入如下命令，验证 h2 可以访问到 h1 提供的 Web 服务。

```
# xterm h2
# su - osboxes                    // 切换为虚拟机的普通用户
# firefox
```

在打开的浏览器的地址栏输入 10.0.0.1。在 h1 的 SimpleHTTPServer 启动界面可以看到 h2 成功访问到 h1 的网页。

步骤 6：开启 h1 和 h2 的 sshd 服务，使得 h2 可以 ssh 登录到 h1。

（1）在 h1 的 xterm 界面，输入如下命令，确认 22 端口是否被监听。

```
#netstat -tunlp | grep 22
```

确认未监听后，打开 sshd 服务。

（2）在 h1 的 xterm 界面，输入如下命令打开 sshd 服务。

```
#which sshd
# /usr/sbin/sshd
```

（3）在 h1 的 xterm 界面，输入如下命令，确认 22 端口是否被监听。

```
#netstat -tunlp | grep 22
```

（4）使用同样的方法，在 h2 的 xterm，打开 sshd 服务。

（5）h2 使用 ssh 登录到 h1。

```
#ssh osboxes@10.0.0.1             //osboxes 为虚拟机的普通用户
# 输入 osboxes 用户密码
#ifconfig
```

查看 IP，确认已连接到 h2。

步骤 7：使用命令行下发流表，禁止 h2 访问 h1 中的 Web 服务，但是允许 h2 能 ssh 登录到 h1。

（1）输入如下命令，添加流表项。

```
# ovs-ofctl add-flow s1 priority=110,tcp,in_port=2,nw_src=10.0.0.2,nw_dst=10.0.0.1, tp_dst=80,
actions=drop
```

（2）确认流表项添加成功。

```
# ovs-ofctl dump-flows s1
```

（3）在 h1 正常开启 SimpleHTTPServer 的前提下，验证 h2 不能访问 h1 的 Web 服务。

首先，确认 h1 的 SimpleHTTPServer 是正常开启的状态。然后，在 h2 的 xterm 页面，以普通用户身份输入 firefox 打开浏览器，在浏览器地址栏输入 10.0.0.1，尝试访问 h1 的 Web 服务，结果访问超时。

（4）在 h1 和 h2 的 22 端口保持监听的前提下，在流表项下发后，验证 h2 仍然能 ssh 登录到 h1。

首先确认 h1 和 h2 的 22 端口保持监听，然后验证 h2 能够 ssh 登录到 h1。

步骤 8：使用如下命令删除流表项，使 h2 能够访问 h1 中的 Web 服务。

（1）使用如下命令删除流表项。

```
# ovs-ofctl del-flows s1 tcp,in_port=2
```

（2）确认流表项被删除。

```
# ovs-ofctl dump-flows s1
```

（3）验证 h2 能够访问 h1 的 Web 服务。

首先确保 h1 开启了 SimpleHTTPServer 服务。然后，在 h2 的 xterm 界面，切换到普通用户，输入 firefox，打开浏览器，在浏览器地址栏输入 10.0.0.1。

h2 能够访问 h1 的 Web 服务，显示 h1 整个目录列表。

2．使用 Postman 实现简易防火墙功能

步骤 1：登录 OpenDaylight 控制器所在的虚拟机，启动 OpenDaylight 控制器，在 Karaf 控制台安装对应插件，具体操作步骤请参考“使用命令行实现简易防火墙功能”部分。

步骤 2：登录安装了 Mininet 的虚拟机，使用 Mininet 创建网络拓扑并连接到步骤 1 启动的 OpenDaylight 控制器，并使用 ovs-vsctl show 命令查看控制器与交换机之间的连接是否正常。

```
# mn --controller=remote, ip={ODL 所在 VM 的 IP},port=6633 --switch=ovsk
# ovs-vsctl show
```

步骤 3：使用 Postman 下发流表，使 h1 与 h2 不能 ping 通。

（1）先查看 h1 与 h2 之间的连通性。

```
# pingall
```

（2）在控制器所在的 VM1，打开 Postman 工具。

（3）打开浏览器，输入 http://127.0.0.1:8181/index.html，用户名和密码都是 admin。

（4）单击左侧菜单栏的 Node 选项，查看交换机的 node id。

（5）在 Postman 主界面，单击“+”按钮新增一个请求，输入如下 URL：

```
http://[controller-ip]:8181/restconf/config/opendaylight-inventory:nodes/node/[node-id]/
flow-node-inventory:table/0/flow/flow6
```

其中，[controller-ip] 为当前控制器的 IP，[node-id] 即步骤（4）中获得的 node id，请求类型选择 PUT。用 Postman 发送请求需要一定的权限，单击 Authorization 选项，type 项选择 basic auth。输入用户名和密码（用户名和密码都是 admin）。选择 raw → JSON 选项为 Body 选择类型。

Body 内容如下：

```
{
  "flow":[{
    "id": "flow6",
     "table_id":0,
     "priority": 300,
     "match":{
       "ethernet-match":{
         "ethernet-type":{
           "type":"2048"
         }
       },
```

```
            "ipv4-source":"10.0.0.1/32",
            "ipv4-destination":"10.0.0.2/32",
            "in-port": "1"
        },
        "instructions":{
            "instruction":[{
                    "order":"0",
                    "apply-actions":{
                        "action":[{
                            "order":"0",
                            "drop-action":{}
                        }]
                    }
            }]
        }
    }]
}
```

（6）在交换机所在的虚拟机中执行如下命令，查看流表是否下发成功。

```
# ovs-ofctl dump-flows s1 -O OPENFLOW13
```

（7）验证互通。h1 无法 ping 通 h2，说明流表项下发成功。

```
# h1 ping h2 -c 1
```

步骤 4：使用 Postman 删除流表，使 h1 与 h2 能 ping 通。

（1）在 Postman 新创建一个请求，URL 输入如下：

```
http://[controller-ip]:8181/restconf/config/opendaylight-inventory:nodes/node/[node-id]/table/0/
flow/flow6
```

请求类型选择 DELETE。访问一个页面需要输入用户名和密码，单击 Authorization 选项，type 项选择 basic auth。输入用户名和密码（用户名和密码都是 admin）。单击 Send 按钮。

（2）在交换机所在的虚拟机中执行如下命令，查看流表项是否删除成功。

```
# ovs-ofctl dump-flows s1 -O OPENFLOW13
```

（3）验证 h1 与 h2 能 ping 通。

```
# pingall
```

步骤 5：使用 Postman 下发流表，禁止 h2 访问 h1 中的 Web 服务，但是允许 h2 能 ssh 登录到 h1。

（1）登录 h2，打开浏览器，访问地址 10.0.0.1，验证可以正常访问 h1 的 Web 服务。

首先确保 h1 开启了 SimpleHTTPServer 服务。然后，在 h2 的 xterm 界面，切换到普通用户，输入 firefox，打开浏览器，在浏览器地址栏输入 10.0.0.1。h2 能够访问 h1 的 Web 服务，显示 h1 整个目录列表。

（2）使用 Postman 下发流表项，登录控制器所在的虚拟机，打开 Postman 工具，选择“下发流表（包含 tcp 端口匹配）”选项，使用之前查看的 node-id 替换 URL 中的 node-id。

输入 URL“http://[controller-ip]:8181/restconf/config/opendaylight-inventory:nodes/node/[node-id]/flow-node-inventory:table/0/ flow/flow7”。其中，[controller-ip] 为当前控制器 IP，请求类型选择 PUT。同样，用 Postman 发送请求也需要一定的权限，单击 Authorization 选项，type 项选择 basic auth。输入用户名和密码（用户名和密码都是 admin）。选择 raw → JSON 选项来选择 Body 的类型，选择 Send 按钮。Body 内容如下。

```
{
"flow":[{
  "id":"flow7",
  "table_id":0,
  "priority":300,
  "match":{
   "ethernet-match":{
    "ethernet-type":{
      "type":"2048"
    }
   },
   "ipv4-source":"10.0.0.2/32",
   "ipv4-destination":"10.0.0.1/32",
   "ip-match":{
     "ip-protocol":6
   }
   "tcp-destination-port":80
   },
   "instructions":{
     "instruction":[{
       "order":"0",
       "apply-actions":{
       "action":[{
         "order":"0",
         "drop-action":{}
         }]
       }
     }]
   }
  }]
}
```

（3）在交换机所在的虚拟机中执行如下命令，查看流表项是否下发成功。

```
# ovs-ofctl dump-flows s1 -O OPENFLOW13
```

（4）登录 h2，验证 h2 无法访问 h1 的 Web 服务。

（5）登录 h2，验证 h2 可以正常 ssh 登录到 h1。

验证结果显示，h2 禁止访问 h1 中的 Web 服务，但是允许 h2 能 ssh 登录到 h1。

步骤 6：登录控制器所在的虚拟机，打开 Postman，发送请求，删除步骤 5 添加的流表项。验证删除流表项后 h2 可以正常访问 h1 的 Web 服务。

（1）在 Postman 新创建一个请求，URL 输入如下：

```
http://[controller-ip]:8181/restconf/config/opendaylight-inventory:nodes/node/[node-id]/table/0/flow/flow7
```

请求类型选择 DELETE。访问一个页面需要输入用户名和密码，单击 Authorization 选项，type 项选择 basic auth。输入用户名和密码（用户名和密码都是 admin）。Body 项选择 None，单击 Send 按钮。

（2）在交换机所在的虚拟机中执行如下命令，查看流表项是否删除成功。

```
# ovs-ofctl dump-flows s1 -O OPENFLOW13
```

（3）登录 h2，刷新浏览器页面，验证 h2 能正常访问 h1 的 Web 服务。

7.3.4 相关知识点

在传统的网络环境中，防火墙为企业内部网络提供了坚实的安全屏障，是企业网络安全的重要基石。借助 SDN 中心化的控制机制，企业用户可以从全局网络设备采集流量信息，根据场景需要及时阻断异常流量，实现基于流的防火墙功能。此外，借助 SDN 开放的北向接口，用户可以按需定制北向应用，通过应用快速有效地将安全策略下发到安全设备，实现安全措施的快速部署及安全事件的及时响应。SDN 新架构的引入为网络安全领域的创新提供了巨大的想象空间。

1．使用命令行实现简易防火墙功能

在 Open vSwitch 上使用命令行方式下发流表是最基础、最底层的实现防火墙功能的方法。如何使用命令行实现简易防火墙功能呢？需要从以下几方面思考：

- 基于防火墙需求如何设计 SDN 流表。
- 拓扑中主机之间的端口连接情况。
- 在 OVS 中如何使用命令行实现 SDN 交换机和控制器的连接以及下发流表。
- 验证防火墙功能。

在这之中，最重要的是基于防火墙需求设计 SDN 流表，其基本的方法是要定义流表转发动作为 drop。

2．使用北向接口 API 实现防火墙功能

通过调用 OpenDaylight 控制器开放的北向接口下发流表项，实现简易防火墙功能。

URL 示例如下：

```
http://[controller-ip]:8181/restconf/config/opendaylight-inventory:nodes/node/[node-id]/flow-node-inventory:table/0/flow/flow6
```

由于 OpenDaylight 控制器的北向 REST 接口在不同版本中都有差异，可以直接访问当前控制器的 API 接口页面查看。

YANG UI 如下：

```
http://<Controller ip address>:8181/index.html#/yangui/index
```

7.4 课后提升

一、选择题

1．基于 SDN 数据中心的网络拓扑主要是基于（　　）拓扑结构。

A．星型　　B．线型　　C．胖树　　D．环型

2．Mininet 中测试主机之间性能的工具是（　　）。

A．dump　　B．net　　C．ping　　D．iperf

3．使用 SDN 实现简易防火墙功能，以下说法错误的是（　　）。

A．如果控制器选择 OpenDaylight，则可以使用如下命令创建网络拓扑：mn --controller=remote, ip={ODL 所在 VM 的 IP},port=6653 --switch=ovsk

B．可以通过 ovs-ofctl add-flow 命令下发流表项到 OVS 交换机，设置 action=drop，使得 SDN 网络中的主机之间 ping 不通

C．查看 OVS 交换机上流表项的命令是 ovs-ofctl dump-flows

D．Mininet 创建的终端主机上可以搭建 Web 服务器

4．下列不属于 Postman 发起 HTTP 请求的方法是（　　）。

A．ADD　　B．PUT　　C．POST　　D．DELETE

二、判断题

1．当服务器群中各服务器的处理能力相同，每笔业务处理量差异不大时，最适合使用轮询算法。

2．在命令行添加流表项的命令是 ovs-ofctl add-flows。

3．没有网络安全就没有国家安全，也就没有经济社会稳定运行，广大人民群众利益也难以得到保障。

4．负载均衡是高可用网络基础架构的关键组件，但很少用于将工作负载分布到多个服务器来提高网站、应用、数据库或其他服务的性能和可靠性中。

拓展阅读

SDN 与新华三[①]

2010 年的 OpenFlow 真是“不接受任何质疑”。这项来自斯坦福大学的技术，奠定了现在狭义 SDN 理论的基础。它有凌驾于所有网元设备之上的独特“上帝视角”，被普遍认为是网络领域的一场革命。但新华三还是略有质疑。

OpenFlow 是一项“控制欲”极强的技术，这也是其性格弱点。网元设备的报文首

① 戈叔说 IT，像新华三一样理解 SDN，https://baijiahao.baidu.com/s?id=1708589805493760429&wfr=spider&for=pc。

包，必须上送至控制器，控制器再根据实时情况，下发流表指导流量转发，可这正是OpenFlow的风险和软肋。这项刚从实验室走出来的技术太过理想化，推出商用版本时甚至还没有来得及考虑冗余和逃生方式，控制器一旦出现故障，或接收到潮涌一样的报文，都将导致全网瘫痪。

这就是新华三决定SDN走向的第一次技术判断。跟从还是跟踪？新华三选择跟踪OpenFlow技术演进，但并不盲从。因为早在OpenFlow技术出现前，新华三已经在研究网络管理和控制的全新模式，并逐渐形成“A计划”。其实，在SDN理念提出前，网络一直都是“黑盒子”。或者说，2000年前后CCIE认证工程师有多值钱，当时的网络配置和管理就有多复杂。正因如此，相比于SDC（软件定义计算）和SDS（软件定义存储），SDN也更早被提出。

新华三是国内最早研究SDN的厂商之一。2007年，其正式发布智能网络管理平台iMC，这是业内第一款基于B/S架构的解决方案。2012年，新华三基于iMC平台，上新的SDNM、RAM等组件，都是基于SDN思想的商用尝试。

2013年，新华三率先发布分布式数据中心SDN交换机，并落地实践于国内高校首个SDN 40G校园网；2014年新华三通过中国移动SDN方案规范测试，成为第一个IP网络SDN控制器提供商。

当然，新华三也从未忽视OpenFlow，其技术理念确实先进，只是细节欠打磨，在保持iMC平台技术领先的同时，新华三始终跟踪着OpenFlow技术的演进。但正如王斌所说，SDN的本质是化繁为简，屏蔽复杂的网络协议，将带宽、时延、抖动、路由、通道等网络信息抽象可视化，至于是否采用OpenFlow只是选择之一。

正是基于此，2015年，新华三将OpenFlow与iMC平台进行技术整合，正式发布AD-NET（Application Driven Network，应用驱动网络）。其既能支持强控方案，又能支持弱控方案，而且AD-NET特别体现新华三对SDN的理解，也具有超越那个时代的技术判断。相比冷冰冰的SDN，贴近应用的AD-NET显然更符合业务上云、数字化转型等趋势。

项目8 网络虚拟化技术 SDN 实现

知识目标

★ 掌握网络虚拟化的基本原理、方法和作用；
★ 理解 VxLAN 技术的基本概念，掌握 VxLAN 数据包结构；
★ 掌握 Overlay、大二层等基本概念以及这些概念在数据中心的基本应用。

能力目标

★ 会安装使用 OpenVirteX 虚拟平台；
★ 会使用 Open vSwitch 构建 Overlay 的 VxLAN 网络，能实现网段之间的通信；
★ 能基本使用华为 iMaster NCE-Fabric 平台。

素质目标

★ 培养抽象的思维能力；
★ 培养严谨细致、精益求精的职业素养。

思政目标

★ 培养学生的家国情怀；
★ 培养合作探究的学习能力和科学精神。

思维导图

项目分析

网络虚拟化是云计算的基础，也是 SDN 技术的重量级应用。SDN 产生了许多网络虚拟化产品，通过对开源的 OVX 实践应用，理解网络虚拟化的基本概念、组成结构等；通过对 VxLAN 的基本实训，理解大二层的基本概念；通过对华为 iMaster NCE-Fabric 平台的使用，理解华为利用 Overlay 技术实现数据中心的基本原理，并掌握使用 iMaster NCE-Fabric 平台的基本技能。

*8.1 认知网络虚拟化平台

8.1.1 实施任务单

任务编号	8-1	任务名称	认知网络虚拟化平台
任务简介	网络虚拟化是一种重要的网络技术，SDN 使网络虚拟化更容易实现，也更智能，因此网络虚拟化成了 SDN 的重量级应用。本任务要求理解网络虚拟化的原理及运用，并通过 OpenVirteX 创建、配置和管理虚拟网络，深刻理解 SDN 含义		
任务目标	1. 掌握网络虚拟化的基本原理、方法和作用； 2. 使用 OpenVirteX 创建、配置和管理虚拟网络		
设备环境	装有 Office 或 WPS 办公软件的台式机或笔记本电脑		
实施专业		实施班级	
实施地点		小组成员	
指导教师		联系方式	
任务难度	初级	实施日期	年　月　日
实施内容	1. 画出网络虚拟化平台的示意图，说明利用 SDN 如何进行网络虚拟化； 2. 使用 OpenVirteX 创建、配置和管理虚拟网络		

8.1.2 实施评价单

<table>
<tr><td>任务编号</td><td>8-1</td><td>任务名称</td><td colspan="3">认知网络虚拟化平台</td></tr>
<tr><td colspan="3">评价项目</td><td>自评</td><td>小组评</td><td>教师评</td></tr>
<tr><td rowspan="2">课堂表现</td><td colspan="2">学习态度（20 分）</td><td></td><td></td><td></td></tr>
<tr><td colspan="2">沟通合作（10 分）</td><td></td><td></td><td></td></tr>
<tr><td rowspan="2">技能操作</td><td colspan="2">画出网络虚拟化平台的示意图，说明利用 SDN 如何进行网络虚拟化（25 分）</td><td></td><td></td><td></td></tr>
<tr><td colspan="2">使用 OpenVirteX 创建、配置和管理虚拟网络（45 分）</td><td></td><td></td><td></td></tr>
<tr><td>学生签字</td><td></td><td>年　月　日</td><td>教师签字</td><td></td><td>年　月　日</td></tr>
</table>

<table>
<tr><td colspan="7">评价标准</td></tr>
<tr><td colspan="2">项目</td><td>A</td><td>B</td><td>C</td><td>D</td><td>E</td></tr>
<tr><td rowspan="2">课堂表现</td><td>学习态度</td><td>与老师辩论</td><td>向老师提出质疑</td><td>与老师互动交流</td><td>被动回答问题</td><td>沉默</td></tr>
<tr><td>沟通合作</td><td>小组学习中具有很强的团队沟通合作能力</td><td>小组学习中具有良好的团队沟通合作能力</td><td>小组学习中具有较好的团队沟通合作能力</td><td>小组学习中能够参与团队沟通合作</td><td>小组学习中不能够参与团队合作</td></tr>
<tr><td rowspan="2">任务完成</td><td>画出网络虚拟化平台的示意图，说明利用 SDN 如何进行网络虚拟化</td><td>准确画出网络虚拟化平台示意图说明 SDN 网络虚拟化，文档精美</td><td>准确画出网络虚拟化平台的示意图说明 SDN 网络虚拟化，文档较好</td><td>基本展示网络虚拟化平台的示意图说明 SDN 网络虚拟化，文档一般</td><td>基本展示网络虚拟化平台的示意图说明 SDN 网络虚拟化，文档较差</td><td>没能展示网络虚拟化平台的示意图说明 SDN 网络虚拟化，文档较差</td></tr>
<tr><td>使用 OpenVirteX 创建、配置和管理虚拟网络</td><td>能独立完成任务并主动帮助其他同学解决问题</td><td>能独立完成任务，记录过程并梳理成文档</td><td>能通过团队协作等方式完成任务</td><td>能通过团队协作等方式完成部分任务</td><td>放弃完成任务</td></tr>
</table>

8.1.3 任务实施指引

1．OpenVirteX 安装

安装指导请参考官网：https://openvirtex.com/getting-started/tutorial/，直接下载 OVX 镜像：https://openvirtex.com/wp-content/uploads/2021/02/ovx-vm-x86_64.zip。下载完成之后安装虚拟机即可，虚拟机的默认账号和密码均为 ovx。官方推荐安装环境需要 4G 内存和 4G 的 Java 堆空间，为了运行 OVX，运行环境至少需要 2G 内存和 1G 的 Java 堆空间。打开 OVX 的命令如下。

```
$sh OpenVirteX/script/ovx.sh
```

2．OpenVirteX 操作

步骤 1：启动 Mininet。

使用 Mininet 模拟真实网络，并连接到 OVX 的 6633 端口，ip 为 OVX 主机 IP 地址。

```
$sudo mn --topo=tree,2,2 --controller=remote,ip=XX.XX.XX.XX
```

创建网络拓扑之后，可以进行 pingall 测试网络连通性，可以发现无法完成主机之间的 ping 测试。其原因在于 OVX 无法确认这些流量归属于哪一个虚拟网络，所以无法将数据转发给租户控制器，自然就无法完成数据处理。

步骤 2：创建虚拟网络。

OVX 通过运行 utils/ovxctl.py 文件完成网络输入参数的定义和解析，开发者可以通过此文件创建和启动虚拟网络、虚拟交换机、虚拟端口、虚拟链接和租户控制器。进入到 OpenVirteX/utils 目录，输入以下命令运行 ovxctl.py，创建虚拟网络。

```
$ python ovxctl.py -n createNetwork tcp:localhost:10000 10.0.0.0 16
```

该命令创建了网络 10.0.0.0/16，掩码长度为 16 位，可用地址为 65534 个，租户控制器的地址为 localhost:10000，租户 ID 为 1。同理，通过此命令也可以创建其他的虚拟租户网络。在启动网络之前必须要确认的是租户控制器已经开启，启动 OVX 时，OVX 虚拟机已经预先在 10000 端口启动了 Floodlight 控制器。如果需要指定到用户自定义的控制器，则只需再次启动控制器，然后通过同一命令指定控制器 IP 即可。

步骤 3：创建虚拟交换机。

在 tenantId=1 的网络中创建两个虚拟交换机，分别对应 dpid 为 2 和 3 的底层交换机。OVX 创建成功后，会返回虚拟交换机的租户 ID 和交换机 ID，命令如下。

```
$python ovxctl.py -n createSwitch 1 00:00:00:00:00:02
$python ovxctl.py -n createSwitch 1 00:00:00:00:00:03
```

步骤 4：创建虚拟端口。

OVX 创建网络还需要创建对应的虚拟端口。虚拟端口用于连接主机，在创建虚拟端口时需指定底层交换机的 dpid 和物理端口号，从而建立与真实网络的映射关系。创建成功后，OVX 会返回对应的虚拟端口信息，命令如下。

```
$python ovxctl.py -n createPort 1 00:00:00:00:00:02 1
$python ovxctl.py -n createPort 1 00:00:00:00:00:02 2
$python ovxctl.py -n createPort 1 00:00:00:00:00:02 3
$python ovxctl.py -n createPort 1 00:00:00:00:00:03 1
$python ovxctl.py -n createPort 1 00:00:00:00:00:03 2
```

```
$python ovxctl.py -n createPort 1 00:00:00:00:00:03 3
```

步骤 5：创建虚拟链路。

虚拟链路用于完成交换机之间的链接建立。通过指定租户 ID（TenantID）、源虚拟交换机 ID、源虚拟端口号、目的虚拟交换机 ID、目的虚拟端口号、路由算法及备份路由的份数来创建虚拟链接。命令如下。

```
$python ovxctl.py -n connectLink 1 00:a4:23:05:00:00:00:01 3 00:a4:23:05:00:00:00:02 3 spf 1
```

步骤 6：连接主机。

主机的创建和以上的命令相似，同样需要指定租户的网络 ID，接入虚拟交换机的虚拟 ID、虚拟端口号及主机的 MAC 地址。主机的 MAC 地址信息可以通过 Mininet 查看，在 Mininet 中输入“主机名（空格）ifconfig”即可查看。本实验中，底层交换机 s2 和 s3 上挂接了 h1、h2、h3 和 h4 四个主机，将其分别接入到虚拟网络中即可。本质上物理链接已经存在，此处在于告知 OVX 主机的逻辑归属，进而完成虚拟网络的创建，命令如下。

```
$python ovxctl.py -n connectHost 1 00:a4:23:05:00:00:00:01 1 42:71:b9:07:8e:4b
$python ovxctl.py -n connectHost 1 00:a4:23:05:00:00:00:01 2 fa:ac:54:4e:f3:db
$python ovxctl.py -n connectHost 1 00:a4:23:05:00:00:00:02 1 b2:e8:1b:16:4e:a9
$python ovxctl.py -n connectHost 1 00:a4:23:05:00:00:00:02 2 8a:f3:56:42:c7:be
```

步骤 7：启动网络。

OVX 创建虚拟租户网络完成后，启动虚拟网络。

```
$python ovxctl.py -n startNetwork 1
```

启动虚拟网络之后，在 Mininet 中输入 pingall 命令验证实验结果，并打印出交换机的流表项。为进一步验证实验正确性，在浏览器中打开 http:/localhost:10000/ui/index.html，查看控制器 Floodlight 的信息。

8.1.4 相关知识点

网络虚拟化技术
SDN 实现

8.1.4.1 网络虚拟化

1. 网络虚拟化技术的意义

在购买计算机时，个人用户通常会在所需的基础上购买有一定资源余量的计算机。但是一般情况下，计算机硬件的利用率仅为 20% ～ 40%，高冗余的磁盘、CPU 和内存等资源被闲置，同样地，企业在选购 IT 资源时也经常遇到这样的难题。如果严格按照资源需求购买计算机，有时又会出现资源不足的现象，但却无法动态、弹性地拓展资源。如何实现按需、动态地拓展资源，既能满足需求，又不很费资源，是一个很有价值的研究课题。

为满足用户的需求，虚拟化技术诞生了。虚拟化技术包含很多内容，根据被虚拟化对象的不同可以分为多种具体的虚拟化技术。任何一种虚拟化技术都可以将物理资源虚拟成可动态分配的虚拟资源，从而提高资源的利用率，其主要优势有如下五点。

（1）资源共享。当划分资源的单元过大时，单个用户可能无法充分利用整个单元的资源，所以过剩的资源就会被闲置，无法被分配给其他用户使用。如果将资源划分为更小的粒度，就可以实现更细致的分配，从而减少资源的浪费，提高资源利用率。

通过减小资源分配的单元来提高资源利用率的案例很多，例如磁盘的分区、无线信道的时隙等，这些技术在某种意义上都是虚拟化技术。所以，虚拟化技术可以实现资源共享、提高资源利用率。

（2）资源隔离。在很多场景下，共享资源的不同用户之间可能互不信任，所以很有必要对用户资源进行隔离，防止用户在使用资源时相互干扰。此外，出于安全方面的考虑，不同用户之间的资源也需要做到完全隔离。但简单的划分无法实现动态、灵活的资源隔离，所以需要虚拟化技术来完成资源隔离。例如一个物理网络中存在多个私有的虚拟租户网络，那么不同租户的数据需要彼此隔离，才能提高租户网络安全性。网络虚拟化技术通过添加标签等多种方式，可以实现动态的资源隔离，从而提升租户网络的安全性。

（3）资源聚合。在云计算出现之前，由于个人计算机力的不足，无法进行大规模计算。但如果能将众多小的资源聚合到一起，形成一个虚拟的大型资源池，则可以满足计算需求。亚马逊的云计算服务就是将众多性能差的服务器聚集在一起，形成一个具有大规模计算能力的资源池，然后统一向外提供计算能力。除了计算资源虚拟化的例子外，通过对众多独立磁盘部署存储虚拟化技术也可以向外提供大型、可靠且弹性的存储资源。所以，虚拟资源可以实现资源聚合，将资源能力最大化。

（4）动态分配。在数据中心应用场景中，当某台服务器负担过重时，就需要将其中运行的某些虚拟机动态迁移到其他服务器中，从而提高整体物理服务器资源的利用率。如果没有服务器负载均衡策略，就会出现有的服务器不堪重负而有的服务器空转浪费的现象，所以虚拟机动态迁移的工作非常重要。由于虚拟机的移动性，网络就需要具备策略动态跟随的能力，例如当虚拟机迁移时，可将对应的 QoS、ACL 等网络策略迁移到虚拟机新的位置。虚拟化技术支持资源动态分配，可以很好地满足数据中心对资源和策略动态分配的需求。

（5）降低管理难度。相比于物理资源，虚拟资源更容易管理。其原因在于不同厂商、不同系统的物理资源管理接口各不相同，而虚拟资源却可以使用统一标准的接口。虚拟化技术可以将不同厂商和系统的资源虚拟成具有统一标准接口的资源，从而实现跨厂商、跨系统的资源调度，降低了资源管理的难度。

2. SDN 在网络虚拟化中的应用

由于早期成功的 SDN 方案中网络虚拟化的案例较多，有人可能将 SDN 和网络虚拟化相提并论，但 SDN 和网络虚拟化并不在同一个技术层面，SDN 不是网络虚拟化，网络虚拟化也不是 SDN。SDN 是一种集中控制的网络架构，其数据平面和控制平面相分离。而网络虚拟化是一种网络技术，可以在物理拓扑结构上创建虚拟网络。传统的网络虚拟化部署需要手动逐条部署，效率低且成本高，但在数据中心等场合中，为了实现快速部署和动态调整，必须使用自动化的业务部署方案。SDN 的出现给部署网络虚拟化提供了新的解决方案，通过集中控制的方式，网络管理员可以通过控制器编写程序，实现自动化动态业务的部署，显著缩短业务部署周期。

随着 IaaS 的发展，数据中心网络对网络虚拟化技术的需求越来越强烈。在 SDN 概念出现不久后，SDN 初创公司 Nicira 就推出了网络虚拟化产品 NVP（Network

Virtualization Platform），很快，虚拟化巨头 VMware 就以 12.6 亿美元的天价把 Nicira 收购了。VMware 结合 NVP 和自己的产品 vCloud Networking and Security（vCNS），推出了网络虚拟化和安全产品 NSX，为数据中心提供软件定义的网络虚拟化服务。由于网络虚拟化是 SDN 早期少数几个可以落地的应用，所以人们很容易将网络虚拟化和 SDN 混淆。

接下来介绍 SDN 实现网络虚拟化。通过 SDN 实现网络虚拟化需要完成三项工作：物理网络管理、网络资源虚拟化和网络隔离。而这三项工作往往通过专门的中间层软件完成，称为网络虚拟化平台。网络虚拟化平台需要完成物理网络的管理和虚拟化，将虚拟网络资源提供给不同的租户。实现不同租户之间的相互隔离，保证租户网络互不影响地运行。

（1）网络虚拟化平台。网络虚拟化平台是介于底层物理网络和租户控制器之间的中间层软件，如图 8-1-1 所示。面向租户控制器，网络虚拟化平台扮演了数据平面的角色，将模拟出来的虚拟网络呈现给租户控制器，从租户控制器角度往下看，只能看到属于自己的虚拟网络，无法感知真实的物理网络；面向数据平面，网络虚拟化平台就是控制器，交换机也无法感知到虚拟平面的存在，从物理网络到虚拟网络的映射关系由网络虚拟化平台的核心层完成。因此，网络虚拟化平台实现了面向租户和面向底层网络的透明虚拟化，不仅负责管理物理网络拓扑结构，还完成物理网络到虚拟网络的映射，向租户提供隔离的虚拟网络。

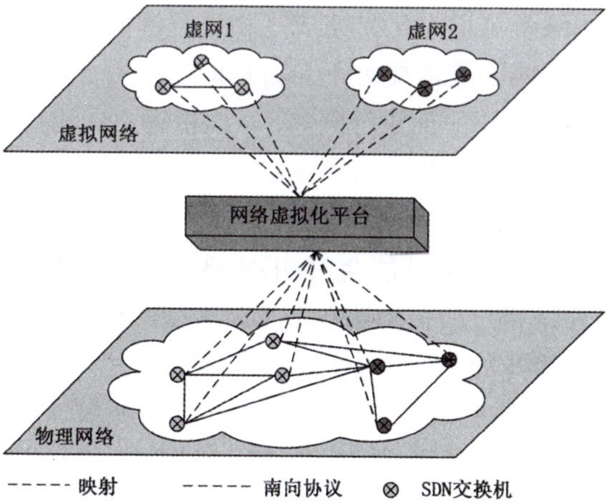

图 8-1-1　网络虚拟化平台示意图

网络虚拟化平台不仅可以实现物理拓扑节点到虚拟拓扑节点“一虚一”的映射，也能实现物理拓扑节点“一虚多”和“多虚一”的映射。“一虚一”指的是一个虚拟资源和一个物理资源相互对应，例如一个虚拟交换机对应一个物理交换机；“一虚多”是指一个物理交换机可以虚拟映射成多个虚拟租户网中的逻辑交换机，从而被不同的租户共享，如图 8-1-2 所示；“多虚一”是指多个物理交换机和链路资源被虚拟成一个大型的逻辑交换机，即租户眼中的一个交换机可能在物理网络中由多个物理交换机连接而成。

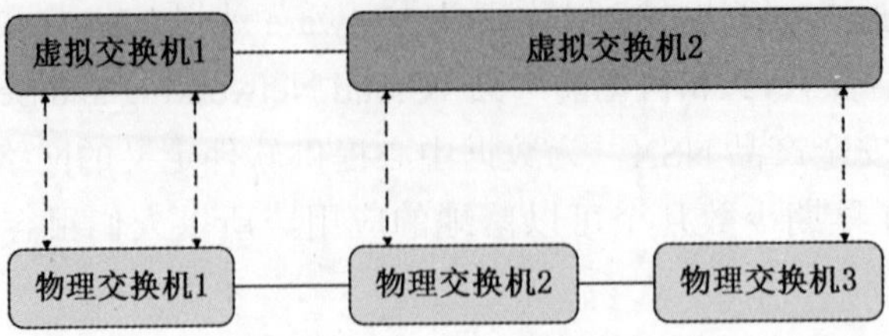

图 8-1-2　单虚拟节点映射到多物理节点

（2）网络资源虚拟化。为了实现网络虚拟化，虚拟化平台需要对物理网络资源进行抽象虚拟化，其中包括拓扑虚拟化、节点资源虚拟化和链路资源虚拟化。

拓扑虚拟化是网络虚拟化平台最基本的功能，是指虚拟网中的虚拟节点和虚拟链路到物理节点和链路的映射，其中包括“一虚一”“一虚多”“多虚一”的映射。

节点资源虚拟化包括对节点的流表、CPU 等资源的抽象虚拟化。流表资源是交换机节点的稀缺资源，如果能对其进行虚拟化，然后由虚拟化平台统一调度，将其分给不同的租户，就可能实现更优的资源分配。因为拓扑虚拟化仅仅完成了虚拟节点到节点的映射，而没有规定不同租户对物理节点资源使用的分配情况，所以若希望更细粒度的网络虚拟化，还需要对节点资源进行虚拟化。

链路资源也是网络中的重要资源，而拓扑虚拟化并没有规定链路资源的分配策略，所以在进行更细粒度的虚拟化时，有必要对链路资源进行虚拟化，从而实现链路资源的合理分配。可被抽象虚拟化的链路资源包括租户可使用的带宽及端口的队列等资源。

（3）网络隔离。网络资源虚拟化只完成了物理资源到虚拟资源的抽象过程，为了保证租户虚拟网络互不影响，还需要对不同租户的网络资源进行隔离。网络隔离需要分别对 SDN 的控制平面和数据平面进行隔离，从而保证不同租户控制器之间互不干扰，不同虚拟网络之间彼此隔离。此外，为了满足用户对地址空间自定义的需求，虚拟化平台还需要对网络地址进行虚拟化。

- 控制平面隔离。控制器的性能会对 SDN 整体的性能产生极大的影响，所以虚拟化平台需要保证租户的控制器在运行时不受其他租户控制器的影响，保证租户对虚拟化平台资源的使用。虚拟化平台在连接租户控制器时需要保证该租户控制器相关进程可以在虚拟平台上得到一定的资源保障，如 CPU 资源。虚拟化平台本身所处的中间层位置使得租户控制器之间的相互隔离可以轻易实现。
- 数据平面隔离。数据平面的资源包括节点的 CPU、流表等资源及链路的带宽、端口的队列等资源。为保证各个租户的正常使用，需对数据平面的资源进行相应的隔离，从而保证租户的资源不被其他租户所占据。若网络数据平面不进行资源的隔离，则会产生资源竞争，从而无法实现租户的网络服务保障，所以在数据平面对资源进行隔离是很有必要的。
- 地址隔离。为保障租户可使用任意地址空间，虚拟化平台需要完成地址的隔离。实现地址隔离主要是通过地址映射来完成的。租户可任意定制地址空间，而这些地址对于虚拟化平台而言是面向租户的虚拟地址。虚拟化平台在转发租户控制器的南向协议报文时，需要将虚拟地址映射为全网唯一的物理地址。数据平面中租户的数据包在进入接入交换机后，它的虚拟地址就会被修改成对应的物理地址。然后，交换机将基于修改之后的物理地址对数据包进行转发。当数据包到达租户目的主机的接入交换机时，交换机需将包头中的物理地址转换成租户设定的虚拟地址，再将数据包转发给目的主机，从而完成租户网络中主机间的通信。

8.1.4.2 OpenVirteX 简介

在 SDN 的发展过程中，诞生了许多基于 SDN 的网络虚拟化产品，其中经典的开源产品包括 FlowVisor 和 OpenVirteX，商业产品包括 VMware 的 NSX 等。网络虚拟化平台的架构分为集中式架构和分布式架构两种，本项目选取 OpenVirteX 进行介绍。

Open VirteX 介绍

OpenVirteX（OVX）是 ON.Lab 开发的一个网络虚拟化平台，可以实现多租户的网络虚拟化。和所有的网络虚拟化平台一样，OVX 部署于租户控制器和交换机之间，是一个中间转发和代理平台。面对租户，OVX 是数据网络；面对交换机，OVX 就是控制器。OVX 系统架构如图 8-1-3 所示。

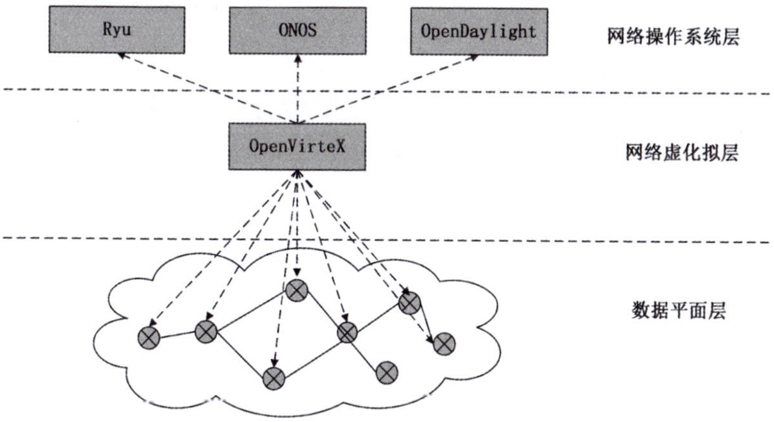

图 8-1-3 OVX 系统架构

OVX 通过拓扑映射将租户的虚拟拓扑映射到物理拓扑上，从而实现网络虚拟化。对于租户而言，仅需要在 OVX 上注册，申请资源，配置自己的网络就可以租用物理网络的资源。从租户的角度出发，租户面对的是一个虚拟网络，无法感知真实的物理拓扑细节，也无须关心，所以租户“认为”得到了一个属于自己的真实网络。

OVX 有两大亮点功能：支持租户定义任意拓扑和支持租户使用任意地址。OVX 支持租户定制任意拓扑，而无须关心物理拓扑的情况。OVX 还支持通过地址虚拟化实现支持任意地址的功能，面向租户的地址为虚拟地址，而真正在网络中交换的数据使用的却是全网唯一的物理地址，其映射关系由 OVX 完成。为了实现地址虚拟化，OVX 定义了 OVXIPAddress 和 PhysicalIPAddress 两种地址，其中 OVXIPAddress 是面向租户的虚拟地址，租户可任意设置地址段，而 PhysiclIPAddress 是物理网络中真实的物理地址。

图 8-1-4 为 OVX 地址虚拟化的流程示意图。图中主机到接入交换机的部分使用

OVXIPAddress 通信，core datapath 之间使用 PhysicalIPAddress 通信。具体流程介绍如下。

（1）a 是 Packet_In 过程，直接发送给租户控制器。

（2）b 是 Packet_Out 过程，需要将 OVXIPAddress 重写成 PhysicalIPAddress。

（3）c 是 core datapath 的控制过程。如果 datapath 不对应租户网络中的虚拟设备，则由 OVX 管理，否则与边缘节点类似，需完成双向的映射过程。

（4）d 是 edge datapath 的 Packet_In 过程。数据上传到 OVX 上时，需要转换成 OVXIPAddress，地址映射之后才能转发给租户控制器。

（5）e 是 Packet_Out 过程，OVX 需要指导交换机将 PhysicalIPAddress 重写成 OVX- IPAddress，将消息发送给目的主机。

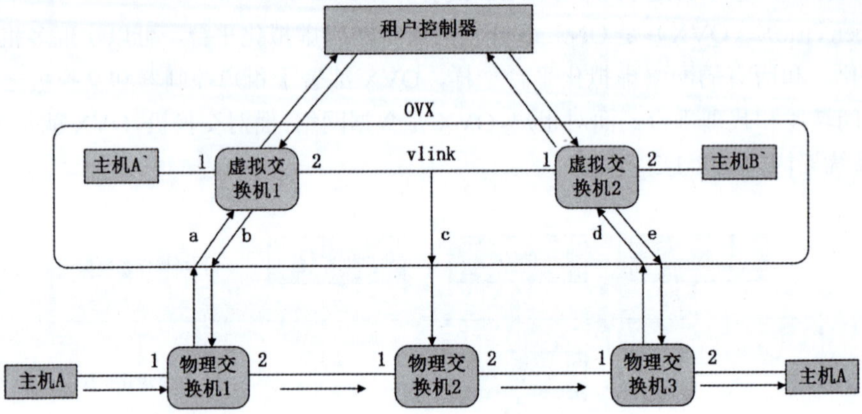

图 8-1-4　OVX 地址虚拟化的流程示意图

*8.2 认知 VxLAN

8.2.1 实施任务单

任务编号	8-2	任务名称	建立 VxLAN 隧道
任务简介	通过 Open vSwitch 构建 Overlay 的 VxLAN 网络，更直观地展现 VxLAN 的优势。本任务了解如何建立、配置 VxLAN 隧道，并实现相同网段和不同网段之间的通信		
任务目标	1. 了解 VxLAN 技术的基本概念、诞生背景和优势，掌握 VxLAN 包结构； 2. 通过 Open vSwitch 构建 Overlay 的 VxLAN 网络，掌握创建 VxLAN 隧道并进行配置的方法，实现相同网段和不同网段之间的通信		
设备环境	装有 Office 或 WPS 办公软件、Ubuntu 虚拟机、Open vSwitch 的台式机或笔记本电脑		
实施专业		实施班级	
实施地点		小组成员	
指导教师		联系方式	
任务难度	中级	实施日期	年　月　日
实施内容	1. 写出 VxLAN 的通信过程及数据包结构； 2. 建立 VxLAN 隧道并进行配置，实现相同网段和不同网段之间的通信		

8.2.2 实施评价单

<table>
<tr><td>任务编号</td><td>8-2</td><td>任务名称</td><td colspan="3">建立 VxLAN 隧道</td></tr>
<tr><td colspan="3">评价项目</td><td>自评</td><td>小组评</td><td>教师评</td></tr>
<tr><td rowspan="2">课堂表现</td><td colspan="2">学习态度（20 分）</td><td></td><td></td><td></td></tr>
<tr><td colspan="2">沟通合作（10 分）</td><td></td><td></td><td></td></tr>
<tr><td rowspan="2">技能操作</td><td colspan="2">写出 VxLAN 的通信过程及数据包结构（30 分）</td><td></td><td></td><td></td></tr>
<tr><td colspan="2">建立 VxLAN 隧道并进行配置，实现相同网段和不同网段之间的通信（40 分）</td><td></td><td></td><td></td></tr>
<tr><td>学生签字</td><td></td><td>年 月 日</td><td>教师签字</td><td></td><td>年 月 日</td></tr>
</table>

<table>
<tr><td colspan="7">评价标准</td></tr>
<tr><td colspan="2">项目</td><td>A</td><td>B</td><td>C</td><td>D</td><td>E</td></tr>
<tr><td rowspan="2">课堂表现</td><td>学习态度</td><td>与老师辩论</td><td>向老师提出质疑</td><td>与老师互动交流</td><td>被动回答问题</td><td>沉默</td></tr>
<tr><td>沟通合作</td><td>小组学习中具有很强的团队沟通合作能力</td><td>小组学习中具有良好的团队沟通合作能力</td><td>小组学习中具有较好的团队沟通合作能力</td><td>小组学习中能够参与团队沟通合作</td><td>小组学习中不能够参与团队合作</td></tr>
<tr><td rowspan="2">任务完成</td><td>写出 VxLAN 的通信过程及数据包结构</td><td>详细展示 VxLAN 的通信过程及数据包结构，文档精美</td><td>全面展示 VxLAN 的通信过程及数据包结构，文档较好</td><td>基本展示 VxLAN 的通信过程及数据包结构，文档较好</td><td>基本展示 VxLAN 的通信过程及数据包结构，文档一般</td><td>没能展示 VxLAN 的通信过程及数据包结构，文档较差</td></tr>
<tr><td>建立 VxLAN 隧道并进行配置，实现相同网段和不同网段之间的通信</td><td>能独立完成任务并主动帮助其他同学解决问题</td><td>能独立完成任务，记录过程并梳理成文档</td><td>能通过团队协作等方式完成任务</td><td>能通过团队协作等方式完成部分任务</td><td>放弃完成任务</td></tr>
</table>

8.2.3 任务实施指引

1．任务内容

创建两个虚拟机，在每台虚拟机中创建两个网桥，一个作为控制层面，一个作为数据平面，控制器平面的网桥利用 eth0 接口实现互通，而数据平面的网桥基于 Open vSwitch 构建 Overlay 的 VxLAN 网络，在两台虚拟机之间实现相同 / 不同网段之间的通信，如图 8-2-1 所示。

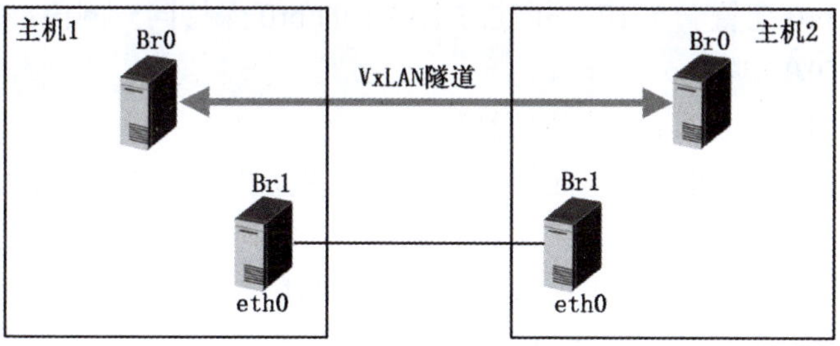

图 8-2-1 VxLAN 隧道示意图

2．实训过程

（1）实验环境检查。

登录主机 1 和主机 2，使用命令 ifconfig eth0 查看主机 IP。

（2）配置主机 1。

步骤 1：登录主机 1，查看虚拟交换机信息。执行命令如下。

```
# ovs-vsctl show
```

步骤 2：删除自带的网桥，并确认删除成功。执行命令如下。

```
# ovs-vsctl del-br br-sw
# ovs-vsctl show
```

步骤 3：创建网桥 br0 和 br1。其中 br1 作为控制层面的网桥，br0 作为数据层面的网桥。执行命令如下。

```
# ovs-vsctl add-br br0
# ovs-vsctl add-br br1
```

步骤 4：将 eth0 接口挂接到网桥 br1 上，并查看交换机信息。执行命令如下。

```
# ovs-vsctl add-port br1 eth0
# ovs-vsctl show
```

步骤 5：将 eth0 的 IP 赋给 br1，确保两个主机在控制层面能够通信。执行命令如下。

```
# ifconfig eth0 0 up
# ifconfig br1 x.x.x.x/24 up （x.x.x.x 为主机 1 的 IP 地址）
```

步骤 6：为 br0 配置一个 IP。执行命令如下。

```
# ifconfig br0 50.0.0.2/24 up
```

步骤 7：查看此时主机 1 的网卡信息。执行命令如下。

```
# ifconfig |more
```

（3）配置主机 2。

主机 2 的配置方式与主机 1 基本一致，登录主机 2，查看虚拟交换机信息。可以参考“（2）配置主机 1”的操作步骤，注意在步骤 5 和步骤 6 略有差别。

步骤 5：将 eth0 的 IP 赋给 br1，确保两个主机在控制层面能够通信。执行命令如下。

```
# ifconfig eth0 0 up
# ifconfig br1 x.x.x.x/24 up （x.x.x.x 为主机 2 的 IP 地址）
```

步骤 6：为 br0 配置一个 IP，并且与主机 1 的 br0 保持同一网段。执行命令如下。

```
# ifconfig br0 50.0.0.3/24 up
```

（4）设置 VxLAN 实现同一网段通信。

步骤 1：测试两个主机控制层面的连通性。登录主机 1，向主机 2 发送 6 个 ping 包，ping 网桥 br1 的 IP。其中 -c 参数用来指定发送的 ping 包数量，发送的数据包达到数量后自动结束 ping 操作。可以看出，两个主机在控制层面能够通信。执行命令如下。

```
# ping x.x.x.x -c 6 （x.x.x.x 为主机 2 的 IP 地址）
```

步骤 2：测试两个主机数据层面的连通性。登录主机 1，向主机 2 发送 6 个 ping 包，ping 网桥 br0 的 IP。很明显，目前两个云主机的数据层面无法通信。执行命令如下。

```
# ping 50.0.0.3 -c 6
```

步骤 3：搭建隧道让两个主机的数据层面也能够通信。登录主机 1，创建 VxLAN。远端 IP 设置为主机 2 中 br1 的 IP。执行命令如下。

```
# ovs-vsctl add-port br0 port0 -- set interface port0 type=VxLAN options:remote_ip=x.x.x.x
# ovs-vsctl show
```

步骤 4：登录主机 2，创建 VxLAN。远端 IP 设置为主机 1 中 br1 的 IP。执行命令如下。

```
# ovs-vsctl add-port br0 port0 -- set interface port0 type=VxLAN options:remote_ip=x.x.x.x
# ovs-vsctl show
```

步骤 5：在主机 2 中启动 tcpdump，并且利用 -i 参数指定监听网口，此处监听 eth0。执行命令如下。

```
# tcpdump -i eth0
```

步骤 6：登录主机 1，再次测试两个主机数据层面的连通性，验证 VxLAN 是否起作用。可以看出创建 VxLAN 后主机数据层面之间也连通了。执行命令如下。

```
# ping 50.0.0.3 -c 6
```

步骤 7：使用“Ctrl+C”组合键终止主机 2 上的抓包进程，查看抓包结果。可以看出主机数据层面通过 VxLAN 隧道实现通信。

（5）设置 VxLAN 实现不同网段通信。

步骤 1：登录主机 2，将 br0 的 IP 修改为 40.0.0.3，与主机 1 的 br0 IP 处于不同的网段。执行命令如下。

```
# ifconfig br0 40.0.0.3/24 up
# ifconfig br0
```

步骤 2：对主机 1 进行 ping 操作，测试主机 2 的 br0 与主机 1 的 br0 之间的连通性。

当两个云主机的 br0 处于不同网段时，之前创建的 VxLAN 就发挥不了作用了。执行命令如下。

```
# ping 50.0.0.5-c 2
```

步骤 3：当两个主机的 br0 处于不同网段时，仅仅设置 VxLAN 是不够的，还需要设置静态路由才能通信。登录主机 1，添加一条通往 40.0.0.0 网络（主机 2 中 br0 的网段）的网关，为了保证能够到达该网关则直接以主机 1 的 br0 IP 为网关，数据包通过 br0 接口到达目标网络。执行命令如下。

```
# route add -net 40.0.0.0/24 gw 50.0.0.2 dev br0
```

步骤 4：登录主机 2，同样添加一条路由，以主机 1 中 br0 的网段为目标网络，以主机 2 的 br0 IP 为网关。执行命令如下。

```
# route add -net 50.0.0.0/24 gw 40.0.0.3 dev br0
```

步骤 5：在主机 2 中启动 tcpdump，开始抓包。依旧指定监听接口为 eth0 接口。执行命令如下。

```
# tcpdump -i eth0
```

步骤 6：在主机 1 上，对主机 2 进行 ping 操作。测试两个云主机数据层面的连通性。执行命令如下。

```
# ping  40.0.0.3 -c 5
```

步骤 7：使用“Ctrl+C”组合键终止抓包，查看主机 2 上的抓包结果。

8.2.4 相关知识点

NVo3 技术

VxLAN 是由 IETF 定义的 NVo3 技术之一，采用 MAC in UDP 的报文封装方式，将二层报文用三层协议进行封装，可在三层范围内扩展二层网络，其本质上是一种隧道技术。

（1）VxLAN 的基本概念。图 8-2-2 是通过 VxLAN 隧道（VxLAN Tunnel）在三层网络基础上构建虚拟网络的基本结构，VxLAN 中出现了传统园区网络中没有的新元素。

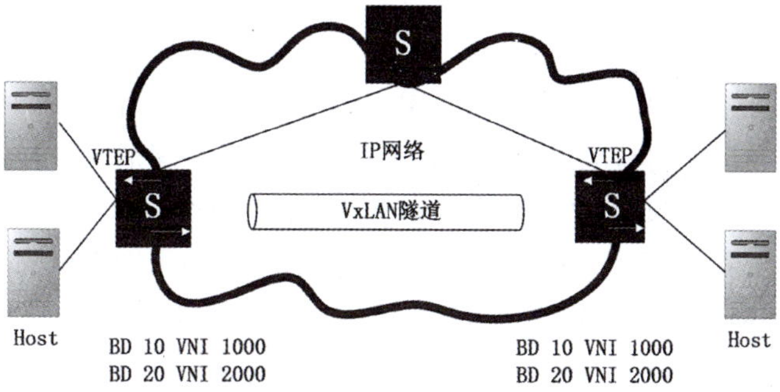

图 8-2-2　VxLAN 的模型

VTEP（VxLAN Tunnel Endpoints），即 VxLAN 隧道端点，是 VxLAN 的边缘设备，是 VxLAN 隧道的起点和终点，对 VxLAN 报文进行封装和解封装。VxLAN 报文中源 IP 地址为源端 VTEP 的 IP 地址，目的 IP 地址为目的端 VTEP 的 IP 地址。一对 VTEP

地址对应一条 VxLAN 隧道。

VNI（VxLAN Network Identifier），即 VxLAN 网络标识符，其类似于传统网络中的 VLANID，用于区分同一虚拟网络内不同的子网，具有不同 VNI 的用户不能直接进行二层通信。VNI 有 24bits，支持标识多达约 1600 万个子网。在 VxLAN 中，将 VNI 以一对一的方式映射到 BD，同一个 BD 内的用户就可以进行二层通信。

（2）VxLAN 的报文结构。作为一种网络虚拟化技术，VxLAN 的封装过程为，在原始报文到达道源端 VTEP 后，先在主机发出的原始数据报文中添加一个 VxLAN 报头，再将其封装在 UDP 报头中，并使用承载网络的 IP、MAC 地址作为最外层报头进行封装；在隧道目的端 VTEP 上进行解封装，然后将数据发送给目标主机。VxLAN 报文封装格式如图 8-2-3 所示。

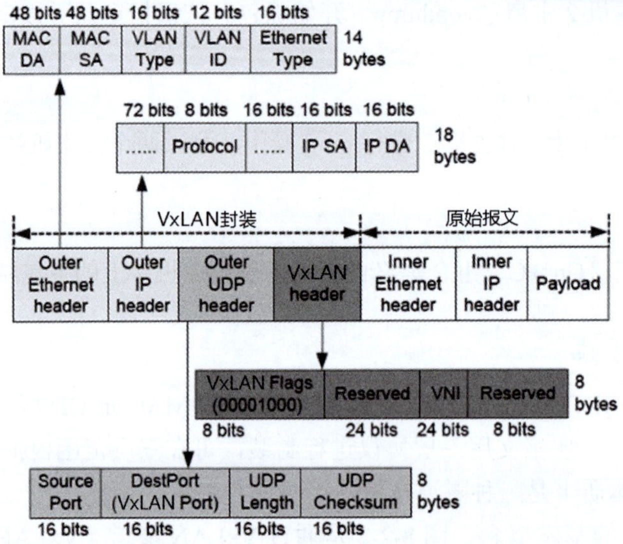

图 8-2-3　VxLAN 报文封装格式

从 VxLAN 的网络模型和报文结构可以看出，其具有以下几个特点。

1）相比于当前普遍通过 12bits VLANID 来进行二层隔离，VxLAN 通过 24bits 的 VN1 支持多达 1600 万个 VxLAN 段的网络隔离，可满足海量租户。

2）VNI 为 VxLAN 自有的封装内容，可以和其他业务灵活关联，例如和 VPN 实例关联，可以支持二层 VPN、三层 VPN 等复杂业务。

3）除 VxLAN 的边缘设备，不需要网络中的其他设备识别主机的 MAC 地址。

4）通过采用 MAC in UDP 封装来延伸二层网络，实现了物理网络和虚拟网络的解耦。租户可以规划自己的 VN，不需要考虑物理网络 IP 地址和 BD，大大降低了网络管理的难度。

5）VxLAN 封装的 UDP 源端口信息由内层的流信息经过哈希运算得到，物理网络不需要解析内层报文就可进行负载分担，从而提高了网络吞吐量。

*8.3 华为 iMaster NCE-Fabric 应用实践

8.3.1 实施任务单

任务编号	8-3	任务名称	华为 iMaster NCE-Fabric 应用实践
任务简介	通过华为 iMaster NCE-Fabric 平台的应用实践，理解网络虚拟化的原理、运用等，深刻理解 SDN 含义，Overlay、VxLAN、大二层等基本概念以及这些概念在数据中心的基本应用		
任务目标	掌握 iMaster NCE-Fabric 平台的基本使用。		
设备环境	装有 Office 或 WPS 办公软件、华为 iMaster NCE-Fabric 平台的台式机或笔记本电脑		
实施专业		实施班级	
实施地点		小组成员	
指导教师		联系方式	
任务难度	高级	实施日期	年　　月　　日
实施内容	1．掌握 iMaster NCE-Fabric 的基本使用，部署 VPC； 2．掌握 iMaster NCE-Fabric 的基本使用，部署 Overlay 逻辑网络		

8.3.2 实施评价单

任务编号	8-3	任务名称	华为 iMaster NCE-Fabric 应用实践

评价项目		自评	小组评	教师评
课堂表现	学习态度（20 分）			
	沟通合作（10 分）			
技能操作	掌握 iMaster NCE-Fabric 的基本使用，部署 VPC（30 分）			
	掌握 iMaster NCE-Fabric 的基本使用，部署 Overlay 逻辑网络（40 分）			

学生签字		年　月　日	教师签字		年　月　日

评价标准

项目		A	B	C	D	E
课堂表现	学习态度	与老师辩论	向老师提出质疑	与老师互动交流	被动回答问题	沉默
	沟通合作	小组学习中具有很强的团队沟通合作能力	小组学习中具有良好的团队沟通合作能力	小组学习中具有较好的团队沟通合作能力	小组学习中能够参与团队沟通合作	小组学习中不能够参与团队合作
任务完成	掌握 iMaster NCE-Fabric 的基本使用，部署 VPC	能独立解决问题并帮助他人，成功部署 VPC	能独立解决问题，成功部署 VPC	能通过团队合作等途径成功部署 VPC	能通过团队合作等途径部分部署 VPC	没能部署 VPC
	掌握 iMaster NCE-Fabric 的基本使用，部署 Overlay 逻辑网络	能独立解决问题并帮助他人，成功部署 Overlay 逻辑网络	能独立解决问题，成功部署 Overlay 逻辑网络	能通过团队合作等途径成功部署 Overlay 逻辑网络	能通过团队合作等途径部分部署 Overlay 逻辑网络	没能部署 Overlay 逻辑网络

8.3.3 任务实施指引

8.3.3.1 VPC 部署操作

通过 vmware vcenter 管理计算资源，完成虚拟机的创建及配置；通过 iMaster NCE-Fabric 管理网络资源，完成逻辑网络的部署，为虚拟机提供网络。

步骤 1：登录平台，输入用户名、密码登录 iMaster NCE-Fabric 网站。

步骤 2：租户管理。进入首页，看到用户名以及租户。单击租户头像即可管理租户。在租户管理界面可以看到资源，包括 VPCs、逻辑设备、逻辑端口、配额，如图 8-3-1 所示。

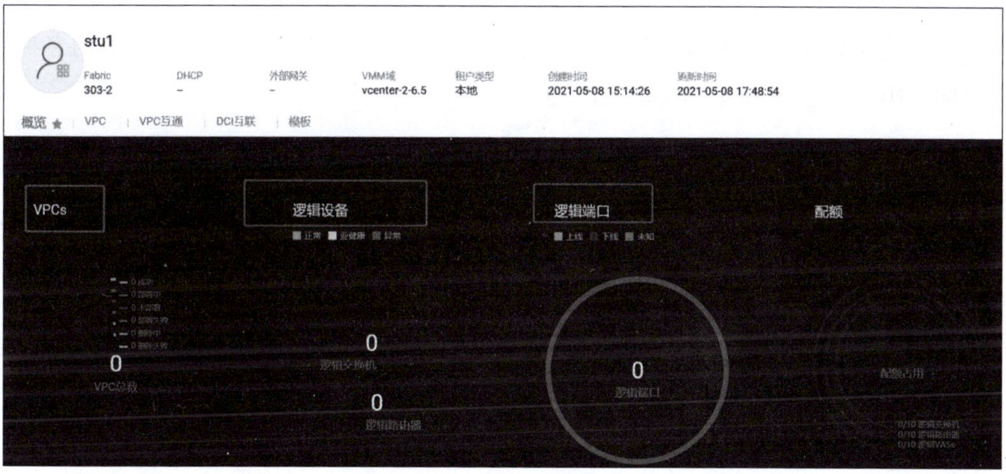

图 8-3-1 租户管理界面

步骤 3：新建 VPC，如图 8-3-2 所示。成功创建 VPC 后可以看到逻辑网络为空，此时可以开始规划逻辑网络。

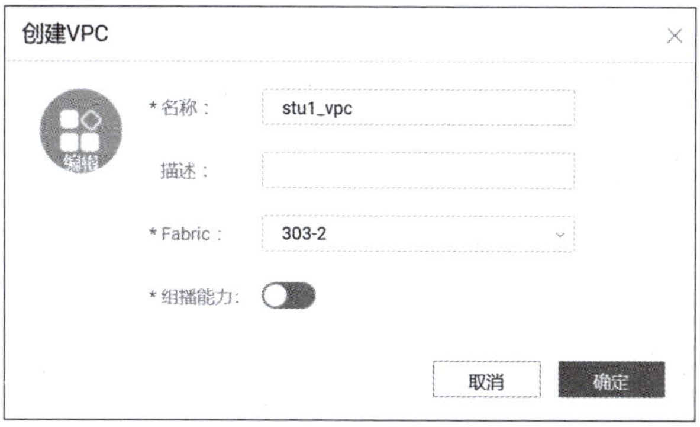

图 8-3-2 创建 VPC

步骤 4：配置逻辑路由器。创建逻辑路由器，拖动左边的逻辑路由器到逻辑视图中，如图 8-3-3 所示。

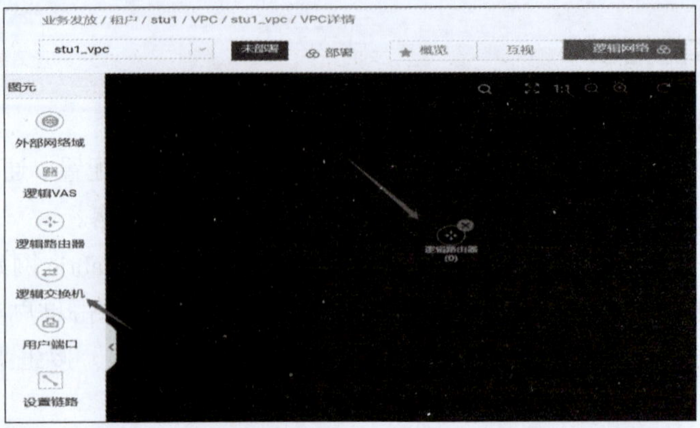

图 8-3-3　逻辑路由器配置

设置逻辑路由器的参数，包括逻辑路由器名称、子网列表，逻辑路由器的名称可以按照“用户名 _vRouter”的格式进行命名，如图 8-3-4 所示。

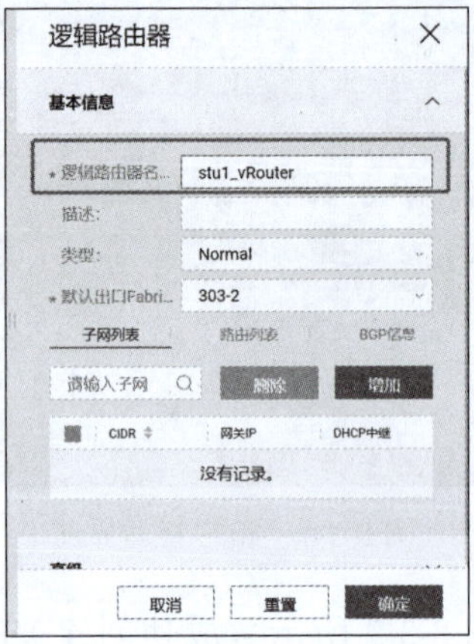

图 8-3-4　设置逻辑路由器的参数

单击“增加”按钮添加子网，IP 版本选择“IPv4”，设置 CIDR 和网关 IP，完成后单击“确定”按钮，如图 8-3-5 所示。

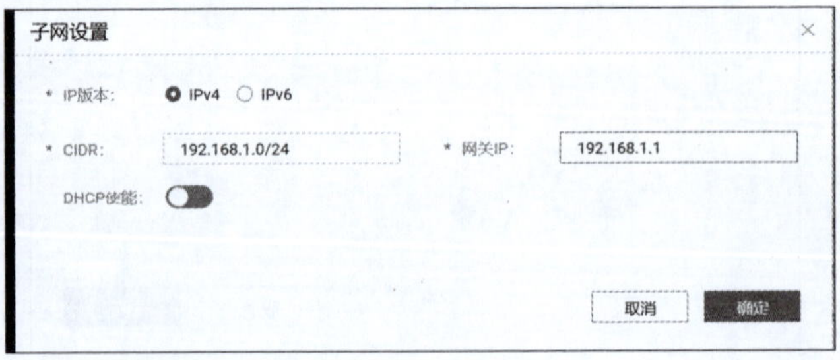

图 8-3-5　子网设置

步骤 5：逻辑交换机配置。创建逻辑交换机，拖动左边的逻辑交换机到逻辑视图中，如图 8-3-6 所示。

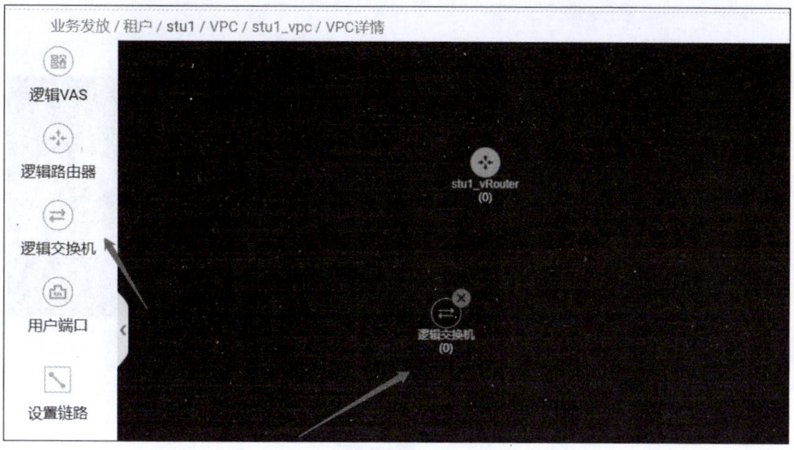

图 8-3-6　创建逻辑交换机

编辑逻辑交换机的参数，包括名称、关联逻辑路由器、子网。关联路由器选择步骤 4 创建的路由器，如图 8-3-7 所示。

图 8-3-7　关联路由器

选择刚才创建的子网，如图 8-3-8 所示，单击“确定”按钮完成创建逻辑交换机。

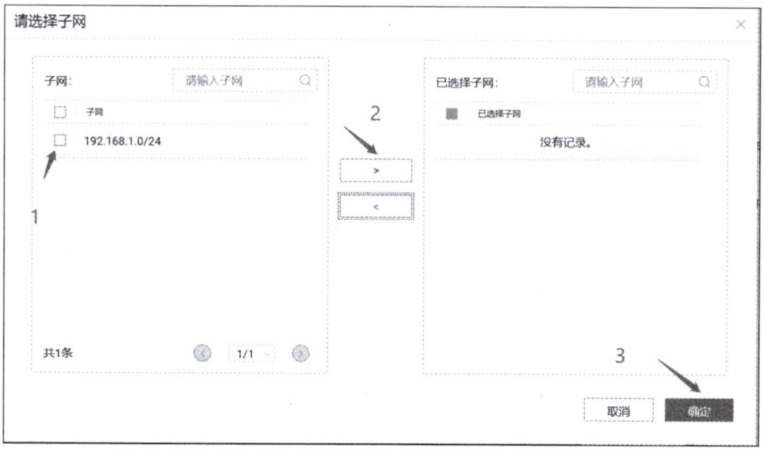

图 8-3-8　选择子网

步骤 6：部署 VPC。在 VPC 详情界面单击“部署”按钮确认部署，如图 8-3-9 所示。

步骤 7：VMM 接入租户网络。

（1）创建 VMM 映射。创建的 VMM 映射将会在 vcenter 中创建一张与逻辑交换机关联的虚拟网卡。单击菜单中的 VMM →“创建”→“选择参数”→“确定”按钮，完成创建。如图 8-3-10 和图 8-3-11 所示。

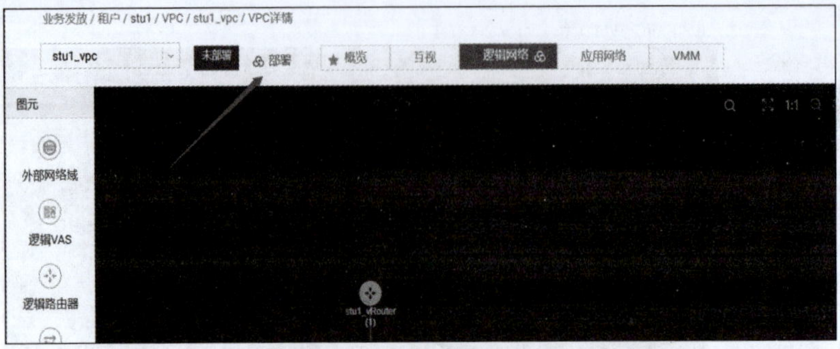

图 8-3-9　部署 VPC

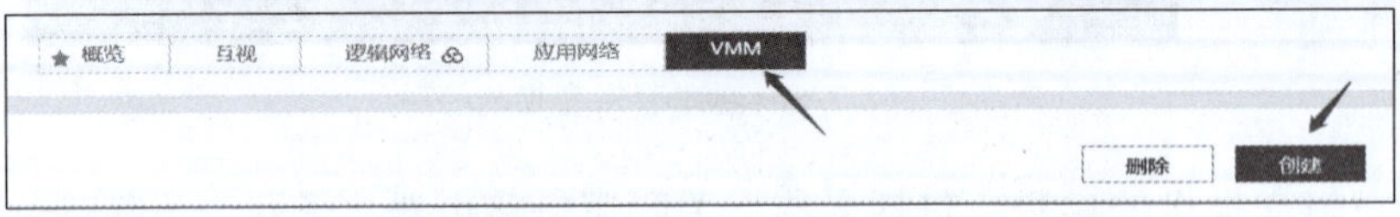

图 8-3-10　创建 VMM 映射

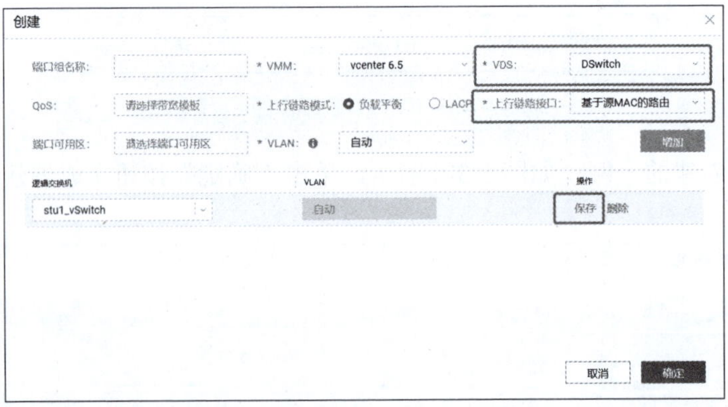

图 8-3-11　单击“确定”按钮

（2）完成虚机上线。登录虚拟机管理平台 vcenter，进入 vSphere Client。选中其中一台虚拟机，将虚拟机开机，如图 8-3-12 所示。

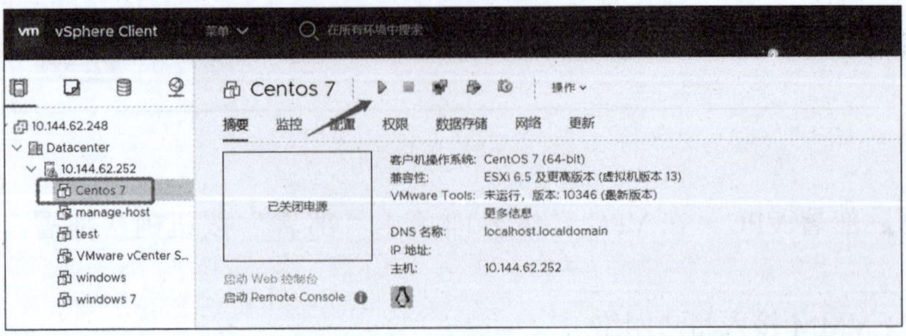

图 8-3-12　选择对应的虚拟机开机

（3）虚拟机开机完毕，选择“操作”→“编辑”选项进行设置。选择新的网络适配器，如图 8-3-13 所示。

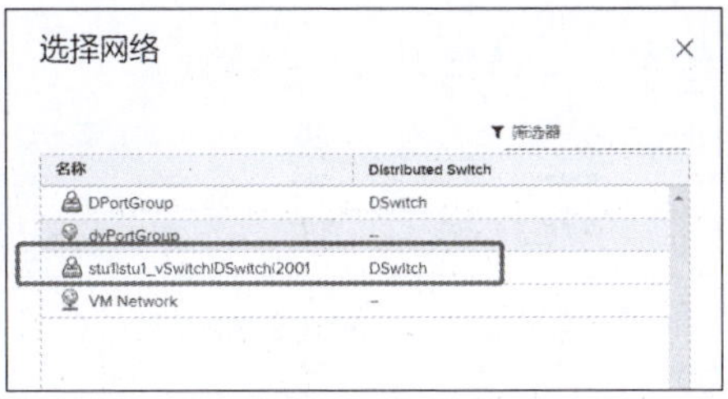

图 8-3-13　选择新的网络适配器

单击“确定”按钮，完成网卡变更，回到 iMaster NCE-Fabric 中，单击逻辑网络，可以看到虚拟机成功上线；若没上线则等待一会，反复单击逻辑交换机，即可看到虚机上线，如图 8-3-14 所示。

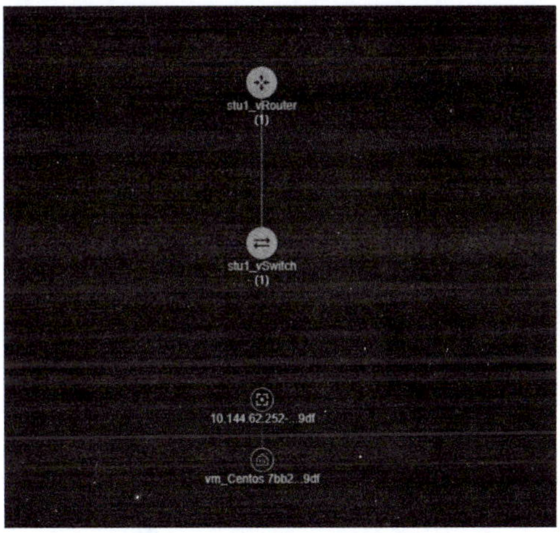

图 8-3-14　查看虚机上线

步骤 8：VPC 网络部署配置验证。在虚拟机中 ping 逻辑路由网关，能够 ping 通说明虚拟机网络正常。

8.3.3.2　Overlay 逻辑网络部署

在租户下创建一个 VPC，在该 VPC 下创建逻辑路由器，逻辑路由器配置两个网关，连接两台交换机，交换机下连接虚拟机，验证在逻辑网络中逻辑路由器也能够实现物理路由器的功能，使得不同网段间的网络互通。

步骤 1：编辑逻辑路由器。在 VPC 详情界面，在原有 VPC 的基础上添加子网，选择“表格编排模式”选项，如图 8-3-15 所示。

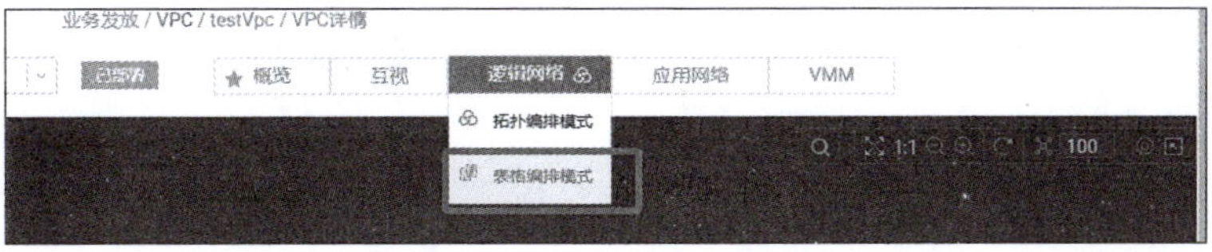

图 8-3-15　选择“表格编排模式”选项

编辑自已创建的逻辑路由器，添加子网，设置子网，如图 8-3-16 和图 8-3-17 所示。

图 8-3-16　编辑逻辑路由器

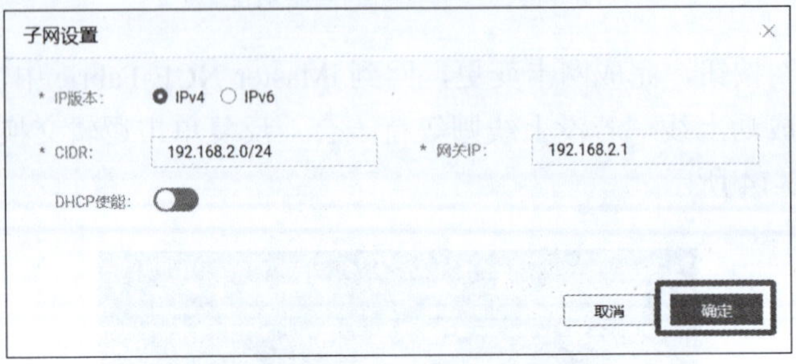

图 8-3-17　子网设置

步骤 2：添加逻辑交换机并关联路由器，添加子网，如图 8-3-18 和图 8-3-19 所示。

图 8-3-18　添加逻辑交换机

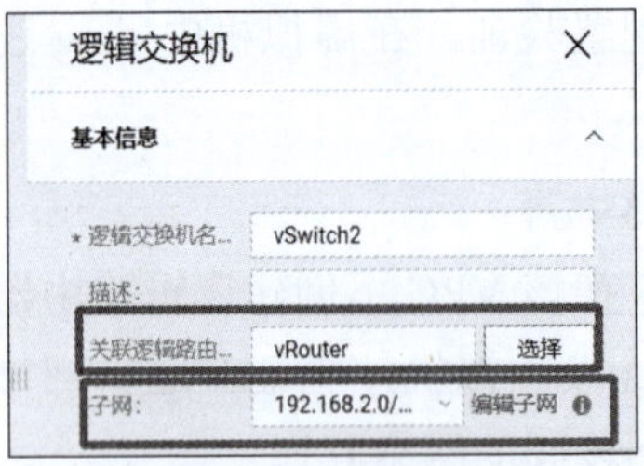

图 8-3-19　关联路由器

步骤 3：创建 VMM 映射，使虚拟机能够接入租户网络，如图 8-3-20 所示。

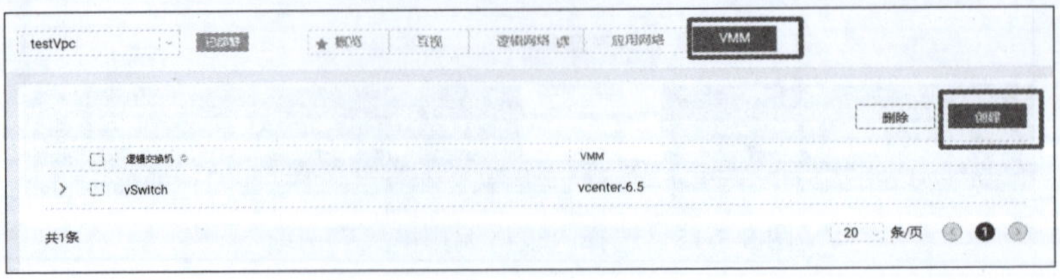

图 8-3-20　创建 VMM 映射

在上行链路接口中选择“基于源 MAC 的路由”，在逻辑交换机中选择“vSwitch2”，单击“保存”→“确定”按钮，如图 8-3-21 所示。

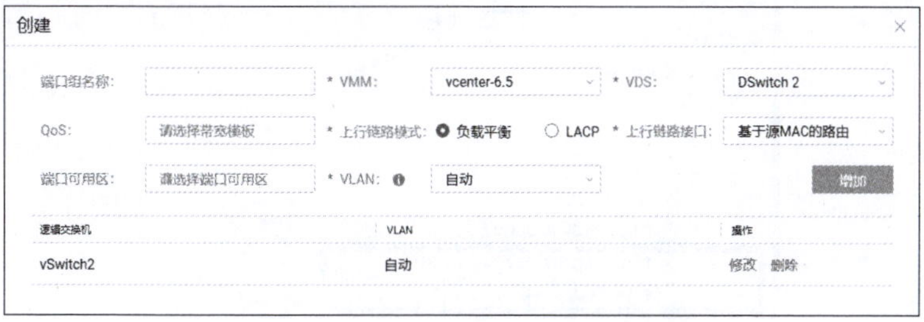

图 8-3-21 在逻辑交换机中选择 vSwitch2

此时在 VMM 中能够看到有两条记录，如图 8-3-22 所示。

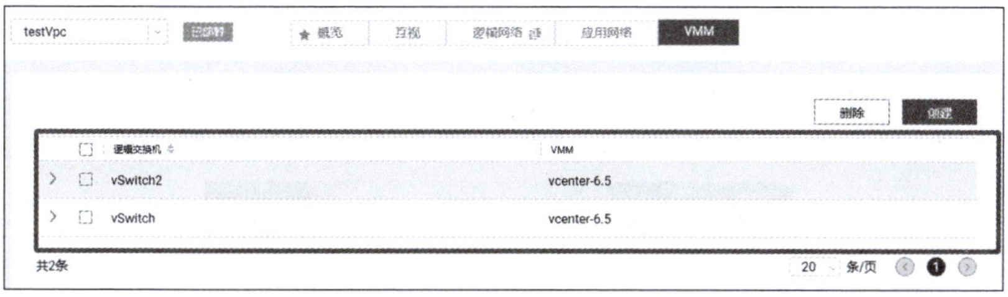

图 8-3-22 查看 VMM 记录

步骤 4：在 vcenter 中查看端口组。

下拉已创建的 VMM，也就是绑定了 vSwitch2 的 VMM，可以看到端口组与 VLAN，VLAN 为“2001”，如图 8-3-23 所示，这个端口组将会以虚拟网卡的形式出现在 vcenter 中。

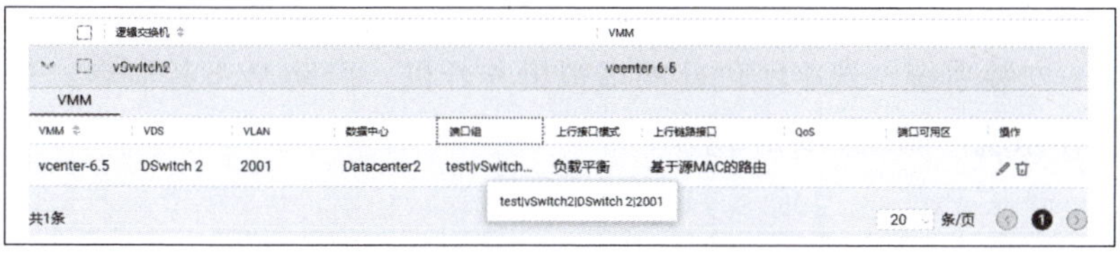

图 8-3-23 查看 VMM 列表中的端口组

登录 vcenter 平台。通过菜单选中主机与集群。此时，vcenter 平台中已经添加了两台 ESXI 主机，如图 8-3-24 所示。

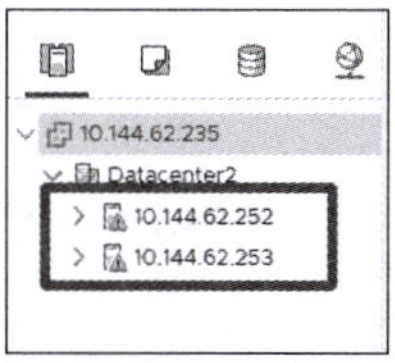

图 8-3-24 vcenter 平台中已经添加了两台 ESXI 主机

单击如图 8-3-25 所示的图标，即可看到网络信息，其中，分布式端口组

test|vSwitch2|DSwitch 2|2001 就是我们在本章节中创建的。

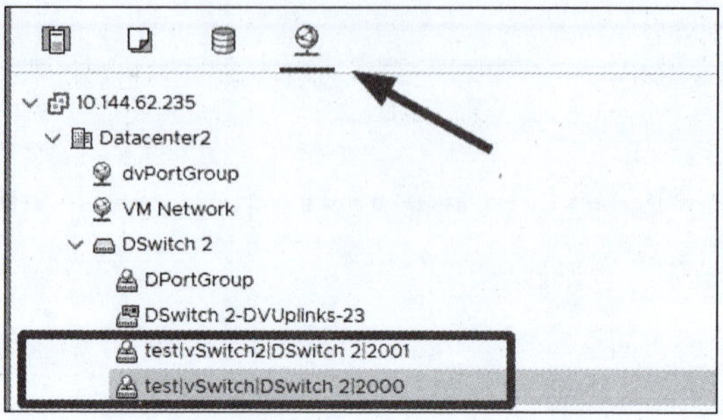

图 8-3-25　查看分布式端口组

单击 test|vSwitch2|DSwitch 2|2001 端口组，在虚拟机面板中可以看到正在使用该端口组的虚拟机。单击虚拟机名称即可看到虚拟机所在的 ESXI 主机。

接下来，在另一台 ESXI 主机上也创建一台虚拟机并分配网卡。

步骤 5：新建虚拟机，如图 8-3-26 所示。

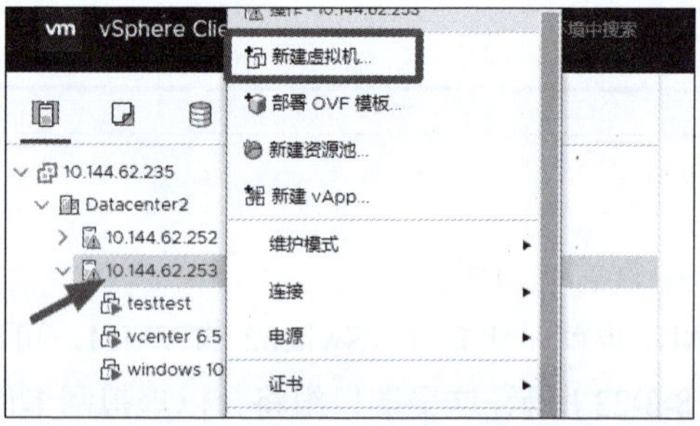

图 8-3-26　创建虚拟机

步骤 6：安装系统。选中刚创建的虚拟机并开机，启动 Web 控制台，安装 CentOS 或者其他操作系统，如图 8-3-27 所示。

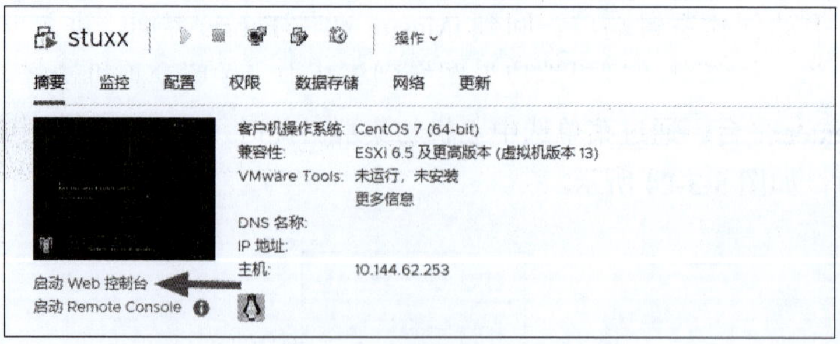

图 8-3-27　启动 Web 控制台

步骤 7：在终端命令行输入 nmtui，配置虚拟机网络，如图 8-3-28 所示。完成配置后，选择退出 nmtui，在终端输入 systemctl restart network，然后输入 ip addr 查看 IP 是否修改成功。

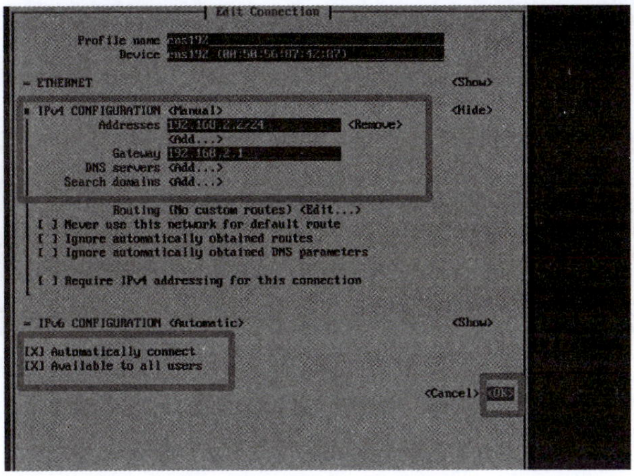

图 8-3-28　配置虚拟机网络

步骤 8：编辑虚拟机网卡。在虚拟机管理界面中选择“操作”→“编辑设置”选项，在“网络适配器 1”中选择创建的端口组，如图 8-3-29 所示。

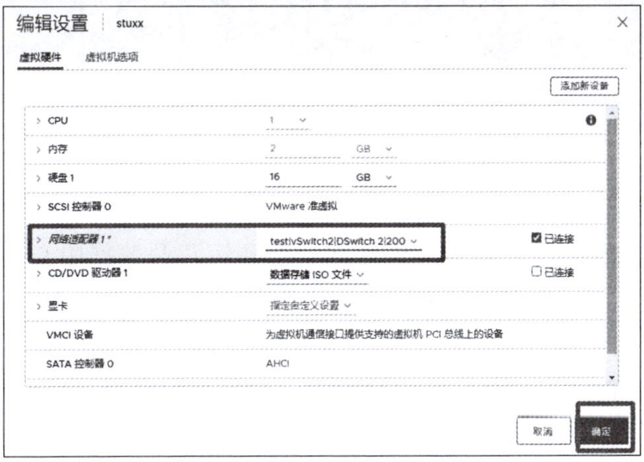

图 8-3-29　选择创建的端口组

步骤 9：手动创建逻辑端口。回到 iMaster NCE-Fabric 界面，进入 VPC 界面，单击逻辑网络。拖动左侧的“逻辑端口”图标到拓扑中，关联交换机选择创建的逻辑交换机。设置 VLAN、Fabric、设备组和端口。

步骤 10：手动创建用户端口，如图 8-3-30 所示。在逻辑网络中，拖动“用户端口”至逻辑拓扑中。填写好用户端口名称后，单击关联逻辑端口，选择刚才手动创建的逻辑端口。

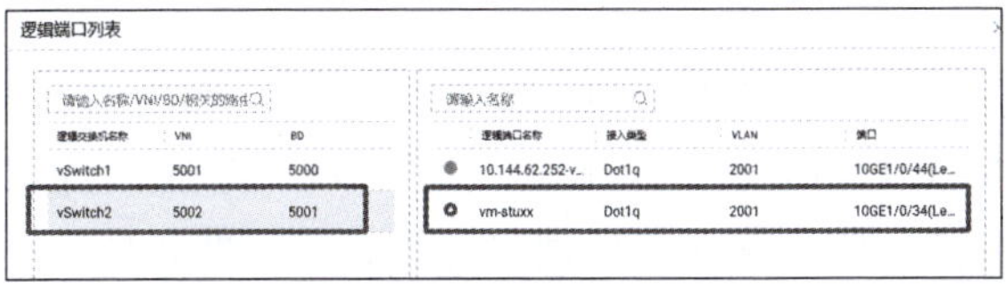

图 8-3-30　选择手动创建的逻辑端口

步骤 11：逻辑网络配置验证，如图 8-3-31 和图 8-3-32 所示。

回到 vcenter 中，在创建的虚拟机里，尝试 ping 路由网关，网络能够正常通信。

图 8-3-31　ping 路由网关

ping 另外一台虚拟机（处于不同网段），能够正常通信。

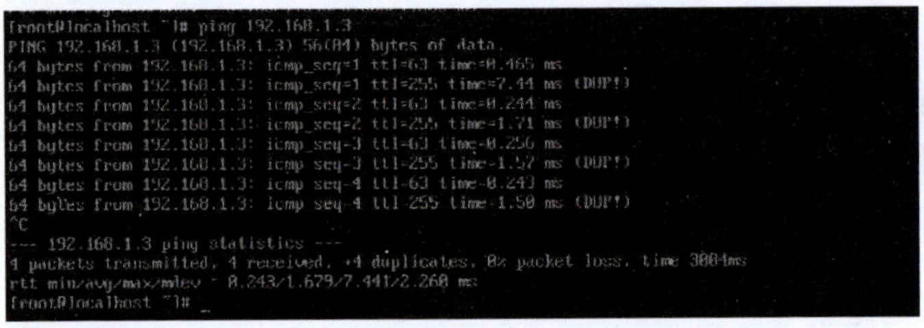

图 8-3-32　ping 处于不同网段的虚拟机

8.3.4　相关知识点

华为智简园区虚拟网络的架构

iMaster NCE-Fabric 是华为新一代面向企业和运营商数据中心市场的 SDN 控制器，是华为云数据中心网络解决方案的核心部件。如图 8-3-33 所示（图中 VM 为虚拟机，FW 为防火墙，LB 为负载均衡器，VAS 为增值业务），iMaster NCE-Fabric 可以对云数据中心网络进行集中管控，提供从应用到物理网络的自动映射、资源池化部署和可视化运维，协助客户构建以业务为中心的网络业务动态调度能力。iMaster NCE-Fabric 使用标准网络协议管控网络资源，通过标准化的南向接口与计算资源对接，实现计算与网络资源的协同，既可以独立承担业务呈现 / 协同的工作，也支持通过标准化的北向接口开放能力与业界主流云平台或容器平台无缝对接。

iMaster NCE-Fabric 位于网络控制层，当 iMaster NCE-Fabric 北向不对接云平台、独立进行业务发放管理时，iMaster NCE-Fabric 充当了业务呈现 / 协同层。基于开放和高可靠分布式集群架构，iMaster NCE-Fabric 可与业界主流云平台、计算管理平台、容器平台无缝对接，提供自动化部署、精细运维和多数据中心（DC）容灾能力。

1. 物理部署架构

为了保障网络业务的高可用性，iMaster NCE-Fabric 的商用部署仅支持集群部署方案，即一个 iMaster NCE-Fabric 由多个节点共同组成，该方案具备以下优势。

- 在多台集群节点之间均衡业务处理，提供高可靠性和高性能。
- 即使某个集群节点出现单点故障，整个集群仍可以正常工作，可靠性高。

● 可以灵活扩容以增强整个集群的性能，具有良好的可扩展性。

如图 8-3-34 所示，在集群部署方案下，iMaster NCE-Fabric 安装在多个物理服务器或虚拟服务器（又称为集群节点）上。

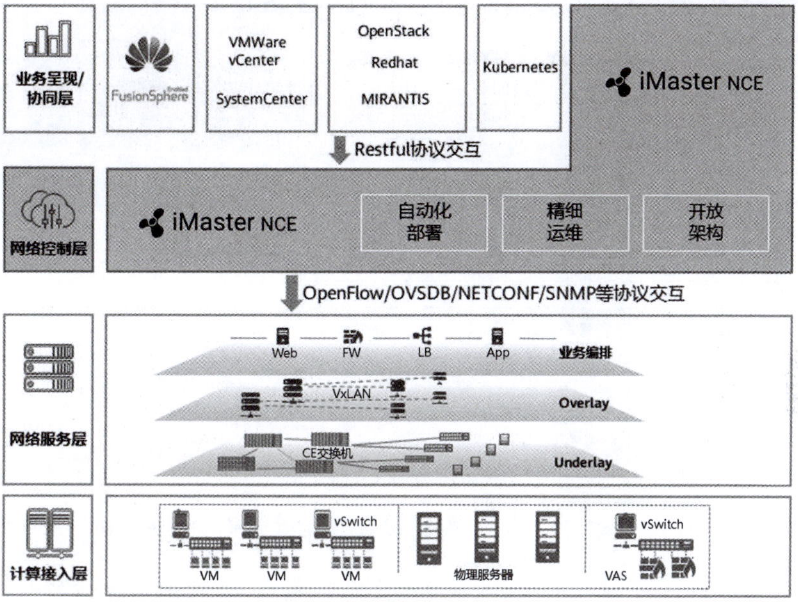

图 8-3-33 iMaster NCE-Fabric 结构图

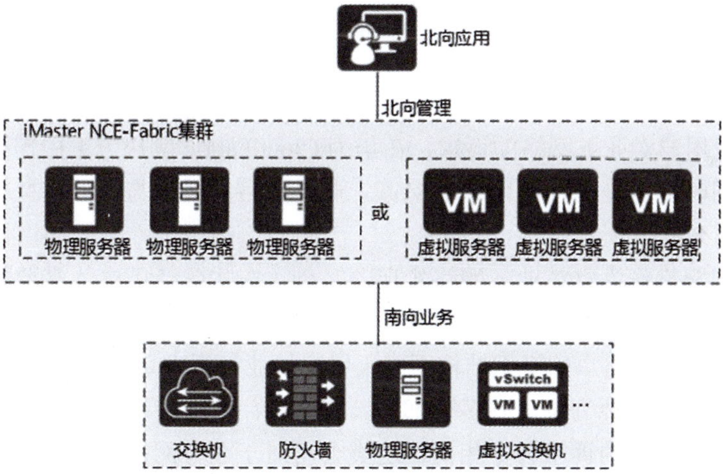

图 8-3-34 iMaster NCE-Fabric 集群部署框架图

2．软件逻辑架构

华为 iMaster NCE-Fabric 控制器构建于网络云化引擎（Network Cloud Engine，NCE）之上，整体架构如图 8-3-35 所示。整个框架由 EasySuite 工程工具、NCE 平台、iMaster NCE-Fabric 产品服务集和基础服务构成。其中 NCE 平台包括系统管理面、中间件、公共服务和南北向协议，iMaster NCE-Fabric 产品服务集为该控制器向外提供服务的核心部分，主要有网络层服务、运维服务、Underlay 服务、意图服务、BGP 服务、Secomanager 服务、CPV 服务等，具体内容可查询华为 iMaster NCE-Fabric 控制器相关手册。

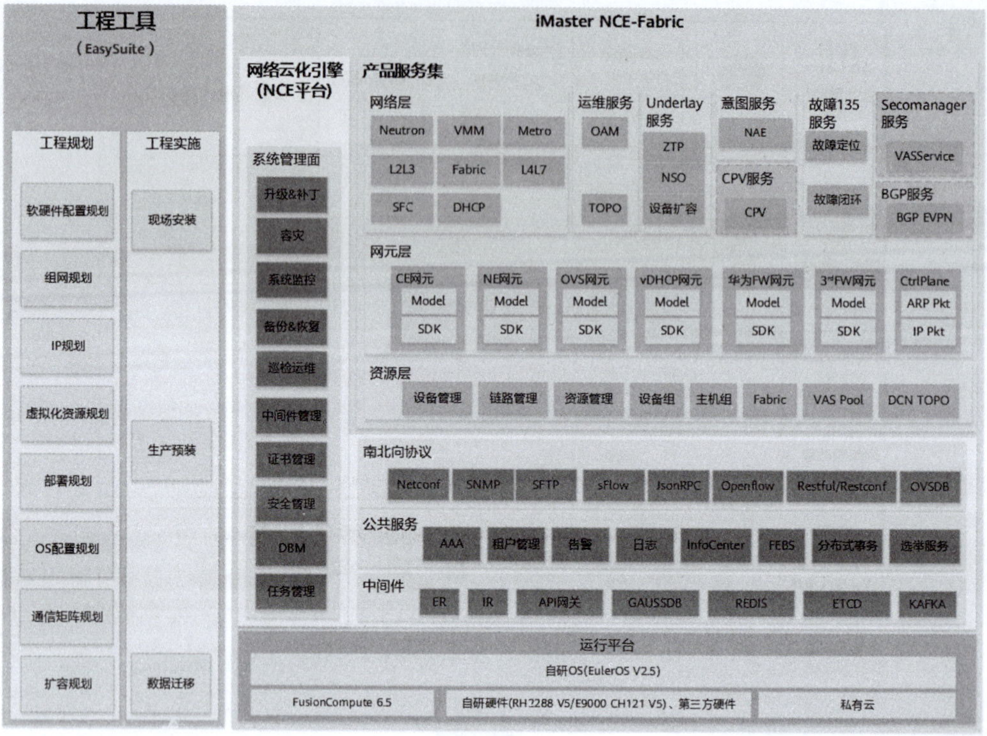

图 8-3-35　iMaster NCE-Fabric 控制器架构

3．iMaster NCE-Fabric 业务管理

为了实现用户对业务网络的诉求，在华为 CloudFabric 解决方案中需要进行业务模型的抽象，同时需要基础物理网络的支撑。业务网络的诉求与业务模型、基础物理网络的关系如图 8-3-36 所示。

基础物理网络作为支撑业务网络实现的基础，在实际使用中，需要将资源进行池化并分配到具体的模型。

（1）业务诉求。用户的组织结构不同，用户的业务诉求划分的维度也会有所差异，主要有两种情况：一种为公司有多个部门，有些部门对业务网络的诉求是一致的，有些部门对于业务网络的诉求各不相同，这类公司对于业务网络的诉求是以业务为单位进行划分的；另一种公司的每个部门对于业务网络的诉求各不相同，这类公司对于业务网络的诉求是以部门为单位进行划分的。无论是哪种组织结构，用户对于业务网络的诉求都是以业务 / 部门为单元划分的。

（2）业务模型。根据业务管理方式及云管理平台的不同，用户的具体业务模型可以分为如下几种。

1）与云平台协同的网络业务发放（FusionSphere）。业务管理方式为与云平台协同的网络业务发放，云管理平台为华为云管理平台时，CloudFabric 解决方案是以租户为模型为企业提供网络资源，以承载企业的多样化业务。一个租户下有多个 VDC，一个 VDC 下有多个 VPC。

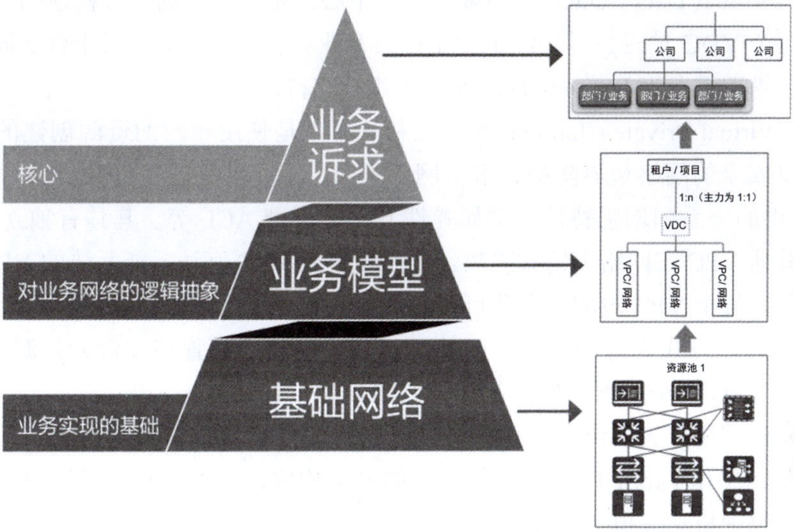

图 8-3-36　业务网络的诉求与业务模型、基础物理网络的关系

2）与云平台协同的网络业务发放（开源 OpenStack）。业务管理方式为与云平台协同的网络业务发放，云管理平台为开源时，CloudFabric 解决方案是以项目为模型为企业提供网络资源，以承载企业的多样化业务。一个项目下有多个网络的集合。

3）与虚拟化平台协同的网络业务发放。业务管理方式为与虚拟化平台协同的网络业务发放时，CloudFabric 解决方案是以租户为模型为企业提供网络资源，以承载企业的多样化业务。一个租户下有多个 VPC。

4）仅关注网络资源应用的业务发放。业务管理方式为仅关注网络资源应用的业务发放时，CloudFabric 解决方案以租户为模型为运营商 / 企业提供网络资源的整合与管理，一个租户下有多个 VPC。

业务模型如图 8-3-37 所示，图中概念说明如下：

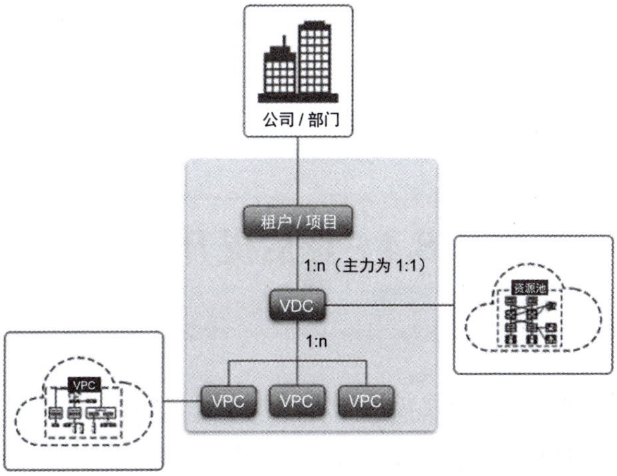

图 8-3-37　业务模型示意图

租户 / 项目：作为企业业务管理的基本单元，一个租户对应一个公司 / 业务 / 应用 / 部门。

VDC（Virtual Data Center）：即虚拟数据中心，是基于数据中心构建的专属虚拟化资源池，每个 VDC 对应公司 / 部门。VDC 只有业务管理方式为与云平台协同的网络业务发放，云管理平台为 FusionSphere 时，才进行支持。

VPC（Virtual Private Cloud）：即虚拟私有云，是使用租户的资源创建的一种虚拟资产，提供安全的网络边界防护、多个网络平面、不受限制的完整 IP 地址空间以及基于 VPC 提供的一系列增强特性，例如弹性 IP、防火墙 ACL 等。其具有独立的 IP 地址空间，与其他 VPC 在网络上缺省隔离。要实现多个 VPC 互访，能互访的 VPC 间 IP 地址不能重复。每个 VPC 对应一个项目或部门内的业务应用对业务网络的诉求。

当业务管理方式为与云平台协同的网络业务发放、云管理平台为开源 OpenStack 时，并没有 VPC 这个概念，但有类似的网络集合，也统称为 VPC。

（3）基础网络。为了保证业务网络的正常运行，必须要有承载 Overlay 网络的基础网络，此类网络由 Fabric 网络和服务器层的设备构成，主要包括物理网络设备、虚拟网络设备、物理机和虚拟化服务器。

为了方便实现数据中心资源的资源池化，将物理数据中心划分成多个物理分区，将每一个资源池中的计算资源、存储进行池化操作，并分配给租户 / 项目。资源池是数据中心基础网络划分的基本单元。一个物理设备不能被划到不同的资源池中。一个数据中心可以由多个资源池组成。一个资源池可以被多个租户 / 项目使用。基础物理网络资源池化并分配给租户 / 项目的关系如图 8-3-38 所示。

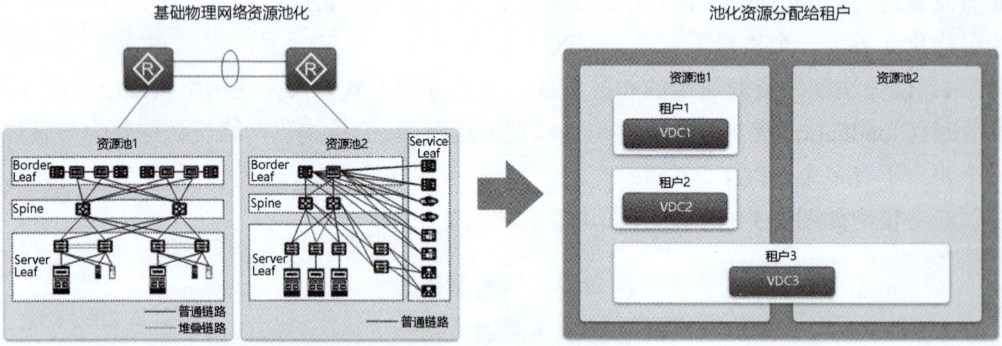

图 8-3-38　基础物理网络资源池化并分配给租户 / 项目的关系

8.4　课后提升

一、选择题

1. 通过 SDN 实现网络虚拟化需要完成的工作不包括（　　）。

A. 物理网络管理　　B. 网络资源虚拟化

C. 网络隔离　　D. 转控分离

2. VxLAN 是由 IETF 定义的 NVo3 技术之一，采用（　　）的报文封装方式。

A. MAC in TCP　B. MAC in UDP　C. L3 over L4　D. L2 over L3

3. 以下不属于 VxLAN 特点的是（　　）。

A. 通过 24bit 的 VN1 支持多达 1600 万个 VxLAN 段的网络隔离

B. 除 VxLAN 的边缘设备，不需要网络中的其他设备识别主机的 MAC 地址

C. VxLAN 封装的 UDP 源端口信息由内层的流信息经过哈希运算得到

D. 不支持二层 VPN、三层 VPN 等复杂业务

4. 以下不属于 VPC 特点的是（　　）。

A. 提供网络边界保护

B. 受限制的 IP 地址空间

C. 可实现多个 VPC 互访

D. 是使用租户的资源创建的一种虚拟资产

二、判断题

1. iMaster NCE-Fabric 是华为新一代面向企业和运营商数据中心市场的 SDN 控制器，是华为云数据中心网络解决方案的核心部件。

2. 资源池是数据中心基础物理网络划分的基本单元。一个物理设备能被划到不同的资源池中。

3. 采用 iMaster NCE-Fabric 能够将一张物理网络划分为不同的虚拟专网且相互隔离，实现一个网络承载不同业务。

4. VDC 是基于数据中心构建的专属虚拟资源池，每个 VDC 对应公司 / 部门。

拓展阅读

万华化学技术有限公司使用 SDN 技术构建大工业园区

当今，数字中国建设大潮如火如荼，而化工行业作为传统制造业处于数字化建设初期，急需加速数字化建设，实现高效、安全、可持续发展。面对这种形势，依托日新月异的 ICT 技术积极拥抱数字化，把握时代先机赢得未来。万华化学技术有限公司（以下简称“万华”）作为全球前 50 强的化工企业，随着业务的不断扩展，网络规模和复杂度也随之增大，万华需要一个更智慧的网络来支撑业务快速稳健发展。

万华采用华为园区网络解决方案，建设眉山、福建两大工业园区，推动企业数字化转型。面对园区网络接入终端及承载业务的多样化，iMaster NCE 基于化工园区内不同接入区域、接入电脑、人员级别等多维度，进行不同的业务访问授权，实现用户接入权限的精细化控制，防止非法访问、漏洞攻击。为实现一个网络上可以承载办公、工控、监控等不同的化工园区业务，采用 iMaster NCE 将一张物理网络划分为不同的虚拟专网且相互隔离，大幅降低建网成本，实现了业务分钟级调整，提升了网络的可扩展性，让网络管理更自动、网络运维更智能，使万华的数字化转型走在了行业前列。

参考文献

[1] 但唐仁，肖颖．软件定义网络技术与实战教程 [M]．北京：中国水利水电出版社，2021．

[2] 黄辉，施晓秋，彭达卫．软件定义网络技术 [M]．北京：高等教育出版社，2020．

[3] 盛成．SD-WAN 架构与技术 [M]．2 版．北京：人民邮电出版社，2021．

[4] 黄韬，魏亮，刘江，等．软件定义网络实验教程 [M]．北京：人民邮电出版社，2018．

[5] 杨泽卫，李呈．重构网络：SDN 架构与实现 [M]．北京：电子工业出版社，2017．

[6] 樊勇兵，陈楠，黄志兰，等．解惑 SDN[M]．北京：人民邮电出版社，2015．

[7] 沈宁国，于斌．园区网络架构与技术 [M]．北京：人民邮电出版社，2019．

[8] 黄韬．软件定义网络核心原理与应用实践 [M]．北京：人民邮电出版社，2014．

[9] 华为智能 IP 网络助力化工航母数字化转型 [EB/OL]．[2022-5-6]．https://www.iianews.com/ca/_01-ABC00000000000307435.shtml．